HTML5+CSS3+JavaScript
网页设计案例课堂
(第3版)

刘春茂　编著

清华大学出版社
北京

内 容 简 介

本书是针对零基础读者编写的网页设计入门教材。本书侧重案例实训，书中配有微课，读者可以打开微课视频，更为直观地学习当前的热点案例。

本书分为25章，内容包括新一代Web前端技术，HTML 5网页的文档结构，HTML 5网页中的文本、超链接和图像，使用HTML 5创建表格，使用HTML 5创建表单，HTML 5中的多媒体，使用HTML 5绘制图形，CSS 3概述与基本语法，使用CSS 3美化网页字体与段落，使用CSS 3美化网页图片，使用CSS 3美化网页背景与边框，使用CSS 3美化超级链接和鼠标，使用CSS 3美化表格和表单的样式，使用CSS 3美化网页菜单，使用滤镜美化网页元素，CSS 3中的动画效果，HTML 5中的文件与拖放，JavaScript编程基本知识，JavaScript程序控制语句，JavaScript中的函数，JavaScript对象的应用，JavaScript对象编程。最后通过两个热点综合项目，进一步巩固读者的项目开发经验。

本书通过精选热点案例，可以让初学者快速掌握网页设计技术。通过微信扫码看视频，可以随时在移动端学习网站开发技术。

本书封面贴有清华大学出版社防伪标签，无标签者不得销售。
版权所有，侵权必究。举报：010-62782989，beiqinquan@tup.tsinghua.edu.cn。

图书在版编目(CIP)数据

HTML5+CSS3+JavaScript网页设计案例课堂/刘春茂编著. —3版. —北京：清华大学出版社，2023.5
（2024.11重印）

ISBN 978-7-302-63609-0

Ⅰ.①H… Ⅱ.①刘… Ⅲ.①超文本标记语言—程序设计—教材 ②网页制作工具—教材 ③JAVA语言—程序设计—教材 Ⅳ.①TP312 ②TP393.092

中国国家版本馆CIP数据核字(2023)第087754号

责任编辑：张彦青
装帧设计：李 坤
责任校对：翟维维
责任印制：刘 菲

出版发行：清华大学出版社
　　　　网　　址：https://www.tup.com.cn, https://www.wqxuetang.com
　　　　地　　址：北京清华大学学研大厦A座　　邮　编：100084
　　　　社 总 机：010-83470000　　邮　购：010-62786544
　　　　投稿与读者服务：010-62776969, c-service@tup.tsinghua.edu.cn
　　　　质量反馈：010-62772015, zhiliang@tup.tsinghua.edu.cn

印 装 者：北京鑫海金澳胶印有限公司
经　　销：全国新华书店
开　　本：190mm×260mm　　印　张：27　　字　数：657千字
版　　次：2015年1月第1版　　2023年6月第3版　　印　次：2024年11月第2次印刷
定　　价：98.00元

产品编号：096269-01

前　　言

"网站开发案例课堂"系列书是专门为网站开发初学者量身定做的学习用书，具有以下特点。

- 前沿科技

精选的案例来自较为前沿或者用户最多的领域，可帮助大家认识和了解最新动态。

- 权威的作者团队

组织国家重点实验室和资深应用专家联手编写，融入了丰富的教学经验与优秀的管理理念。

- 学习型案例设计

以技术的实际应用过程为主线，全程采用图解和多媒体同步结合的教学方式，生动、直观、全面地剖析使用过程中的各种应用技能，降低难度，提升学习效率。

- 扫码看视频

通过微信扫码看视频，可以随时在移动端学习网站开发技术。

为什么要写这样一本书

目前，HTML 5 和 CSS 3 的出现，大大减轻了前端开发者的工作量，并减少了开发成本，所以 HTML 5 在未来的技术市场将更有竞争力。为此采用 HTML 5 + CSS 3 + JavaScript 黄金搭档让读者掌握目前流行的最新前端技术，使前端从外观上变得更炫，技术上更简单易学。对于初学者来说，实用性强和易于操作是目前最大的需求。本书针对想学习前端设计的初学者，可快速让初学者入门后提高实战水平。

本书特色

- 零基础、入门级的讲解

无论您是否从事计算机相关行业，无论您是否接触过网站开发，都能从本书中找到最佳起点。

- 实用、专业的范例和项目

本书在内容编排上紧密结合 HTML 5 + CSS 3 + JavaScript 网站开发的实际过程，从 HTML 5 的基本概念开始，逐步带领读者学习网页设计的各种应用技巧，侧重实战技能，使用简单易懂的实际案例进行分析和操作指导，让读者学起来简单轻松，操作起来有章可循。

- 随时随地学习

本书提供了教学视频，通过手机扫码即可观看，随时随地解决学习中的困惑。

- 全程同步教学视频

本书同步教学视频涵盖书中所有知识点，详细介绍了每个实例与项目的开发过程及技术关键点，可以让读者轻松地掌握 HTML 5 + CSS 3 + JavaScript 网站开发知识，扩展的讲解使读者能够得到更多的收获。

- 超多容量王牌资源

赠送大量王牌资源，包括实例源代码、教学幻灯片、本书精品教学视频、教学教案、88 个实用类网页模板、12 部网页开发必备参考手册、jQuery 事件参考手册、HTML5 标签速查手册、精选的 JavaScript 实例、CSS 3 属性速查表、JavaScript 函数速查手册、CSS+DIV 布局赏析案例、精彩网站配色方案赏析、网页样式与布局案例赏析、Web 前端工程师常见面试题等。

读者对象

这是一本完整介绍 HTML 5 + CSS 3 + JavaScript 网站开发技术的教程，内容丰富、条理清晰、实用性强，适合以下读者学习使用：

- 零基础的 HTML 5 + CSS 3 + JavaScript 网站开发自学者
- 希望快速、全面掌握 HTML 5 + CSS 3 + JavaScript 网站开发的人员
- 高等院校或培训机构的老师和学生
- 参加毕业设计的学生

如何获取本书配套资料和帮助

为帮助读者高效、快捷地学习本书知识点，我们不但准备了与本书知识点有关的配套素材文件，而且还设计制作了精品视频教学课程，同时还为教师准备了 PPT 课件资源。购买本书的读者，可以扫描下方的二维码获取相关的配套学习资源。

附赠电子书.rar　　　精美幻灯片.rar　　　精选的 JavaScript 实例.zip

实例源代码.rar　　　88 个实用类网页模板.zip　　　12 部网页开发必备参考手册.zip

读者在学习本书的过程中，使用 QQ 或者微信的"扫一扫"功能，扫描本书各标题右侧的二维码，可以在线观看视频课程，也可以下载并保存到手机中离线观看。

创作团队

本书由刘春茂编著。在编写本书的过程中，笔者虽竭尽所能将网站开发所涉及的知识点以浅显易懂的方式呈现给了读者，但难免有疏漏和不妥之处，敬请读者不吝指正。

编　者

目　　录

第 1 章　新一代 Web 前端技术 1
1.1　HTML 的基本概念 2
1.1.1　HTML 的发展历程 2
1.1.2　什么是 HTML 2
1.2　HTML 5 的优势 3
1.2.1　解决了跨浏览器问题 3
1.2.2　新增了多个新特性 3
1.2.3　用户优先的原则 3
1.2.4　化繁为简的优势 4
1.3　HTML 5 网页的开发环境 4
1.3.1　使用记事本手工编写 HTML 5 文件 5
1.3.2　使用 WebStorm 编写 HTML 5 文件 5
1.4　使用浏览器查看 HTML 5 文件 8
1.4.1　查看页面效果 8
1.4.2　查看源文件 9
1.5　疑难解惑 9
1.6　跟我学上机 10

第 2 章　HTML 5 网页的文档结构 11
2.1　HTML 5 文件的基本结构 12
2.1.1　HTML 5 页面的整体结构 12
2.1.2　HTML 5 新增的结构标记 12
2.2　HTML 5 基本标记详解 13
2.2.1　文档类型说明 13
2.2.2　HTML 标记 13
2.2.3　头标记 head 14
2.2.4　网页的主体标记 16
2.2.5　页面注释标记<!-- --> 17
2.3　HTML 5 语法的变化 17
2.3.1　标签不再区分大小写 18
2.3.2　允许属性值不使用引号 18
2.3.3　允许部分属性的属性值省略 18
2.4　疑难解惑 19
2.5　跟我学上机 19

第 3 章　HTML 5 网页中的文本、超链接和图像 21
3.1　标题 22
3.1.1　标题文字标记 22
3.1.2　标题的对齐方式 23
3.2　设置文字格式 24
3.2.1　文字的字体、字号和颜色 24
3.2.2　文字的粗体、斜体和下划线 26
3.2.3　文字的上标和下标 27
3.3　设置段落格式 28
3.3.1　段落标签 28
3.3.2　段落的换行标签 29
3.3.3　段落的原格式标签 30
3.4　文字列表 30
3.4.1　建立无序列表<ul> 30
3.4.2　建立有序列表<ol> 31
3.4.3　建立不同类型的无序列表 32
3.4.4　建立不同类型的有序列表 33
3.4.5　自定义列表 34
3.4.6　建立嵌套列表 36
3.5　超链接标记 37
3.5.1　设置文本和图片的超链接 37
3.5.2　创建指向不同类型目标的超链接 37
3.5.3　设置以新窗口显示超链接页面 39
3.5.4　链接到同一页面的不同位置 40
3.6　图像热点链接 41
3.7　在网页中插入图像 42
3.8　编辑网页中的图像 44
3.8.1　设置图像的大小和边框 44
3.8.2　设置图像的间距和对齐方式 45

	3.8.3	设置图像的替换文字和提示文字 46
3.9	疑难解惑	47
3.10	跟我学上机	48

第 4 章　使用 HTML 5 创建表格 49

4.1	表格的基本结构	50
4.2	创建表格	51
	4.2.1	创建普通表格 51
	4.2.2	创建一个带有标题的表格 52
4.3	编辑表格	53
	4.3.1	定义表格的边框类型 53
	4.3.2	定义表格的表头 54
	4.3.3	设置表格背景 55
	4.3.4	设置单元格的背景 57
	4.3.5	合并单元格 57
	4.3.6	表格的分组 59
	4.3.7	设置单元格的行高与列宽 61
4.4	完整的表格标记	62
4.5	设置悬浮变色的表格	63
4.6	疑难解惑	67
4.7	跟我学上机	67

第 5 章　使用 HTML 5 创建表单 69

5.1	表单概述	70
5.2	表单基本元素的使用	70
	5.2.1	单行文本输入框 71
	5.2.2	多行文本输入框 71
	5.2.3	密码输入框 72
	5.2.4	单选按钮 72
	5.2.5	复选框 73
	5.2.6	列表框 74
	5.2.7	普通按钮 75
	5.2.8	提交按钮 76
	5.2.9	重置按钮 77
5.3	表单高级元素的使用	78
	5.3.1	url 属性的使用 78
	5.3.2	email 属性的使用 79
	5.3.3	日期和时间属性的使用 79
	5.3.4	number 属性的使用 80

	5.3.5	range 属性的使用 81
	5.3.6	required 属性的使用 81
5.4	疑难解惑	82
5.5	跟我学上机	82

第 6 章　HTML 5 中的多媒体 85

6.1	audio 标记	86
	6.1.1	audio 标记概述 86
	6.1.2	audio 标记的属性 87
	6.1.3	浏览器对 audio 标记的支持情况 87
6.2	在网页中添加音频文件	88
6.3	video 标记	89
	6.3.1	video 标记概述 89
	6.3.2	video 标记的属性 90
	6.3.3	浏览器对 video 标记的支持情况 91
6.4	在网页中添加视频文件	91
6.5	疑难解惑	93
6.6	跟我学上机	94

第 7 章　使用 HTML 5 绘制图形 95

7.1	添加 canvas 的步骤	96
7.2	绘制基本形状	96
	7.2.1	绘制矩形 96
	7.2.2	绘制圆形 97
	7.2.3	使用 moveTo()与 lineTo()绘制直线 98
	7.2.4	使用 bezierCurveTo()绘制贝塞尔曲线 100
7.3	绘制渐变图形	101
	7.3.1	绘制线性渐变 101
	7.3.2	绘制径向渐变 102
7.4	绘制变形图形	104
	7.4.1	绘制平移效果的图形 104
	7.4.2	绘制缩放效果的图形 105
	7.4.3	绘制旋转效果的图形 106
	7.4.4	绘制组合效果的图形 107
	7.4.5	绘制带阴影的图形 109
7.5	使用图像	110

7.5.1	绘制图像	110
7.5.2	平铺图像	111
7.5.3	裁剪图像	112
7.5.4	图像的像素化处理	114

7.6 绘制文字 116
7.7 疑难解惑 117
7.8 跟我学上机 118

第 8 章 CSS 3 概述与基本语法 119

8.1 CSS 3 概述 120
    8.1.1 CSS 3 的功能 120
    8.1.2 浏览器与 CSS 3 120
    8.1.3 CSS 3 的基础语法 121
    8.1.4 CSS 3 的常用单位 121

8.2 在 HTML 5 中使用 CSS 3 的方法 125
    8.2.1 行内样式 125
    8.2.2 内嵌样式 126
    8.2.3 链接样式 128
    8.2.4 导入样式 129
    8.2.5 优先级问题 130

8.3 CSS 3 的常用选择器 132
    8.3.1 标签选择器 132
    8.3.2 类选择器 133
    8.3.3 ID 选择器 134
    8.3.4 全局选择器 135
    8.3.5 组合选择器 136
    8.3.6 继承选择器 137
    8.3.7 伪类选择器 138

8.4 选择器声明 139
    8.4.1 集体声明 139
    8.4.2 多重嵌套声明 140

8.5 疑难解惑 140
8.6 跟我学上机 141

第 9 章 使用 CSS 3 美化网页字体 与段落 143

9.1 美化网页文字 144
    9.1.1 设置文字的字体 144
    9.1.2 设置文字的字号 145
    9.1.3 设置字体风格 146
    9.1.4 设置字体的粗细 146
    9.1.5 将小写字母转换为大写字母 147
    9.1.6 设置字体的复合属性 148
    9.1.7 设置字体颜色 149

9.2 设置文本的高级样式 150
    9.2.1 设置文本阴影效果 150
    9.2.2 设置文本的溢出效果 151
    9.2.3 设置文本换行 152
    9.2.4 保持字体尺寸不变 153

9.3 美化网页中的段落 154
    9.3.1 设置单词之间的间隔 154
    9.3.2 设置字符之间的间隔 155
    9.3.3 设置文字的修饰效果 156
    9.3.4 设置垂直对齐方式 157
    9.3.5 转换文本的大小写 159
    9.3.6 设置文本的水平对齐方式 160
    9.3.7 设置文本的缩进效果 162
    9.3.8 设置文本的行高 162
    9.3.9 文本的空白处理 163
    9.3.10 文本的反排 165

9.4 疑难解惑 166
9.5 跟我学上机 166

第 10 章 使用 CSS 3 美化网页图片 169

10.1 图片缩放 170
    10.1.1 通过描述标记 width 和 height 缩放图片 170
    10.1.2 使用 CSS 3 中的 max-width 和 max-height 缩放图片 170
    10.1.3 使用 CSS 3 中的 width 和 height 缩放图片 171

10.2 设置图片的对齐方式 172
    10.2.1 设置图片横向对齐 172
    10.2.2 设置图片纵向对齐 173

10.3 图文混排 175
    10.3.1 设置文字环绕效果 175
    10.3.2 设置图片与文字的间距 176

10.4 疑难解惑 178
10.5 跟我学上机 178

第 11 章 使用 CSS 3 美化网页背景与边框 ... 181

11.1 使用 CSS 3 美化背景 ... 182
- 11.1.1 设置背景颜色 ... 182
- 11.1.2 设置背景图片 ... 183
- 11.1.3 设置背景图片重复 ... 184
- 11.1.4 设置背景图片显示 ... 186
- 11.1.5 设置背景图片的位置 ... 187
- 11.1.6 设置背景图片的大小 ... 188
- 11.1.7 设置背景图片的显示区域 ... 190
- 11.1.8 设置背景图片的裁剪区域 ... 191
- 11.1.9 设置背景图片的复合属性 ... 193

11.2 使用 CSS 3 美化边框 ... 194
- 11.2.1 设置边框的样式 ... 194
- 11.2.2 设置边框的颜色 ... 195
- 11.2.3 设置边框的线宽 ... 196
- 11.2.4 设置边框的复合属性 ... 198

11.3 设置边框的圆角效果 ... 199
- 11.3.1 设置圆角边框 ... 199
- 11.3.2 指定两个圆角半径 ... 199
- 11.3.3 绘制四个不同角的圆角边框 ... 200
- 11.3.4 绘制不同种类的边框 ... 202

11.4 疑难解惑 ... 204
11.5 跟我学上机 ... 205

第 12 章 使用 CSS 3 美化超级链接和鼠标 ... 207

12.1 使用 CSS 3 美化超链接 ... 208
- 12.1.1 改变超级链接的基本样式 ... 208
- 12.1.2 设置带有提示信息的超级链接 ... 209
- 12.1.3 设置超级链接的背景图 ... 210
- 12.1.4 设置超级链接的按钮效果 ... 211

12.2 使用 CSS 3 美化鼠标特效 ... 212
- 12.2.1 使用 CSS 3 控制鼠标箭头 ... 212
- 12.2.2 设置鼠标变换式超链接 ... 213

12.3 设计一个简单的导航栏 ... 215
12.4 疑难解惑 ... 216
12.5 跟我学上机 ... 216

第 13 章 使用 CSS 3 美化表格和表单的样式 ... 219

13.1 美化表格的样式 ... 220
- 13.1.1 设置表格边框的样式 ... 220
- 13.1.2 设置表格边框的宽度 ... 221
- 13.1.3 设置表格边框的颜色 ... 223

13.2 美化表单样式 ... 224
- 13.2.1 美化表单中的元素 ... 224
- 13.2.2 美化提交按钮 ... 226
- 13.2.3 美化下拉菜单 ... 227

13.3 疑难解惑 ... 229
13.4 跟我学上机 ... 229

第 14 章 使用 CSS 3 美化网页菜单 ... 231

14.1 使用 CSS 3 美化项目列表 ... 232
- 14.1.1 美化无序列表 ... 232
- 14.1.2 美化有序列表 ... 233
- 14.1.3 美化自定义列表 ... 235
- 14.1.4 制作图片列表 ... 236
- 14.1.5 缩进图片列表 ... 237
- 14.1.6 设置列表的复合属性 ... 238

14.2 使用 CSS 3 制作网页菜单 ... 239
- 14.2.1 制作无序表格的菜单 ... 239
- 14.2.2 制作水平和垂直菜单 ... 241

14.3 疑难解惑 ... 243
14.4 跟我学上机 ... 243

第 15 章 使用滤镜美化网页元素 ... 245

15.1 滤镜概述 ... 246
15.2 设置基本滤镜效果 ... 247
- 15.2.1 高斯模糊(blur)滤镜 ... 247
- 15.2.2 明暗度(brightness)滤镜 ... 248
- 15.2.3 对比度(contrast)滤镜 ... 249
- 15.2.4 阴影(drop-shadow)滤镜 ... 250
- 15.2.5 灰度(grayscale)滤镜 ... 251
- 15.2.6 反相(invert)滤镜 ... 252
- 15.2.7 透明度(opacity)滤镜 ... 253
- 15.2.8 饱和度(saturate)滤镜 ... 254

15.3 使用滤镜制作动画效果 ... 255

| 15.4 | 疑难解惑 | 256 |
| 15.5 | 跟我学上机 | 257 |

第 16 章　CSS 3 中的动画效果 259

16.1	了解过渡效果	260
16.2	添加过渡效果	260
16.3	了解动画效果	262
16.4	添加动画效果	263
16.5	了解 2D 转换效果	264
16.6	添加 2D 转换效果	265
	16.6.1　添加移动效果	265
	16.6.2　添加旋转效果	266
	16.6.3　添加缩放效果	267
	16.6.4　添加倾斜效果	268
16.7	添加 3D 转换效果	269
16.8	疑难解惑	271
16.9	跟我学上机	272

第 17 章　HTML 5 中的文件与拖放 273

17.1	选择文件	274
	17.1.1　选择单个文件	274
	17.1.2　选择多个文件	274
17.2	使用 FileReader 接口读取文件	275
	17.2.1　检测浏览器是否支持 FileReader 接口	275
	17.2.2　FileReader 接口的方法	276
	17.2.3　使用 readAsDataURL 方法预览图片	276
	17.2.4　使用 readAsText 方法读取文本文件	278
17.3	使用 HTML 5 实现文件的拖放	279
	17.3.1　认识文件拖放的过程	279
	17.3.2　浏览器支持情况	280
	17.3.3　在网页中拖放图片	280
17.4	在网页中来回拖放图片	281
17.5	在网页中拖放文字	282
17.6	疑难解惑	284
17.7	跟我学上机	285

第 18 章　JavaScript 编程基本知识 287

18.1	JavaScript 入门	288
	18.1.1　JavaScript 能做什么	288
	18.1.2　在网页中嵌入 JavaScript 代码	290
	18.1.3　调用外部 JavaScript 文件	291
	18.1.4　JavaScript 的语法基础	292
	18.1.5　数据类型	293
18.2	JavaScript 的常量和变量	294
18.3	运算符与表达式	296
	18.3.1　运算符	296
	18.3.2　表达式	299
18.4	疑难解惑	301
18.5	跟我学上机	301

第 19 章　JavaScript 程序控制语句 303

19.1	条件判断语句	304
	19.1.1　简单 if 语句	304
	19.1.2　if...else 语句	305
	19.1.3　if...else if 语句	306
	19.1.4　if 语句的嵌套	307
	19.1.5　switch 语句	308
19.2	循环语句	310
	19.2.1　while 语句	310
	19.2.2　do...while 语句	312
	19.2.3　for 语句	313
	19.2.4　循环语句的嵌套	314
19.3	跳转语句	317
	19.3.1　break 语句	317
	19.3.2　continue 语句	318
19.4	疑难解惑	320
19.5	跟我学上机	320

第 20 章　JavaScript 中的函数 323

20.1	函数的定义	324
	20.1.1　声明式函数定义	324
	20.1.2　函数表达式定义	325
	20.1.3　函数构造器定义	326
20.2	函数的调用	326

         20.2.1 函数的简单调用......................326
         20.2.2 通过超链接调用函数.................327
         20.2.3 在事件响应中调用函数..............328
   20.3 函数的参数与返回值............................329
         20.3.1 函数的参数................................329
         20.3.2 函数的返回值............................330
   20.4 常用内置函数...331
   20.5 特殊函数...333
         20.5.1 嵌套函数....................................333
         20.5.2 递归函数....................................335
         20.5.3 内嵌函数....................................336
   20.6 疑难解惑...337
   20.7 跟我学上机...337

第21章 JavaScript 对象的应用 ... 339

   21.1 了解对象...340
         21.1.1 什么是对象................................340
         21.1.2 对象的属性和方法....................340
   21.2 创建自定义对象的方法........................341
         21.2.1 直接定义并创建自定义对象....341
         21.2.2 使用 Object 对象创建自定义
                 对象..342
         21.2.3 使用自定义构造函数创建
                 对象..343
   21.3 对象访问语句...348
         21.3.1 for…in 循环语句.......................349
         21.3.2 with 语句...................................350
   21.4 数组对象...351
         21.4.1 数组对象概述............................351
         21.4.2 定义数组....................................352
         21.4.3 数组的属性................................353
         21.4.4 操作数组元素............................355
         21.4.5 数组方法....................................356
   21.5 String 对象...359
         21.5.1 创建 String 对象.......................359
         21.5.2 String 对象的属性....................360
         21.5.3 String 对象的方法....................361
   21.6 疑难解惑...365
   21.7 跟我学上机...366

第22章 JavaScript 对象编程 367

   22.1 文档对象模型(DOM)............................368
         22.1.1 文档对象模型(DOM)介绍........368
         22.1.2 在 DOM 模型中获得对象........368
         22.1.3 事件驱动的应用........................369
   22.2 窗口(window)对象................................371
         22.2.1 创建窗口(window)....................371
         22.2.2 创建对话框................................373
         22.2.3 窗口的相关操作........................374
   22.3 文档(document)对象.............................376
         22.3.1 文档属性的应用........................376
         22.3.2 文档中图片的使用....................378
         22.3.3 显示文档中的所有超链接........379
   22.4 表单对象...380
         22.4.1 创建 form 对象.........................380
         22.4.2 form 对象属性与方法的
                 应用..381
         22.4.3 单选按钮与复选框的使用........382
         22.4.4 下拉菜单的使用........................383
   22.5 疑难解惑...384
   22.6 跟我学上机...385

第23章 综合项目1——开发企业门户网站 387

   23.1 构思布局...388
         23.1.1 设计分析....................................388
         23.1.2 排版架构....................................388
   23.2 主要模块设计...389
         23.2.1 Logo 与导航菜单......................389
         23.2.2 Banner 区...................................390
         23.2.3 资讯区..390
         23.2.4 版权信息....................................392

第24章 综合项目2——设计在线购物网站 395

   24.1 整体布局...396
         24.1.1 设计分析....................................396
         24.1.2 排版架构....................................396
   24.2 模块分割...397

24.2.1	Logo 与导航区 397
24.2.2	Banner 与资讯区 399
24.2.3	产品类别区域 400
24.2.4	页脚区域 402
24.3	设置链接 402

第 25 章　综合项目 3——开发商业响应式网站 403

25.1	网站概述 404
25.1.1	网站结构 404
25.1.2	设计效果 404
25.1.3	设计准备 405
25.2	设计首页布局 406
25.3	设计可切换导航 407
25.4	主体内容 412
25.4.1	设计轮播广告区 413
25.4.2	设计产品推荐区 414
25.4.3	设计登录注册和 Logo 415
25.4.4	设计特色展示区 416
25.4.5	设计产品生产流程区 417
25.5	设计底部隐藏导航 420

第1章 新一代 Web 前端技术

目前，网络已经成为人们娱乐、工作中不可缺少的一部分，网页设计也成为学习计算机知识的重要内容之一。制作网页可采用可视化编辑软件，但是无论采用哪一种网页编辑软件，最后都是将所设计的网页转化为 HTML 文件。

HTML 是网页设计的基础语言，本章就来介绍 HTML 的基本概念和编写方法以及浏览 HTML 文件的方法，使读者初步了解 HTML，为后面的学习打下基础。

重点案例效果

1.1　HTML 的基本概念

因特网上的信息是以网页形式展示给用户的，网页是传递网络信息的载体。网页文件是用标记语言书写的，这种语言称为超文本标记语言(Hyper Text Markup Language，HTML)。

1.1.1　HTML 的发展历程

HTML 是一种描述语言，而不是一种编程语言，主要用于描述超文本中内容的显示方式。标记语言从诞生至今，经历了 20 多年，发展过程曲折，经历的版本及发布日期如表 1-1 所示。

表 1-1　超文本标记语言的发展过程

版　　本	发布日期	说　　明
超文本标记语言(第一版)	1993 年 6 月	作为互联网工程工作小组(IETF)工作草案发布(并非标准)
HTML2.0	1995 年 11 月	作为 RFC 1866 发布，在 RFC 2854 于 2000 年 6 月发布之后被宣布已经过时
HTML3.2	1996 年 1 月 14 日	W3C 推荐标准
HTML4.0	1997 年 12 月 18 日	W3C 推荐标准
HTML4.01	1999 年 12 月 24 日	微小改进，W3C 推荐标准
ISO HTML	2000 年 5 月 15 日	基于严格的 HTML 4.01 语法，是国际标准化组织和国际电工委员会的标准
XHTML1.0	2000 年 1 月 26 日	W3C 推荐标准(修订后于 2002 年 8 月 1 日重新发布)
XHTML1.1	2001 年 5 月 31 日	较 1.0 有微小改进
XHTML2.0 草案	没有发布	2009 年，W3C 停止了 XHTML 2.0 工作组的工作
HTML 5	2014 年 10 月	HTML 5 标准规范最终制定完成

1.1.2　什么是 HTML

HTML 5 不是一种编程语言，而是一种描述性的标记语言，用于描述超文本中的内容和结构。HTML 最基本的语法是<标记符></标记符>。标记符通常都是成对使用，有一个开头标记和一个结束标记。结束标记只是在开头标记的前面加一个斜杠"/"。当浏览器收到 HTML 文件后，就会解释里面的标记符，然后把标记符相对应的功能表达出来。

例如，在 HTML 中用<p></p>标记符来定义一个换行符。当浏览器遇到<p></p>标记符时，会把该标记中的内容自动形成一个段落。当遇到
标记符时，会自动换行，并且该标记符后的内容会从一个新行开始。这里的
标记符是单标记，没有结束标记，标记后的"/"符号可以省略；但为了使代码规范，一般建议加上。

1.2　HTML 5 的优势

从 HTML 4.0、XHTML 到 HTML 5，从某种意义上讲，这是 HTML 描述性标记语言的一种更加规范的过程，因此，HTML 5 并没有给开发者带来多大的冲击。但 HTML 5 增加了很多非常实用的新功能，本节就来介绍 HTML 5 的一些优势。

1.2.1　解决了跨浏览器问题

浏览器是网页的运行环境，因此浏览器的类型也是在设计网页时会面对的一个问题。由于各个软件厂商对 HTML 标准的支持有所不同，导致同样的网页在不同的浏览器下会有不同的表现。并且 HTML 5 新增的功能在各个浏览器中的支持程度也不一致，浏览器的因素变得比以往传统的网页设计更加重要。

为了保证设计出来的网页在不同的浏览器上效果一致，HTML 5 会让问题简单化，具备友好的跨浏览器性能。针对不支持新标签的老式 IE 浏览器，用户只要简单地添加 JavaScript 代码，就可以让它们使用新的 HTML 5 元素。

1.2.2　新增了多个新特性

HTML 语言从 1.0 至 5.0 经历了巨大的变化，从单一的文本显示功能到图文并茂的多媒体显示功能，许多特性经过多年的完善，已经成为一种非常重要的标记语言。尤其是 HTML 5，对多媒体的支持功能更强，它具备如下功能。

(1) 新增了语义化标签，使文档结构明确。
(2) 新增了文档对象模型(DOM)。
(3) 实现了 2D 绘图的 Canvas 对象。
(4) 可控媒体播放。
(5) 离线存储。
(6) 文档编辑。
(7) 拖放。
(8) 跨文档消息。
(9) 浏览器历史管理。
(10) MIME 类型和协议注册。

1.2.3　用户优先的原则

HTML 5 标准的制定是以用户优先为原则的，一旦遇到无法解决的冲突时，规范会首先考虑用户，其次是网页的作者，再次是浏览器，接着是规范制定者(W3C/WHATWG)，最后才考虑理论的纯粹性。所以，总体来看，HTML 5 的绝大部分特性还是实用的，只是有些情况下还不够完美。

举例说明一下，下述三行代码虽然有所不同，但在 HTML 5 中都能被正确地识别：

```
id="html5"
id=html5
ID="html5"
```

在以上示例中，除了第一句外，另外两句的语法都不是很严格，这种不严格的语法被广泛使用，但受到一些技术人员的反对。无论语法严格与否，对网页浏览者来说没有任何影响，他们只需要看到想要的网页效果就可以了。

为了增强 HTML 5 的使用体验，还加强了以下两方面的设计。

1. 安全机制的设计

为了确保 HTML 5 的安全，对 HTML 5 做了很多针对安全的设计。HTML 5 引入了一种新的基于来源的安全模型，该模型不仅易用，而且对各种不同的 API 都通用。

2. 表现和内容分离

表现和内容分离是 HTML 5 设计中的另一个重要内容，HTML 5 在所有可能的地方都努力进行了分离，也包括 CSS。实际上，表现和内容的分离早在 HTML 4 中就有设计，但是分离得并不彻底。为了避免可访问性差、代码复杂度高、文件过大等问题，HTML 5 规范中更细致、清晰地分离了表现和内容。但是考虑到 HTML 5 的兼容性问题，一些老的表现和内容的代码还是可以使用的。

1.2.4 化繁为简的优势

作为当下流行的通用标记语言，HTML 5 越简单越好。所以在设计 HTML 5 时，严格遵循了"简单至上"的原则，主要体现在以下几个方面。

(1) 新的简化的字符集声明。
(2) 新的简化的 DOCTYPE。
(3) 简单而强大的 HTML 5 API。
(4) 以浏览器原生能力替代复杂的 JavaScript 代码。

为了实现以上这些简化操作，HTML 5 规范更加细致、精确，比以往任何版本的 HTML 规范都要精确。

在 HTML 5 规范细化的过程中，为了避免造成误解，几乎对所有内容都给出了彻底、完全的定义，特别是对 Web 应用。

基于多种改进过的、强大的错误处理方案，HTML 5 具备了良好的错误处理机制。具体来讲，HTML 5 提倡重大错误的平缓恢复，再次把最终用户的利益放在了第一位。举例说，如果页面中有错误的话，在以前可能会影响整个页面的显示，而 HTML 5 不会出现这种情况，取而代之的是以标准方式显示错误提示，这要归功于 HTML 5 中精确定义的错误恢复机制。

1.3 HTML 5 网页的开发环境

有两种方式可以产生 HTML 文件：一种是手工编写 HTML 文件，事实上这并不是很困难，也不需要特别的技巧；另一种是使用 HTML 编辑器，它可以辅助使用者来做编写工作。

1.3.1 使用记事本手工编写 HTML 5 文件

前面介绍过，HTML 5 是一种标记语言，标记语言的代码是以文本形式存在的，因此，所有的记事本工具都可以作为它的开发环境。

HTML 文件的扩展名为.html 或.htm，将 HTML 源代码输入到记事本并保存之后，可以在浏览器中打开文档以查看其效果。

使用记事本编写 HTML 文件的具体操作步骤如下。

01 单击 Windows 桌面上的"开始"按钮，选择"所有程序"→"附件"→"记事本"命令，打开一个记事本，在记事本中输入 HTML 代码，如图 1-1 所示。

02 编辑完 HTML 文件后，选择"文件"→"保存"命令或按 Ctrl+S 组合键，在弹出的"另存为"对话框中，设置"保存类型"为"所有文件"，然后将文件扩展名设置为.html 或.htm，如图 1-2 所示。

03 单击"保存"按钮，即可保存文件。打开网页文档，在浏览器中预览，如图 1-3 所示。

图 1-1　编辑 HTML 代码　　　　　　图 1-2　"另存为"对话框

图 1-3　网页的浏览效果

1.3.2 使用 WebStorm 编写 HTML 5 文件

WebStorm 是一款前端页面开发工具。该工具的主要优势是有智能提示、智能补齐代码、代码格式化显示、联想查询和代码调试等功能。对于初学者而言，WebStorm 不仅功能强大，而且非常容易上手操作，被广大前端开发者誉为 Web 前端开发神器。

下面以 WebStorm 英文版为例进行讲解。首先打开浏览器，输入网址 https://www.jetbrains.com/webstorm/download/#section=windows，进入 WebStorm 官网下载页，

如图 1-4 所示。单击 Download 按钮，即可开始下载 WebStorm 安装程序。

图 1-4　WebStorm 官网下载页面

下载完成后，即可进行安装。其安装过程比较简单，这里不再赘述。

下面重点学习如何创建和运行 HTML 文件。

01 单击 Windows 桌面上的"开始"按钮，选择"所有程序"→JeBrains WebStorm 2019 命令，打开 WebStorm 欢迎界面，如图 1-5 所示。

图 1-5　WebStorm 欢迎界面

02 单击 Create New Project 按钮，打开 New Project 对话框，在 Location 文本框中输入工程存放的路径，也可以单击 按钮选择路径，如图 1-6 所示。

03 单击 Create 按钮，进入 WebStorm 主界面，选择 File→New→HTML File 命令，如图 1-7 所示。

第 1 章　新一代 Web 前端技术

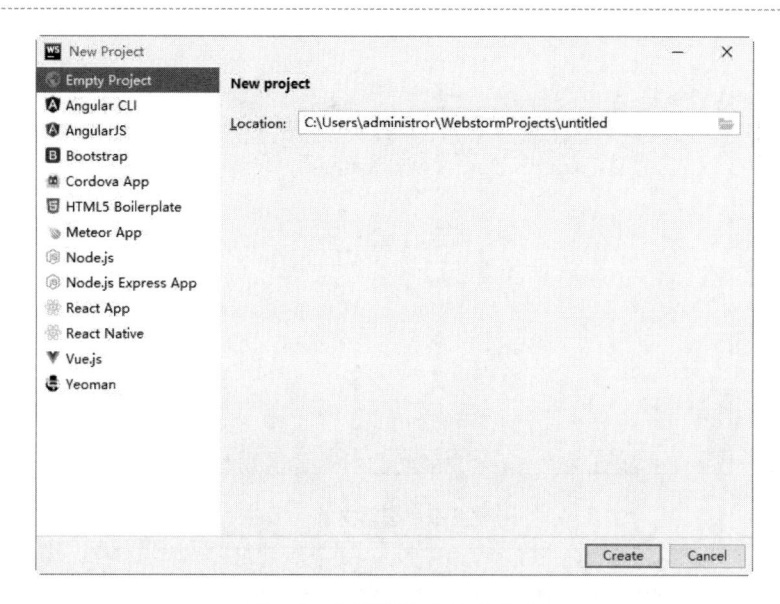

图 1-6　设置工程存放的路径

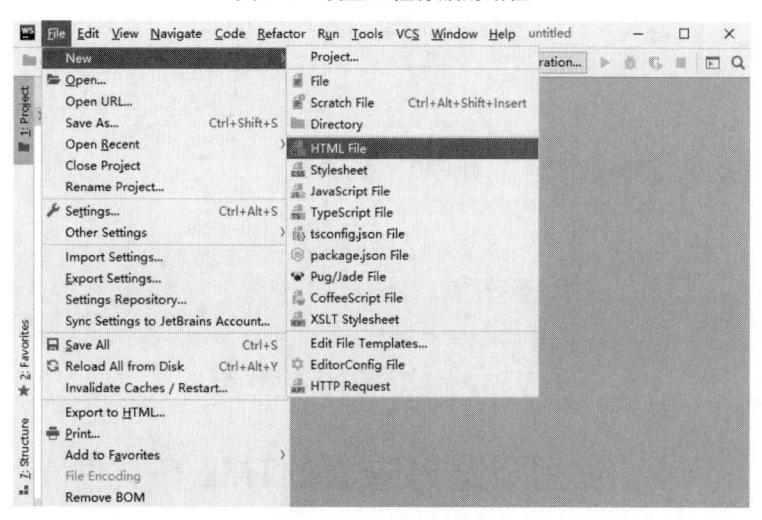

图 1-7　创建一个 HTML 文件

04 打开 New HTML File 对话框，设置文件名称为"index.html"，设置文件类型为 HTML 5 file，如图 1-8 所示。

05 按 Enter 键即可查看新建的 HTML 5 文件，接着就可以编辑 HTML 5 文件了。例如这里在<body>标记中输入文字"使用工具好方便啊！"，如图 1-9 所示。

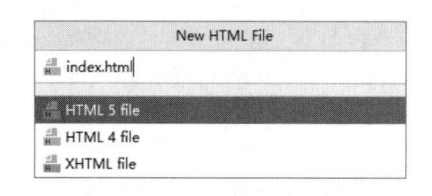

图 1-8　设置文件的名称和类型

06 编辑完代码后，选择 File→Save As 命令，打开 Copy 对话框，可以保存文件或者另存为一个文件，还可以设置保存路径，设置完成后单击 OK 按钮即可，如图 1-10 所示。

07 选择 Run→Run 命令，即可在浏览器中运行代码，如图 1-11 所示。

7

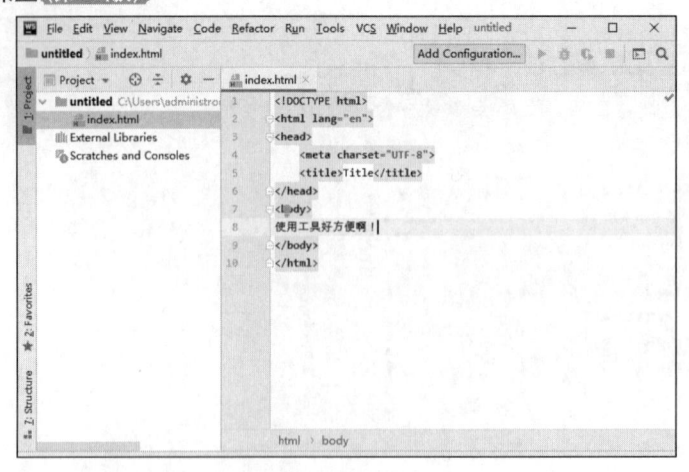

图 1-9　编辑文件

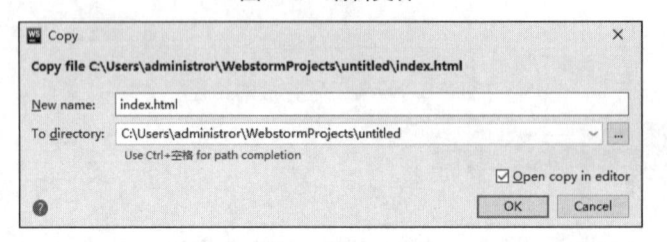

图 1-10　保存文件

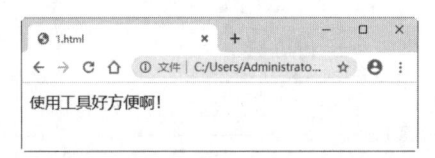

图 1-11　运行 HTML 5 文件的代码

1.4　使用浏览器查看 HTML 5 文件

开发者经常需要查看 HTML 源代码及其效果。使用浏览器可以查看网页的显示效果，也可以在浏览器中直接查看 HTML 源代码。

1.4.1　查看页面效果

前面已经介绍过，为了测试网页的兼容性，可以在不同的浏览器中打开网页。在非默认浏览器中打开网页的方法有很多种，在此介绍两种常用的方法。

方法一：在浏览器中选择"文件"→"打开"菜单命令(有些浏览器的菜单命令为"打开文件")，选择要打开的网页即可，如图 1-12 所示。

方法二：在 HTML 文件上右击，从弹出的快捷菜单中选择"打开方式"命令，然后选择需要的浏览器，如图 1-13 所示。如果浏览器没有出现在快捷菜单中，可以选择"选择其他应用(C)"命令，在计算机中查找浏览器程序。

第 1 章 新一代 Web 前端技术

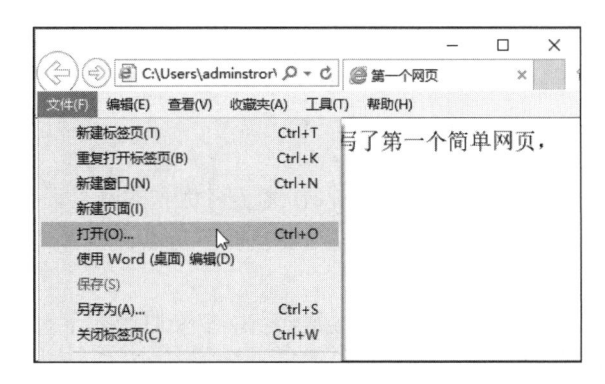

图 1-12 选择"打开"菜单命令　　　　　图 1-13 选择不同的浏览器来打开网页

1.4.2 查看源文件

查看网页源代码的方法比较简单。在页面空白处右击，从弹出的快捷菜单中选择"查看网页源代码"命令，如图 1-14 所示。

图 1-14 选择"查看网页源代码"菜单命令

> **提示**　各浏览器的规定不完全相同，有些浏览器将"查看网页源代码"命名为"查看源代码"，但是操作方法类似。

1.5 疑 难 解 惑

疑问 1：为何使用记事本编辑的 HTML 文件无法在浏览器中预览，而是直接在记事本中打开？

很多初学者，在保存文件时，没有使用扩展名.html 或.htm 作为文件名的后缀，导致文件还是以.txt 为扩展名，因此无法在浏览器中查看。如果读者是通过鼠标右击创建记事本文件的，在为文件重命名时，一定要以.html 或.htm 作为文件名的后缀。特别要注意的是，当

Windows 系统的扩展名隐藏时，更容易出现这样的错误。读者可以在"文件夹选项"对话框中修改是否显示扩展名。

疑问 2：HTML 5 代码有什么规范？

很多学习网页设计的人员，对于 HTML 的代码规范知之甚少。作为一名优秀的网页设计人员，很有必要学习比较好的代码规范。对于 HTML 5 代码规范，主要有以下几点。

1. 使用小写标记名

在 HTML 5 中，元素名称可以大写也可以小写，推荐使用小写元素名，主要原因如下。

(1) 混合使用大小写元素名的代码是非常不规范的。

(2) 小写字母容易编写。

(3) 小写字母让代码看起来整齐而清爽。

(4) 网页开发人员往往使用小写，这样便于统一规范。

2. 要记得关闭标记

在 HTML 5 中，大部分标记都是成对出现的，所以要记得关闭标记。

1.6 跟我学上机

上机练习 1：使用记事本新建一个网页

使用记事本新建一个简单的网页，然后预览效果，最后通过浏览器查看源代码。

上机练习 2：使用 WebStorm 编写 HTML 文件

使用 WebStorm 创建一个项目，然后新建一个简单的网页并预览效果，最后通过浏览器查看源代码。

第 2 章
HTML 5 网页的文档结构

　　一个完整的 HTML 5 网页文档包括标题、段落、列表、表格、绘制的图形以及各种嵌入对象，这些对象统称为 HTML 5 元素。本章就来详细介绍 HTML 5 网页文档的基本结构。

重点案例效果

2.1 HTML 5 文件的基本结构

在一个 HTML 5 文档中，必须包含<HTML></HTML>标记，并且该标记放在一个 HTML 5 文档的开始和结束位置，即每个文档以<HTML>开始，以</HTML>结束。<HTML></HTML>之间通常包含两个部分，分别为<HEAD></HEAD>和<BODY></BODY>。HEAD 标记包含 HTML 头部信息，例如文档标题、样式定义等。BODY 包含文档的主体部分，即网页内容。需要注意的是，HTML 标记不区分大小写。

2.1.1 HTML 5 页面的整体结构

为了便于读者从整体上把握 HTML 5 的文档结构，下面通过一个 HTML 5 页面来介绍 HTML 5 页面的整体结构，示例代码如下：

```
<!DOCTYPE HTML>
<HTML>
<HEAD>
    <TITLE>网页标题</TITLE>
</HEAD>
<BODY>
    网页内容
</BODY>
</HTML>
```

从上面的代码可以看出，一个基本的 HTML 5 网页由以下几部分构成。

(1) <!DOCTYPE HTML>声明：该声明必须位于 HTML 5 文档内容的第一行，也就是位于<HTML>标记之前。该标记告知浏览器文档所使用的 HTML 规范。<!DOCTYPE HTML>声明不属于 HTML 标记，它是一条指令，告诉浏览器编写页面所用的标记的版本。由于 HTML 5 版本还没有得到浏览器的完全认可，所以后面介绍时还采用以前的通用标准。

(2) <HTML></HTML>标记：说明本页面是用 HTML 语言编写的，使浏览器软件能够准确无误地解释和显示。

(3) <HEAD></HEAD>标记：这是 HTML 的头部标记，头部信息不显示在网页中，此标记内可以包含一些其他标记，用于说明文件标题和整个文件的一些公用属性。

(4) <TITLE></TITLE>标记：TITLE 是 HEAD 中的重要组成部分，它包含的内容显示在浏览器的窗口标题栏中。如果没有 TITLE，浏览器标题栏将显示本页的文件名。

(5) <BODY></BODY>标记：BODY 包含 HTML 页面的实际内容，显示在浏览器窗口的客户区中。例如，页面中的文字、图像、动画、超链接以及其他与 HTML 相关的内容都是定义在 BODY 标记里面的。

2.1.2 HTML 5 新增的结构标记

HTML 5 新增的结构标记有<footer></footer>和<header></header>，但是，这两个标记还没有获得大多数浏览器的支持，这里只简单介绍一下。

<header>标记定义文档的页眉(介绍信息)，使用示例如下：

```
<header>
<h1>欢迎访问主页</h1>
</header>
```

<footer>标记定义 section 或 document 的页脚。在典型情况下，该标记会包含创作者的姓名、文档的创作日期或者联系信息。使用示例如下：

```
<footer>作者：元潵  联系方式：1301234XXXX</footer>
```

2.2　HTML 5 基本标记详解

HTML 文档最基本的结构主要包括文档类型说明、HTML 标记、头标记、主体标记和页面注释标记。

2.2.1　文档类型说明

基于 HTML 5 设计准则中的"化繁为简"原则，Web 页面的文档类型说明(DOCTYPE)被极大地简化了。

细心的读者会发现，如果使用 Dreamweaver CC 创建 HTML 5 文档时，文档头部的类型说明代码如下：

```
<!DOCTYPE html PUBLIC "-//W3C//DTD XHTML 1.0 Transitional//EN"
"http://www.w3.org/TR/xhtml1/DTD/xhtml1-transitional.dtd">
```

上面为 XHTML 文档类型说明，可以看到，这段代码既麻烦又难记，HTML 5 对文档类型进行了简化，简单到 15 个字符就可以了，代码如下：

```
<!DOCTYPE html>
```

> **注意**　DOCTYPE 声明需要出现在 HTML 5 文件内容的第一行。

2.2.2　HTML 标记

HTML 标记代表文档的开始，由于 HTML 5 语言语法的松散特性，该标记可以省略，但是为了使其符合 Web 标准和体现文档的完整性，并使读者养成良好的编写习惯，这里建议不要省略该标记。

HTML 标记以<html>开头，以</html>结尾，文档的所有内容书写在开头和结尾的中间部分。语法格式如下：

```
<html>
...
</html>
```

2.2.3　头标记 head

头标记 head 用于说明文档头部的相关信息，一般包括标题信息、元信息、定义 CSS 样式和脚本代码等。HTML 的头部信息以<head>开始，以</head>结束，语法格式如下：

```
<head>
...
</head>
```

> **说明**　<head>元素的作用范围是整篇文档，定义在 HTML 语言头部的内容往往不会在网页上直接显示。
>
> 在头标记<head>与</head>之间还可以插入标题标记 title 和元信息标记 meta 等。

1．标题标记 title

HTML 页面的标题一般是用来说明页面用途的，它显示在浏览器的标题栏中。在 HTML 文档中，标题信息设置在<head>与</head>之间。标题标记以<title>开始，以</title>结束，语法格式如下：

```
<title>
...
</title>
```

在标记中间的"…"就是标题的内容，它可以帮助用户更好地识别页面。预览网页时，设置的标题在浏览器标题栏的左上方显示，如图 2-1 所示。此外，在 Windows 任务栏中显示的也是这个标题。页面的标题只有一个，位于 HTML 文档的头部。

图 2-1　标题在浏览器中的显示效果

2．元信息标记 meta

<meta>标记可提供有关页面的元信息(meta-information)，比如针对搜索引擎和更新频度的描述和关键词。<meta>标记位于文档的头部，不包含任何内容。<meta>标记的属性定义了与文档相关联的名称/值对，<meta>标记提供的属性及取值如表 2-1 所示。

第 2 章 HTML 5 网页的文档结构

表 2-1 <meta>标记提供的属性及取值

属 性	值	描 述
charset	character encoding	定义文档的字符编码
content	some_text	定义与 http-equiv 或 name 属性相关的元信息
http-equiv	content-type expires refresh set-cookie	把 content 属性关联到 HTTP 头部
name	author description keywords generator revised others	把 content 属性关联到一个名称

1) 字符集 charset 属性

在 HTML 5 中，有一个新的 charset 属性，可以使字符集的定义更加容易。例如，下面的代码告诉浏览器，网页使用 ISO-8859-1 字符集显示：

```
<meta charset="ISO-8859-1">
```

2) 搜索引擎的关键词

在早期，meta 关键词(keywords)对搜索引擎的排名算法起着一定的作用，也是很多人进行网页优化的基础。关键词在浏览时是看不到的，使用格式如下：

```
<meta name="keywords" content="关键词,keywords" />
```

> **说明**
> 不同的关键词之间应使用半角逗号隔开(英文输入状态下)，不要使用"空格"或"|"间隔。
> 关键词标签是 keywords，不是 keyword。
> 关键词标签中的内容应该是一个个短语，而不是一段话。

例如，定义针对搜索引擎的关键词，代码如下：

```
<meta name="keywords" content="HTML, CSS, XML, XHTML, JavaScript" />
```

关键词标签 keywords，曾经是搜索引擎排名中很重要的因素，但现在已经被很多搜索引擎完全忽略。如果我们加上这个标签，对网页的综合表现没有坏处，不过，如果使用不恰当的话，对网页非但没有好处，还有欺诈的嫌疑。因此在使用关键词标签 keywords 时，要注意以下几点。

- 关键词标签中的内容要与网页核心内容相关，应当确信使用的关键词出现在网页文本中。
- 应当使用用户易于通过搜索引擎检索的关键词，过于生僻的词汇不太适合作为 meta 标签中的关键词。

- 不要重复使用关键词，否则可能会被搜索引擎惩罚。
- 一个网页的关键词标签里最多包含 3～5 个重要的关键词。
- 每个网页的关键词应该都不一样。

3）页面描述

meta description 元标签(描述元标签)是一种 HTML 元标签，用来简略描述网页的主要内容，通常是被搜索引擎用在搜索结果页上展示给最终用户看的一段文字。页面描述并不在网页中显示，页面描述的使用格式如下：

```
<meta name="description" content="网页的介绍" />
```

例如，定义对页面的描述，代码如下：

```
<meta name="description" content="免费的 Web 技术教程。" />
```

4）页面定时跳转

使用<meta>标记可以使网页在经过一定时间后自动刷新，这可通过将 http-equiv 属性值设置为 refresh 来实现。content 属性值可以设置为更新时间。

在浏览网页时经常会看到一些显示欢迎信息的页面，在经过一段时间后，这些页面会自动转到其他页面，这就是网页的跳转。页面定时刷新跳转的语法格式如下：

```
<meta http-equiv="refresh" content="秒;[url=网址]" />
```

> **说明**　上面的[url=网址]部分是可选项，如果有这部分，页面定时刷新并跳转，如果省略该部分，页面只定时刷新，不进行跳转。

例如，实现每 5 秒刷新一次页面。将下述代码放入 head 标记中即可：

```
<meta http-equiv="refresh" content="5" />
```

2.2.4　网页的主体标记

网页所要显示的内容都放在网页的主体标记内，它是 HTML 文件的重点内容，后面章节要介绍的 HTML 标记都将放在这个标记内。然而它并不仅仅是一个形式上的标记，它本身也可以控制网页的背景颜色或背景图像，这将在后面进行介绍。主体标记是以<body>开始、以</body>结束的，语法格式如下：

```
<body>
...
</body>
```

> **注意**　在构建 HTML 结构时，标记不允许交错出现，否则会产生错误。

在下列代码中，<body>开始标记出现在<head>标记内，这是错误的：

```
<html>
<head>
<title>标记测试</title>
```

```
<body>
</head>
</body>
</html>
```

2.2.5 页面注释标记<!-- -->

注释是在 HTML 代码中插入的描述性文本，用来解释代码或提示其他信息。注释只出现在代码中，浏览器对注释代码不进行解释，并且在浏览器的页面中不显示。在 HTML 源代码中适当地插入注释语句是一种非常好的习惯，对于设计者日后的代码修改、维护工作都有好处；另外，如果将代码交给其他设计者，其他人也能很快读懂前者所撰写的内容。

语法：

```
<!--注释的内容-->
```

注释语句元素由前后两部分组成，前部分由一个左尖括号、一个半角感叹号和两个连字符组成，后部分由两个连字符和一个右尖括号组成，例如：

```
<html>
<head>
    <title>标记测试</title>
</head>
<body>
    <!--这里是标题-->
    <h1>HTML 5网页设计</h1>
</body>
</html>
```

页面注释不但可以对 HTML 中的一行或多行代码进行解释说明，而且可以注释掉一些代码。如果希望某些 HTML 代码在浏览器中不显示，可以将这部分内容放在<!--和-->之间，例如，修改上述代码：

```
<html>
<head>
    <title>标记测试</title>
</head>
<body>
    <!--
    <h1>HTML 5网页</h1>
    -->
</body>
</html>
```

修改后的代码将<h1>标记作为注释内容处理，在浏览器中将不会显示这部分内容。

2.3 HTML 5 语法的变化

为了兼容各个不统一的页面代码，HTML 5 在语法方面做了以下改变。

2.3.1 标签不再区分大小写

标签不再区分大小写是 HTML 5 语法变化的重要体现，例如以下代码：

```
<P>这里的标签大小写不一样</p>
```

虽然"<P>这里的标签大小写不一样</p>"中的开始标记和结束标记大小写不一样，但是这完全符合 HTML 5 的规范。用户可以通过 W3C 提供的在线验证页面来测试上面的网页，验证网址为 http://validator.w3.org/。

2.3.2 允许属性值不使用引号

在 HTML 5 中，属性值不放在引号中也是正确的。例如以下代码片段：

```
<input checked="a" type="checkbox"/>
<input readonly type="text"/>
<input disabled="a" type="text"/>
```

与下面的代码片段效果是一样的：

```
<input checked=a type=checkbox/>
<input readonly type=text/>
<input disabled=a type=text/>
```

> **提示**　尽管 HTML 5 允许属性值可以不使用引号，但是仍然建议读者加上引号。因为如果某个属性的属性值中包含空格等容易引起混淆的属性值，此时可能会导致浏览器误解。例如以下代码：
>
> ```
> <img src=mm ch02/01.jpg />
> ```
>
> 此时浏览器就会误以为 src 属性的值就是 mm，这样就无法解析路径中的 01.jpg 图片。如果想正确地解析到图片的位置，就要添加上引号。

2.3.3 允许部分属性的属性值省略

在 HTML 5 中，部分标志性属性的属性值可以省略。例如以下代码是完全符合 HTML 5 规则的：

```
<input checked type="checkbox"/>
<input readonly type="text"/>
```

其中，checked="checked"省略为 checked，readonly="readonly"省略为 readonly。

在 HTML 5 中，可以省略属性值的属性如表 2-2 所示。

表 2-2　可以省略属性值的属性

属　　性	省略属性值
checked	省略属性值后，等价于 checked="checked"
readonly	省略属性值后，等价于 readonly="readonly"

续表

属　性	省略属性值
defer	省略属性值后，等价于 defer="defer"
ismap	省略属性值后，等价于 ismap="ismap"
nohref	省略属性值后，等价于 nohref="nohref"
noshade	省略属性值后，等价于 noshade="noshade"
nowrap	省略属性值后，等价于 nowrap="nowrap"
selected	省略属性值后，等价于 selected="selected"
disabled	省略属性值后，等价于 disabled="disabled"
multiple	省略属性值后，等价于 multiple="multiple"
noresize	省略属性值后，等价于 noresize="noresize"

2.4　疑难解惑

疑问 1：在网页中，语言的编码方式有哪些？

在 HTML 5 网页中，<meta>标记的 charset 属性用来声明文档使用的字符编码，也就是字符集的类型。对于国内，经常要显示汉字，通常设置为 GB2312(简体中文)和 UTF-8 两种。英文是 ISO-8859-1 字符集，此外还有其他的字符集，这里不再介绍。

疑问 2：网页中的基本标签是否必须成对出现？

在 HTML 5 网页中，大部分标签都是成对出现的。不过也有部分标签可以单独出现，例如<p/>、
、<img/>和<hr/>等。

2.5　跟我学上机

上机练习 1：制作符合 W3C 标准的古诗网页

制作一个符合 W3C 标准的古诗网页，最终效果如图 2-2 所示。

图 2-2　古诗网页的预览效果

上机练习2：制作有背景图的网页

通过 body 标记渲染一个有背景图的网页，运行结果如图 2-3 所示。

图 2-3　带背景图的网页

第 3 章
HTML 5 网页中的文本、超链接和图像

　　文字和图像是网页中最主要、最常用的元素。在互联网高速发展的今天，网站已经成为一个展示与宣传的工具，公司可以通过网站介绍其服务与产品。这些都离不开网站中的网页，而网页的内容主要是通过文字、超链接和图像来体现的。本章就来介绍 HTML 5 网页中的文本、超链接和图像的使用方法和技巧。

重点案例效果

3.1 标　　题

在 HTML 文档中，文本除了以行和段出现之外，还可以作为标题。通常一篇文档就是由若干不同级别的标题和正文组成的。

3.1.1 标题文字标记

HTML 文档中包含各种级别的标题，各种级别的标题由<h1>到<h6>标签来定义，<h1>至<h6>标签中的字母 h 是英文 headline(标题行)的简称。其中<h1>代表 1 级标题，级别最高，文字也最大，其他标题元素依次递减，<h6>级别最低。

```
<h1>这里是 1 级标题</h1>
<h2>这里是 2 级标题</h2>
<h3>这里是 3 级标题</h3>
<h4>这里是 4 级标题</h4>
<h5>这里是 5 级标题</h5>
<h6>这里是 6 级标题</h6>
```

> **注意**　各标题的重要性是有区别的，<h1>标题的重要性最高，<h6>最低。

实例 1　巧用标题标签，编写一个短新闻(案例文件：ch03\3.1.html)

本实例用<h1>标签、<h4>标签、<h5>标签实现一个短新闻页面效果。其中，新闻的标题放在<h1>标签中，发布者放在<h5>标签中，新闻正文内容放在<h4>标签中。具体代码如下：

```
<!DOCTYPE html>
<html>
<head>
<!--指定页面编码格式-->
<meta charset="UTF-8">
<!--指定页头信息-->
<title>巧编短新闻</title>
</head>
<body>
<!--表示新闻的标题-->
<h1>"雪龙"号再次远征南极</h1>
<!--表示相关发布信息-->
<h5>发布者：老码识途课堂</h5>
<!--表示对话内容-->
<h4>2022 年 10 月 26 日和 31 日，中国第 39 次南极考察队 255 名队员分两批搭乘"雪龙 2"船、"雪龙"船从上海出发，共同执行南极科学考察任务，预计 2023 年 4 月上旬返回国内。第 39 次南极考察将围绕南大洋重点海域对全球气候变化的响应与反馈等重大科学问题，开展大气成分、水体环境、沉积环境、生态系统等相关领域的调查研究工作。</h4>
</body>
</html>
```

程序运行结果如图 3-1 所示。

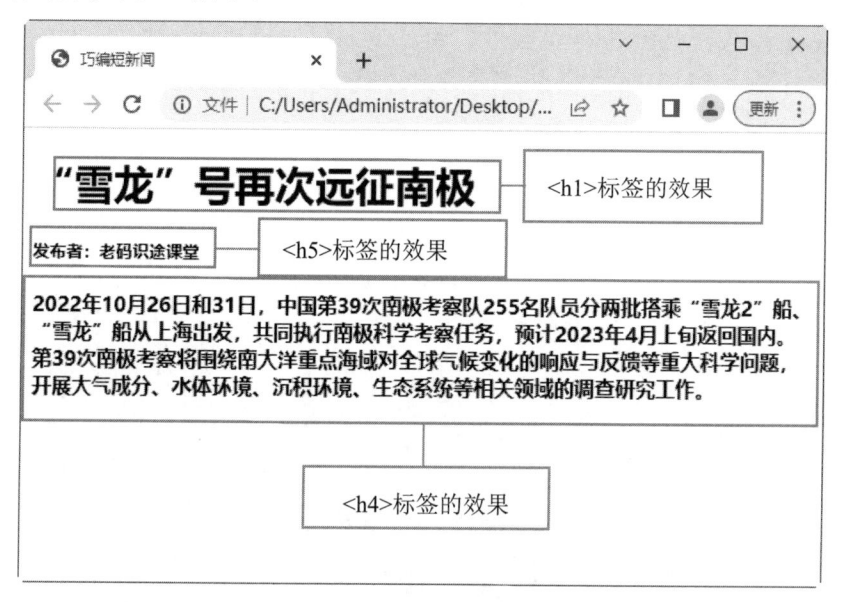

图 3-1 短新闻页面效果

3.1.2 标题的对齐方式

默认情况下，网页中的标题是左对齐的。通过 align 属性可以设置标题的对齐方式。语法格式如下：

```
<h1 align="对齐方式">文本内容</h1>
```

这里的对齐方式包括 left(文字左对齐)、center(文字居中对齐)、right(文字右对齐)。需要注意的是对齐方式一定要添加双引号。

实例2 混合排版一首古诗(案例文件：ch03\3.2.html)

本实例通过<body background="gushi.jpg">来定义网页背景图片，通过 align="center"来实现标题的居中效果，通过 align="right"来实现作者名的靠右效果，具体代码如下：

```
<!DOCTYPE html>
<html>
<head>
    <!--指定页面编码格式-->
    <meta charset="UTF-8">
    <!--指定页头信息-->
    <title>古诗混排</title>
</head>
<!--显示古诗图背景-->
<body background="gushi.jpg">
<!--显示古诗名称-->
<h2 align="center">望雪</h2>
<!--显示作者信息-->
<h5 align="right">唐代：李世民</h5>
```

```
<!--显示古诗内容-->
<h4 align="center">冻云宵遍岭,素雪晓凝华。</h4>
<h4 align="center">入牖千重碎,迎风一半斜。</h4>
<h4 align="center">不妆空散粉,无树独飘花。</h4>
<h4 align="center">萦空惭夕照,破彩谢晨霞。</h4>
</body>
</html>
```

程序运行结果如图 3-2 所示。

图 3-2 混合排版古诗页面效果

3.2 设置文字格式

在网页编程中,直接在<body>标记和</body>标记之间输入文字,这些文字就可以显示在页面中。添加多种多样的文字修饰效果可以呈现出一个美观大方的网页,会让人有美轮美奂、流连忘返的感觉。本节将介绍如何设置网页文字的修饰效果。

3.2.1 文字的字体、字号和颜色

font-family 属性用于指定文字字体类型,如宋体、黑体、隶书、Times New Roman 等,即在网页中显示不同的字体。其语法格式如下:

```
style="font-family:黑体"
```

font-size 属性用于设置文字大小。其语法格式如下:

```
Style="font-size : 数值| inherit | xx-small | x-small | small | medium | large | x-large | xx-large | larger | smaller | length"
```

用户可以通过数值来定义字体大小，例如用 font-size:10px 的方式定义字体大小为 10 像素。此外，还可以通过 medium 等参数定义字体的大小。font-size 属性如表 3-1 所示。

表 3-1 font-size 属性

属 性 值	说　　明
xx-small	绝对字体尺寸。根据对象字体进行调整。最小
x-small	绝对字体尺寸。根据对象字体进行调整。较小
small	绝对字体尺寸。根据对象字体进行调整。小
medium	默认值。绝对字体尺寸。根据对象字体进行调整。正常
large	绝对字体尺寸。根据对象字体进行调整。大
x-large	绝对字体尺寸。根据对象字体进行调整。较大
xx-large	绝对字体尺寸。根据对象字体进行调整。最大
larger	相对字体尺寸。相对于父对象中字体尺寸进行增大。使用成比例的 em 单位计算
smaller	相对字体尺寸。相对于父对象中字体尺寸进行减小。使用成比例的 em 单位计算
length	百分数或由浮点数和单位标识符组成的长度值，不可为负值。其百分比取值是基于父对象中字体的尺寸

color 属性用于设置颜色，其属性值如表 3-2 所示。

表 3-2 color 属性

属 性 值	说　　明
color_name	颜色值为颜色名称(例如 red)
hex_number	颜色值为十六进制值(例如#ff0000)
rgb_number	颜色值为 RGB 代码(例如 RGB(255,0,0))
inherit	从父元素继承颜色
hsl_number	颜色值为 HSL 代码(例如 hsl(0,75%,50%))，此为新增加的颜色表现方式
hsla_number	颜色值为 HSLA 代码(例如 hsla(120,50%,50%,1))，此为新增加的颜色表现方式
rgba_number	颜色值为 RGBA 代码(例如 rgba(125,10,45,0.5))，此为新增加的颜色表现方式

实例 3　活用文字描述商品信息(案例文件：ch03\3.3.html)

本实例通过 style="font-family:黑体;font-size:20pt align=center"来设置字体、字号以及对齐方式，然后通过 style="color:red" 来设置字体颜色，具体代码如下：

```
<!DOCTYPE html>
<html>
<head>
<!--指定页头信息-->
<title>活用文字描述商品信息</title>
</head>
<body >
```

```
<!--显示商品图片并居中显示-->
<h1 align=center><img src="goods.jpg"></h1>
<!--显示图书的名称，文字的字体为黑体，大小为20pt-->
<p style="font-family: 黑体 ; font-size:20pt;align=center  ">商品名称：
HTML5+CSS3+JavaScript网页设计案例课堂(第2版)</p>
<!--显示图书的作者，文字的字体为宋体，大小为15pt-->
<p style="font-family:宋体;font-size:15pt" >作者：刘春茂</p>
<!--显示出版社信息，文字的字体为华文彩云-->
<p style="font-family: 华文彩云"  >出版社：清华大学出版社</p>
<!--显示商品的出版时间，文字的颜色为红色-->
<p style="color:red">出版时间：2018年1月</p>
</body>
</html>
```

程序运行结果如图3-3所示。

图3-3 文字描述商品信息

3.2.2 文字的粗体、斜体和下划线

重要文本通常以粗体、强调方式或加强方式显示，HTML中的<b>标签、<em>标签和<strong>标签分别实现了这3种显示方式。

<i>标签可实现文本的倾斜显示，放在<i>和</i>之间的文本将以斜体显示。

<u>标签可以为文本添加下划线，放在<u>和</u>之间的文本将以下划线方式显示。

实例4 文字的粗体、斜体和下划线效果(案例文件：ch03\3.4.html)

下面的实例将综合应用<b>标签、<em>标签、<strong>标签、<i>标签和<u>标签。

```
<!DOCTYPE html>
<html>
<head>
<title>文字的粗体、斜体和下划线</title>
```

```
</head>
<body>
<!--显示粗体文字效果-->
<p><b>吴兴自东晋为善地，号为山水清远。其民足于鱼稻蒲莲之利，寡求而不争。宾客非特有事于其地者不至焉。</b></p>
<!--显示强调文字效果-->
<p><em>故凡守郡者，率以风流啸咏、投壶饮酒为事。</em></p>
<!--显示加强文字效果-->
<p><strong>自莘老之至，而岁适大水，上田皆不登，湖人大饥，将相率亡去。</strong></p>
<!--显示斜体文字效果-->
<p><i>莘老大振廪劝分，躬自抚循劳来，出于至诚。富有余者，皆争出谷以佐官，所活至不可胜计。</i></p>
<!--显示下划线效果-->
<p><u>当是时，朝廷方更化立法，使者旁午，以为莘老当日夜治文书，赴期会，不能复雍容自得如故事。</u></p>
</body>
</html>
```

程序运行结果如图 3-4 所示，实现了文字的粗体、斜体和下划线效果。

图 3-4　文字的粗体、斜体和下划线的预览效果

3.2.3　文字的上标和下标

文字的上标和下标分别可以通过<sup>标签和<sub>标签来实现。需要特别注意的是，<sup>标签和<sub>标签都是双标签，放在其开始标签和结束标签之间的文本将分别以上标或下标的形式出现。

实例 5　文字的上标和下标效果(案例文件：ch03\3.5.html)

本实例将通过<sup>标签和<sub>标签来实现上标和下标效果。

```
<!DOCTYPE html>
<html>
<head>
<title>上标与下标效果</title>
</head>
<body>
<!-显示上标效果-->
<p>勾股定理表达式：
a<sup>2</sup>+b<sup>2</sup>=c<sup>2</sup></p>
```

```
<!--显示下标效果-->
<p>铁在氧气中燃烧：3Fe+2O<sub>2</sub>=Fe<sub>3</sub>O<sub>4</sub>
</body>
</html>
```

程序运行结果如图 3-5 所示，分别实现了将文本作为上标和下标显示的效果。

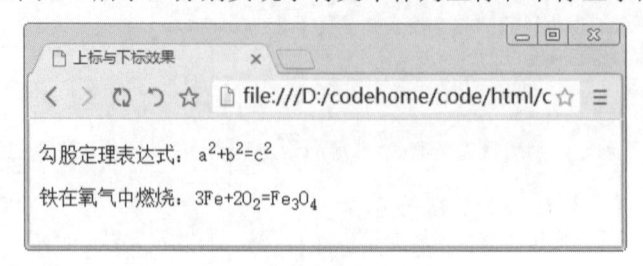

图 3-5 上标和下标预览效果

3.3 设置段落格式

在网页中如果要把文字合理地显示出来，离不开段落标签。网页中的文字段落，并不像文本编辑软件 Word 那样可以定义许多模式来安排文字的位置。在网页中要将某一段文字放在特定的地方，需要通过 HTML 标签来实现。

3.3.1 段落标签

在 HTML 5 网页文件中，段落效果通过<p>标签来实现。具体语法格式如下：

```
<p>段落文字</p>
```

其中，段落标签是双标签，即<p></p>，在开始标签<p>和结束标签</p>之间的内容形成一个段落。如果省略结束标签，从<p>标签开始，直到遇见下一个段落标签之前的文本，都属于一个段落。段落标签用来定义网页中的一段文本，文本在一个段落中会自动换行。

实例 6 创意显示老码识途课堂(案例文件：ch03\3.6.html)

```
<!DOCTYPE html>
<html>
<head>
<title>创意显示老码识途课堂</title>
</head>
<body>
    <p>*******************************老码识途课堂*******************************</p>
<p>    老码识途课堂专注编程开发和图书出版 18 年，致力打造零基础在线
IT 技术学习</p>
<p>平台。通过全程技能跟踪，实现 1 对 1 高效技能培训。目前，老码识途课堂主要为零</p>
<p>基础读者提供优质的课程，课程内容新颖，模拟现实开发中的项目流程，快速积累</p>
<p>行业开发经验，为读者提供一站式服务，培养学生的编程思想。</p>
<p>*******************************微信公众号：老码识途课堂*******************************</p>
</html>
```

程序运行结果如图 3-6 所示。

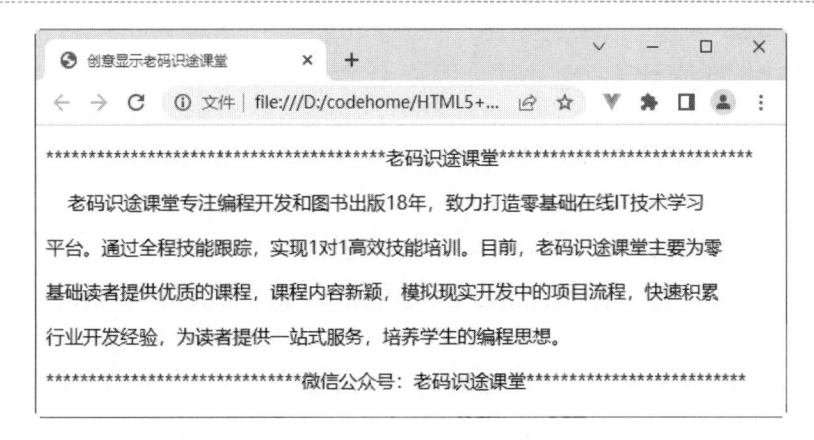

第 3 章　HTML 5 网页中的文本、超链接和图像

图 3-6　段落标签的使用

3.3.2　段落的换行标签

在 HTML 5 文件中，换行标签为
，该标签是一个单标签，它没有结束标签，作用是将文字在一个段内强制换行。一个
标签代表一个换行，连续的多个
标签可以实现多次换行。

实例 7　**巧用换行实现古诗效果**(案例文件：ch03\3.7.html)

本实例通过使用
换行标签，实现古诗的页面布局效果。通过使用 4 个
换行标签达到换行的目的，这里和使用多个<p></p>段落标签一样可以实现换行的效果。

```
<!DOCTYPE html>
<html>
<head>
<title>文本段换行</title>
</head>
<body>
<p align="center">嘲顽石幻相<br/>
女娲炼石已荒唐，又向荒唐演大荒。<br/>
失去幽灵真境界，幻来新就臭皮囊。<br/>
好知运败金无彩，堪叹时乖玉不光。<br />
白骨如山忘姓氏，无非公子与红妆。
</body>
</html>
```

程序运行结果如图 3-7 所示，实现了换行效果。

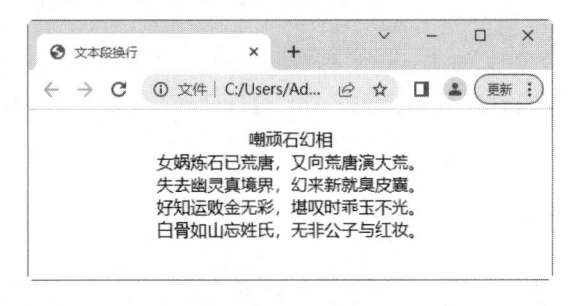

图 3-7　使用换行标签

3.3.3 段落的原格式标签

在网页排版中，对于类似空格和换行符等特殊的排版效果，通过原格式标签进行排版则比较容易。原格式标签<pre>的语法格式如下：

```
<pre>
网页内容
</pre>
```

实例 8 巧用原格式标签实现空格和换行的效果(案例文件：ch03\3.8.html)

这里使用<pre>标签实现空格和换行效果，其中包含的<h1>标签会实现换行效果。

```
<!DOCTYPE html>
<html>
<head>
<title>原格式标记</title>
</head>
<body>
<pre>恭喜！    您成功晋级了！

   请在指定时间进行复赛，争夺每年一度的<h1>冠军</h1>荣誉。</pre>
</body>
</html>
```

程序运行结果如图 3-8 所示，实现了空格和换行的效果。

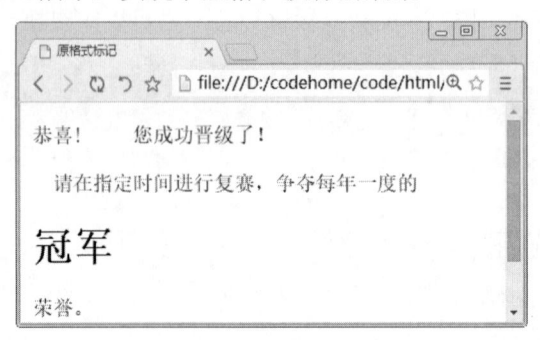

图 3-8 使用原格式标签

3.4 文 字 列 表

使用文字列表可以有序地编排一些信息资源，使其结构化和条理化，并以列表的样式显示，以便浏览者能更加快捷地获得相应的信息。HTML 中的文字列表如同文字编辑软件 Word 中的项目符号和自动编号。

3.4.1 建立无序列表<ul>

无序列表相当于 Word 中的项目符号，无序列表中的项目没有排列顺序，只以符号作为分项标识。

无序列表使用一对<ul></ul>标记实现，其中每一个列表项使用<li></li>标记，结构如下所示：

```
<ul>
  <li>无序列表项</li>
  <li>无序列表项</li>
  <li>无序列表项</li>
  <li>无序列表项</li>
</ul>
```

在无序列表结构中，使用<ul></ul>标记表示无序列表的开始和结束，<li>则表示一个列表项的开始。

在一个无序列表中可以包含多个列表项，并且<li>可以省略结束标记。

实例 9　使用无序列表显示商品分类信息(案例文件：ch03\3.9.html)

该实例使用无序列表来实现文本的排列显示。

```
<!DOCTYPE html>
<html>
<head>
<title>无序列表</title>
</head>
<body>
<p style="color: red; font-size: 20px;">商品分类信息</p>
<ul>
    <li>家用电器</li>
    <li> 办公电脑</li>
    <li>家具厨具</li>
    <li>男装女装</li>
</ul>
</body>
</html>
```

程序运行结果如图 3-9 所示。

图 3-9　使用无序列表显示商品分类信息

3.4.2　建立有序列表<ol>

有序列表类似于 Word 中的自动编号功能，有序列表的使用方法与无序列表的使用方法基本相同，它使用<ol></ol>标记实现，每一个列表项使用<li></li>标记。每个项目都有前后顺序之分，多数用数字表示，其结构如下：

```html
<ol>
    <li>第 1 项</li>
    <li>第 2 项</li>
    <li>第 3 项</li>
</ol>
```

实例 10 创建有序的课程列表(案例文件：ch03\3.10.html)

下面使用有序列表实现文本的排列显示。

```html
<!DOCTYPE html>
<html>
<head>
<title>创建有序的课程列表</title>
</head>
<body>
<h2>本月课程销售排行榜</h2>
<ol>
    <li>Python 爬虫智能训练营</li>
    <li>网站前端开发训练营</li>
    <li>PHP 网站开发训练营</li>
    <li>网络安全对抗训练营</li>
</ol>
</body>
</html>
```

程序运行结果如图 3-10 所示。

图 3-10 创建有序的课程列表

3.4.3 建立不同类型的无序列表

默认情况下，无序列表的项目符号都是"•"。如果想修改项目符号，可以通过 type 属性来设置。type 的属性值可以设置为 disc、circle 或 square，分别显示不同的效果。

实例 11 建立不同类型的商品列表(案例文件：ch03\3.11.html)

下面使用多个<ul>标签，通过设置 type 属性，建立不同类型的商品列表。

```html
<!DOCTYPE html>
<html>
<head>
<title>不同类型的无序列表</title>
```

```html
</head>
<body>
<h4>disc 项目符号的商品列表：</h4>
<ul type="disc">
    <li>冰箱</li>
    <li>空调</li>
    <li>洗衣机</li>
    <li>电视机</li>
</ul>
<h4>circle 项目符号的商品列表：</h4>
<ul type="circle">
    <li>冰箱</li>
    <li>空调</li>
    <li>洗衣机</li>
    <li>电视机</li>
</ul>
<h4>square 项目符号的商品列表：</h4>
<ul type="square">
    <li>冰箱</li>
    <li>空调</li>
    <li>洗衣机</li>
    <li>电视机</li>
</ul>
</body>
</html>
```

程序运行结果如图 3-11 所示。

图 3-11 建立不同类型的无序列表

3.4.4 建立不同类型的有序列表

默认情况下，有序列表的序号是数字。如果想修改成字母等形式，可以通过修改 type 属性来完成。type 属性可以取值为 1、a、A、i 和 I，分别表示数字(1,2,3...)、小写字母(a,b,c...)、大写字母(A,B,C...)、小写罗马数字(ⅰ,ⅱ,ⅲ...)和大写罗马数字(Ⅰ,Ⅱ,Ⅲ...)。

实例 12　创建不同类型的课程列表(案例文件：ch03\3.12.html)

下面使用有序列表实现两种不同类型的列表。

```html
<!DOCTYPE html>
<html>
<head>
<title>创建不同类型的课程列表</title>
</head>
<body>
<h2>本月教师课程列表</h2>
<ol>
    <li>Python 爬虫智能训练营</li>
    <li>网站前端开发训练营</li>
    <li>PHP 网站开发训练营</li>
    <li>网络安全对抗训练营</li>
</ol>
<h2>本月学生课程列表</h2>
<ol type="A">
    <li>C++语言基础</li>
    <li>网络安全基础</li>
    <li>C 语言基础</li>
    <li>网站建设原理</li>
</ol>
</body>
</html>
```

程序运行结果如图 3-12 所示。

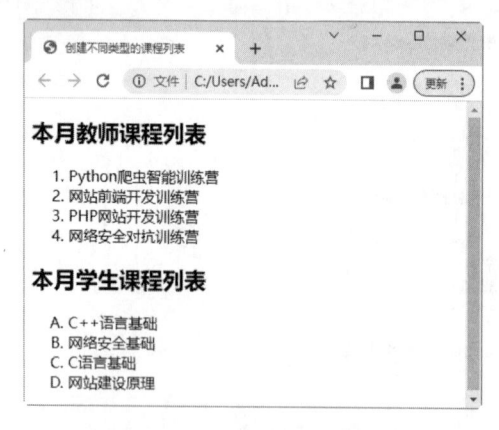

图 3-12　创建不同类型的有序列表

3.4.5　自定义列表

在 HTML 5 中还可以自定义列表，自定义列表的标签是<dl>。自定义列表的语法格式如下：

```html
<dl>
    <dt>项目名称 1</dt>
    <dd>项目解释 1</dd>
    <dd>项目解释 2</dd>
```

```html
    <dd>项目解释3</dd>
    <dt>项目名称2</dt>
    <dd>项目解释1</dd>
    <dd>项目解释2</dd>
    <dd>项目解释3</dd>
</dl>
```

实例 13 创建自定义列表(案例文件：ch03\3.13.html)

下面使用<dl>标签、<dt>标签和<dd>标签，自定义列表样式。

```html
<!DOCTYPE html>
<html>
<head>
<title>自定义列表</title>
</head>
<body>
<h2>各个训练营介绍</h2>
<dl>
    <dt>Python 爬虫智能训练营</dt>
    <dd>随着人工智能时代的来临，互联网数据越来越开放，越来越丰富，基于大数据来做的事情也越来越多。数据分析服务、互联网金融、数据建模、医疗病例分析、自然语言处理、信息聚类，这些都是大数据的应用场景，而大数据的来源都是利用网络爬虫来实现的。</dd>
    <dt>网站前端开发训练营</dt>
    <dd>网站前端开发的职业规划包括网页制作、网页制作工程师、前端制作工程师、网站重构工程师、前端开发工程师、资深前端工程师、前端架构师。</dd>
    <dt>PHP 网站开发训练营</dt>
    <dd>PHP 网站开发训练营是一个专门为 PHP 初学者提供入门学习帮助的平台，这里是初学者的修行圣地，提供各种入门宝典。</dd>
    <dt>网络安全对抗训练营</dt>
    <dd>网络安全对抗训练营在剖析用户进行黑客防御中迫切需要或想要用到的技术时，力求对其进行"傻瓜"式的讲解，使学生对网络防御技术有一个系统的了解，能够更好地防范黑客的攻击。</dd>
</dl>
</body>
</html>
```

程序运行结果如图 3-13 所示。

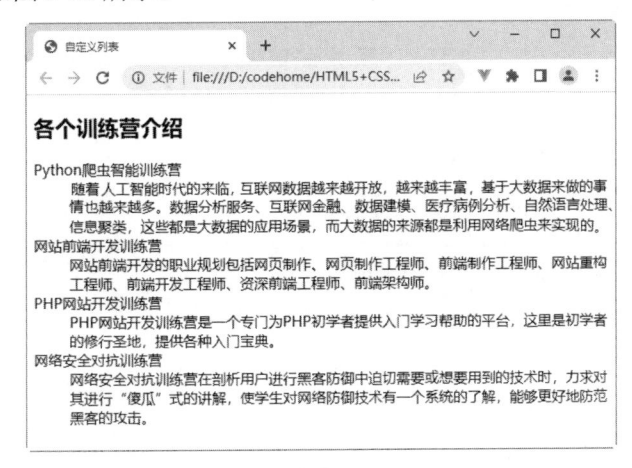

图 3-13 自定义网页列表

3.4.6 建立嵌套列表

嵌套列表是网页中常用的元素，通过重复使用<ol>标签和<ul>标签，可以实现无序列表和有序列表的嵌套。

实例 14 创建嵌套列表(案例文件：ch03\3.14.html)

下面使用<ol>标签和<ul>标签，创建嵌套列表。

```
<!doctype html>
<html>
<head>
<title>无序列表和有序列表嵌套</title>
</head>
<body>
<ul>
    <li><a href="#">课程销售排行榜</a>
        <ol>
            <li><a href="#">Python 爬虫智能训练营</a></li>
            <li><a href="#">网站前端开发训练营</a></li>
            <li><a href="#">PHP 网站开发训练营</a></li>
            <li><a href="#">网络安全对抗训练营</a></li>
        </ol>
    </li>
    <li><a href="#">学生区域分布</a>
        <ul>
            <li><a href="#">北京</a></li>
            <li><a href="#">上海</a></li>
            <li><a href="#">广州</a></li>
            <li><a href="#">郑州</a></li>
        </ul>
    </li>
</ul>
</body>
</html>
```

程序运行结果如图 3-14 所示。

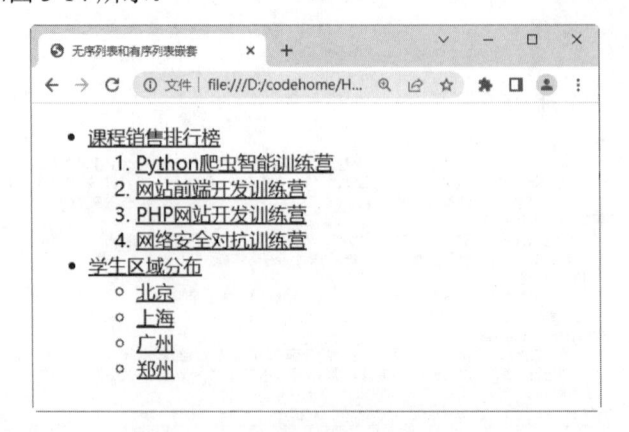

图 3-14 无序列表和有序列表嵌套

3.5 超链接标记

在 HTML 5 中建立超链接使用的标记为<a></a>。超链接有两个重要的要素,设置为超链接的网页元素和超链接指向的目标地址。超链接的基本结构如下:

```
<a href=URL>网页元素</a>
```

3.5.1 设置文本和图片的超链接

设置超链接的网页元素通常使用文本和图片。文本超链接和图片超链接是通过<a></a>标记来实现的,将文本或图片放在<a>开始标记和</a>结束标记之间,即可建立超链接。

实例 15 设置文本和图片的超链接(案例文件:ch03\3.15.html)

下面的实例将实现文本和图片的超链接。

```
<!DOCTYPE html>
<html>
<head>
<title>文本和图片超链接</title>
</head>
<body>
<a href="a.html"><img src="images/13.jpg"></a>
<a href="b.html">公司简介</a>
</body>
</html>
```

网页效果如图 3-15 所示。用鼠标单击图片,即可实现链接跳转。

图 3-15 文本和图片超链接的效果

默认情况下,为文本添加超链接,文本会自动增加下划线,并且文本颜色变为蓝色,单击过的超链接文本会变成暗红色。为图片添加超链接后,浏览器会自动给图片加一个粗边框。

3.5.2 创建指向不同类型目标的超链接

除了.html 类型的文件外,超链接所指向的目标还可以是其他各种类型,包括图片文件、声音文件、视频文件、Word、其他网站、FTP 服务器、电子邮件等。

1. 链接到各种类型的文件

超链接<a>标记的 href 属性指向链接的目标，目标可以是各种类型的文件。如果是浏览器能够识别的文件类型，会直接在浏览器中显示；如果是浏览器不能识别的文件类型，浏览器便进行下载操作。

实例 16 设置指向不同类型目标的超链接(案例文件：ch03\3.16.html)

```
<!DOCTYPE html>
<html>
<head>
<title>链接各种类型文件</title>
</head>
<body>
<p><a href="a.html">链接 html 文件</a></p>
<p><a href="coffe.jpg">链接图片</a></p>
<p><a href="2.doc">链接 Word 文档</a></p>
</body>
</html>
```

网页效果如图 3-16 所示。链接到了 HTML 文件、图片和 Word 文档。

图 3-16 各种类型的链接

2. 链接到其他网站或 FTP 服务器

在网页中，友情链接也是推广网站的一种方式。下列代码即可链接到其他网站或 FTP 服务器：

```
<a href="http://www.baidu.com">链接百度</a>
<a href="ftp://172.16.1.254">链接到 FTP 服务器</a>
```

> **注意** 这里 FTP 服务器用的是 IP 地址。为了保证代码能正确运行，应填写有效的 FTP 服务器地址。

3. 设置电子邮件链接

在某些网页中，当访问者单击某个链接后，会自动打开电子邮件客户端软件，如 Outlook 或 Foxmail 等，向某个特定的 E-mail 地址发送邮件，这个链接就是电子邮件链接。

电子邮件链接的格式如下：

```
<a href="mailto:电子邮件地址">网页元素</a>
```

第 3 章　HTML 5 网页中的文本、超链接和图像

实例 17　设置电子邮件链接(案例文件：ch03\3.17.html)

```
<!DOCTYPE html>
<html>
<head>
<title>电子邮件链接</title>
</head>
<body>
<img src="images/logo.gif" width="119" height="49"> [免费注册][登录]
<a href="mailto:kfdzsj@126.com">站长信箱</a>
</body>
</html>
```

网页效果如图 3-17 所示，实现了电子邮件链接。单击"站长信箱"链接时，会弹出 Outlook 窗口，要求编写电子邮件，如图 3-18 所示。

图 3-17　链接到电子邮件　　　　图 3-18　Outlook 新邮件窗口

3.5.3　设置以新窗口显示超链接页面

默认情况下，当单击超链接时，目标页面会在当前窗口中显示，替换当前页面的内容。如果要在单击某个链接以后，打开一个新的浏览器窗口，在这个新窗口中显示目标页面，就需要使用<a>标签的 target 属性。

target 属性取值有 4 个，分别是_blank、_self、_top 和_parent。由于 HTML 5 不再支持框架，所以_top、_parent 这两个取值不常用。本节仅为读者讲解_blank、_self 值。其中，_blank 值为在新窗口中显示超链接页面；_self 代表在自身窗口中显示超链接页面，当省略 target 属性时，默认取值为_self。

实例 18　设置以新窗口显示超链接页面(案例文件：ch03\3.18.html)

```
<!DOCTYPE html>
<html>
<head>
<title>以新窗口方式打开</title>
</head>
<body>
<a href="a.html target="_blank">新窗口</a>
</body>
</html>
```

网页效果如图3-19所示。

图 3-19　在新窗口中显示超链接页面

3.5.4　链接到同一页面的不同位置

对于文字比较多的网页，需要对同一页面的不同位置进行链接，这时就需要建立同一网页内的链接。

实例 19　链接到同一页面的不同位置(案例文件：ch03\3.19.html)

```html
<!DOCTYPE html>
<html>
<body>
<p>
<a href="#C4">查看 第 4 章。</a>
</p>
<h2>第 1 章</h2>
<p>本章讲解图片相关知识……</p>
<h2>第 2 章</h2>
<p>本章讲解文字相关知识……</p>
<h2>第 3 章</h2>
<p>本章讲解动画相关知识……</p>
<h2><a name="C4">第 4 章</a></h2>
<p>本章讲解图形相关知识……</p>
<h2>第 5 章</h2>
<p>本章讲解列表相关知识……</p>
<h2>第 6 章</h2>
<p>本章讲解按钮相关知识……</p>
<h2>第 7 章</h2>
<p>本章讲解……</p>
<h2>第 8 章</h2>
<p>本章讲解……</p>
<h2>第 9 章</h2>
<p>本章讲解……</p>
<h2>第 10 章</h2>
<p>本章讲解……</p>
<h2>第 11 章</h2>
<p>本章讲解……</p>
<h2>第 12 章</h2>
<p>本章讲解……</p>
</body>
</html>
```

网页效果如图3-20所示。单击页面中的链接，即可将"第 4 章"的内容跳转到页面顶端，如图3-21所示。

图 3-20　初始效果　　　　　　图 3-21　链接到"第 4 章"

3.6　图像热点链接

在浏览网页时，读者会发现，当单击一张图片的不同区域时，会显示不同的链接内容，这就是图片的热点区域。所谓图片的热点区域就是将一个图片划分成若干个链接区域。访问者单击不同的区域会链接到不同的目标页面。

在 HTML 5 中，可以为图片创建 3 种类型的热点区域：矩形、圆形和多边形。创建热点区域使用<map>和<area>标记。

设置图像热点链接大致可以分为以下两个步骤。

1. 设置映射图像

要想建立图片热点区域，必须先插入图片。注意，图片必须增加 usemap 属性，说明该图像是热点区域映射图像，属性值必须以"#"开头，加上名字，如#pic。具体语法格式如下：

```
<img src="图片地址" usemap="#热点图像名称">
```

2. 定义热点区域图像和热点区域链接

定义热点区域图像和热点区域链接的语法格式如下：

```
<map id="#热点图像名称">
    <area shape="热点形状 1" coords="热点坐标 1" href="链接地址 1">
    <area shape="热点形状 2" coords="热点坐标 2" href="链接地址 2">
</map>
```

<map>标记只有一个属性 id，其作用是为区域命名，其设置值必须与<img>标记的 usemap 属性值相同。

<area>标记主要用于定义热点区域的形状及超链接，它有 3 个属性。

(1) shape 属性：控制划分区域的形状。其取值有 3 个，分别是 rect(矩形)、circle(圆形)和 poly(多边形)。

(2) coords 属性：控制区域的划分坐标。如果 shape 属性取值为 rect，那么 coords 的设置值分别为矩形的左上角坐标点和右下角坐标点，单位为像素。如果 shape 属性取值为 circle，那么 coords 的设置值分别为圆形的圆心坐标点和半径值，单位为像素。如果 shape 属性取值为

poly，那么 coords 的设置值分别为多边形各个角点的坐标，单位为像素。

(3) href 属性：为区域设置超链接的目标。设置值为"#"时，表示为空链接。

实例 20 添加图像热点链接(案例文件：ch03\3.20.html)

```
<!DOCTYPE html>
<html>
<head>
<title>创建热点区域</title>
</head>
<body>
<img src="pic/daohang.jpg" usemap="#Map">
<map name="Map">
    <area shape="rect" coords="30,106,220,363" href="pic/r1.jpg"/>
    <area shape="rect" coords="234,106,416,359" href="pic/r2.jpg"/>
    <area shape="rect" coords="439,103,618,365" href="pic/r3.jpg"/>
    <area shape="rect" coords="643,107,817,366" href="pic/r4.jpg"/>
    <area shape="rect" coords="837,105,1018,363" href="pic/r5.jpg"/>
</map>
</body>
</html>
```

程序运行结果如图 3-22 所示。单击不同的热点区域，将跳转到不同的页面。例如这里单击"超美女装"区域，跳转页面效果如图 3-23 所示。

图 3-22 创建热点区域　　　　图 3-23 热点区域的链接页面

3.7 在网页中插入图像

图像可以美化网页，插入图像使用单标签<img>。img 标签的属性及描述如表 3-3 所示。
src 属性用于指定图片源文件的路径，它是 img 标签必不可少的属性。语法格式如下：

<img src="图片路径">

图片的路径可以是绝对路径，也可以是相对路径。下面的实例是在网页中插入图片。

表 3-3　img 标签的属性及描述

属　性	值	描　述
alt	text	定义有关图形的简短的描述
src	URL	要显示的图像的 URL
height	pixels %	定义图像的高度
ismap	URL	把图像定义为服务器端的图像映射
usemap	URL	把图像定义为客户端的图像映射
vspace	pixels	定义图像顶部和底部的空白区域
width	pixels %	设置图像的宽度

实例 21　通过图像标签，设计一个象棋游戏的来源介绍(案例文件：ch03\3.21.html)

```
<!DOCTYPE html>
<html >
<head>
<title>插入图片</title>
</head>
<body>
<h2 align="center">象棋的来源</h2>
<p>     中国象棋是起源于中国的一种棋戏，象棋的"象"是指一个人，相传象是
舜的弟弟，他喜欢打打杀杀，他发明了一种用来模拟战争的游戏，因为是他发明的，很自然地把这种游戏
叫作"象棋"。到了秦朝末年西汉开国，韩信把象棋进行一番大改，有了楚河汉界，有了王不见王的规
定，名字还叫作"象棋"，然后经过后世的不断修正，一直到宋朝，把红棋的"卒"改为"兵"，黑棋的
"仕"改为"士"，"相"改为"象"，象棋的样子基本完善。棋盘里的河界，又名"楚河汉界"。</p>
<!--插入象棋的游戏图片，并且设置水平间距为 200 像素-->
<img src="pic/xiangqi.gif" hspace="200">
</body>
</html>
```

程序运行结果如图 3-24 所示。

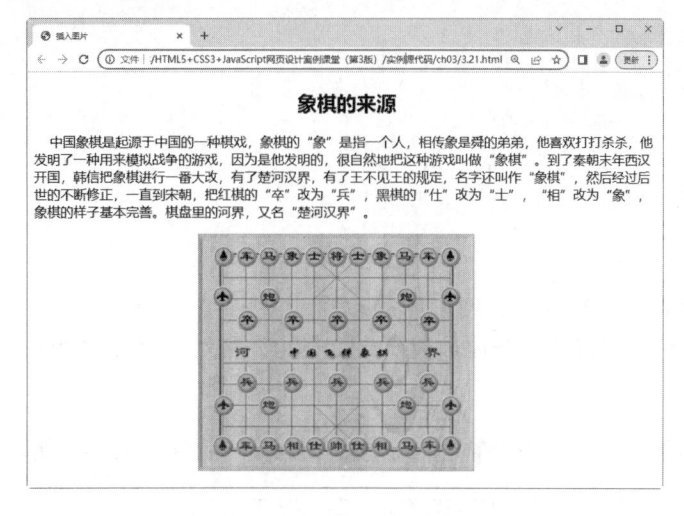

图 3-24　在网页中插入图像

除了可以插入本地图片以外，还可以插入网络资源中的图片，例如插入百度图库中的图片，插入代码如下：

```
<img src="http://www.baidu.com/img/图片名称.gif" />
```

3.8 编辑网页中的图像

在插入图像时，用户还可以设置图像的大小、边框、间距、对齐方式和替换文本等。

3.8.1 设置图像的大小和边框

在 HTML 文档中，还可以设置插入图像的显示大小，一般是按原始尺寸显示，但也可以任意设置显示尺寸。设置图像尺寸分别使用 width(宽度)和 height(高度)属性。

设置图像大小的语法格式如下：

```
<img src="图像的地址" width="宽度值" height="高度值">
```

这里的高度值和宽度值的单位为像素。如果只设置了宽度或者高度，则另一个参数会按照相同的比例进行调整。如果同时设置了宽度和高度，且缩放比例不同的情况下，图像可能会变形。

默认情况下，插入的图像没有边框，可以通过 border 属性为图像添加边框。其语法格式如下：

```
<img src="图像的地址" border="边框大小值">
```

这里的边框大小值的单位为像素。

实例 22 设置图像的大小和边框效果(案例文件：ch03\3.22.html)

```
<!DOCTYPE html>
<html>
<head>
<title>设置图像的大小和边框</title>
</head>
<body>
<img src="pic/pingban.jpg">
<img src="pic/pingban.jpg" width="100">
<img src="pic/pingban.jpg" width="150" height="200">
<img src="pic/pingban.jpg" border="5">
</body>
</html>
```

程序运行结果如图 3-25 所示。

图像的尺寸单位可以选择百分比或数值。百分比为相对尺寸，数值为绝对尺寸。

> **注意**：网页中插入的图像都是位图，放大尺寸，图像会出现马赛克，变得模糊。

44

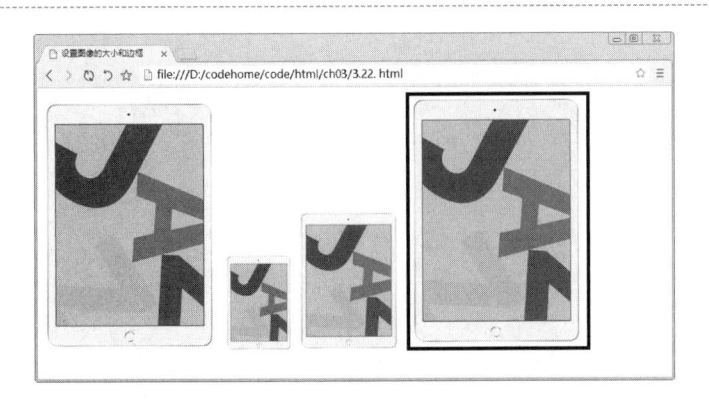

第 3 章　HTML 5 网页中的文本、超链接和图像

图 3-25　设置图像的大小和边框

> **技巧**　在 Windows 中查看图像的尺寸，只需要找到图像文件，把鼠标指针移动到图像上，停留几秒后，就会出现一个提示框，说明图像文件的尺寸。尺寸后显示的数字，代表图像的宽度和高度，如 256×256。

3.8.2　设置图像的间距和对齐方式

在设计网页的图文混排效果时，如果不使用换行标签，则添加的图像会紧跟在文字后面。如果想调整图像与文字的距离，可以通过设置 hspace 属性和 vspace 属性来完成。其语法格式如下：

```
<img src="图像的地址" hspace="水平间距值" vspace="垂直间距值">
```

图像和文字之间的排列通过 align 参数来调整。对齐方式分为两种：绝对对齐方式和相对文字对齐方式。其中绝对对齐方式包括左对齐、右对齐和居中对齐，相对文字对齐方式则指图像与一行文字的相对位置。其语法格式如下：

```
<img src="图像的地址" align="相对文字的对齐方式">
```

其中，align 属性的取值和含义如下。
(1) left：把图像对齐到左边。
(2) right：把图像对齐到右边。
(3) middle：把图像与中央对齐。
(4) top：把图像与顶部对齐。
(5) bottom：把图像与底部对齐。该对齐方式为默认对齐方式。

实例 23　设置图像的水平对齐间距效果(案例文件：ch03\3.23.html)

```html
<!doctype html>
<html>
<head>
<title>设置图像的水平间距</title>
</head>
<body>
<h3>请选择您喜欢的商品：</h3>
```

```html
<hr size="3" />
<!--在插入的两行图片中,分别设置图片的对齐方式为middle -->
第一组商品图片<img src="pic/1.jpg" border="2" align="middle"/>
              <img src="pic/2.jpg" border="2" align="middle"/>
              <img src="pic/3.jpg" border="2" align="middle"/>
              <img src="pic/4.jpg" border="2" align="middle"/>
<br /><br />
第二组商品图片<img src="pic/5.jpg" border="1" align="middle"/>
              <img src="pic/6.jpg" border="1" align="middle"/>
              <img src="pic/7.jpg" border="1"align="middle"/>
              <img src="pic/8.jpg" border="1"align="middle"/>
</body>
</html>
```

程序运行结果如图 3-26 所示。

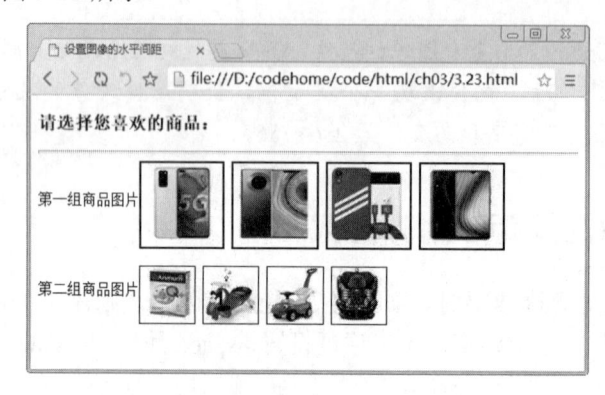

图 3-26 设置图像的水平对齐间距效果

3.8.3 设置图像的替换文字和提示文字

图像提示文字的作用有两个。

(1) 当浏览网页时,如果图像下载完成,将鼠标指针放在该图像上,鼠标指针旁边会显示 title 标签设置的提示文字。其语法格式如下:

`<img src="图像的地址" title="图像的提示文字">`

(2) 如果图像没有成功下载,在图像的位置上会显示 alt 标签设置的替换文字。其语法格式如下:

`<img src="图像的地址" alt="图像的替换文字">`

实例 24 设置图像的替换文字和提示文字效果(案例文件:ch03\3.24.html)

```html
<!DOCTYPE html>
<html >
<head>
<title>替换文字和提示文字</title>
</head>
<body>
<h2 align="center">象棋的来源</h2>
<p>     中国象棋是起源于中国的一种棋戏,象棋的"象"是指一个人,相传象是舜的弟弟,他喜欢打打杀杀,他发明了一种用来模拟战争的游戏,因为是他发明的,很自然地把这种游戏
```

叫作"象棋"。到了秦朝末年西汉开国，韩信把象棋进行一番大改，有了楚河汉界，有了王不见王，名字还叫作"象棋"，然后经过后世的不断修正，一直到宋朝，把红棋的"卒"改为"兵"，黑棋的"仕"改为"士"，"相"改为"象"，象棋的样子基本完善。棋盘里的河界，又名"楚河汉界"。</p>
<!--插入象棋的游戏图片，并且设置替换文字和提示文字-->
<img src="pic/xiangqis.gif" alt="象棋游戏" title="象棋游戏是中华民族的文化瑰宝">
<img src="pic/xiangqi.gif" alt="象棋游戏" title="象棋游戏是中华民族的文化瑰宝">
</body>
</html>

程序运行结果如图 3-27 所示。用户将鼠标放在图片上，即可看到提示文字。

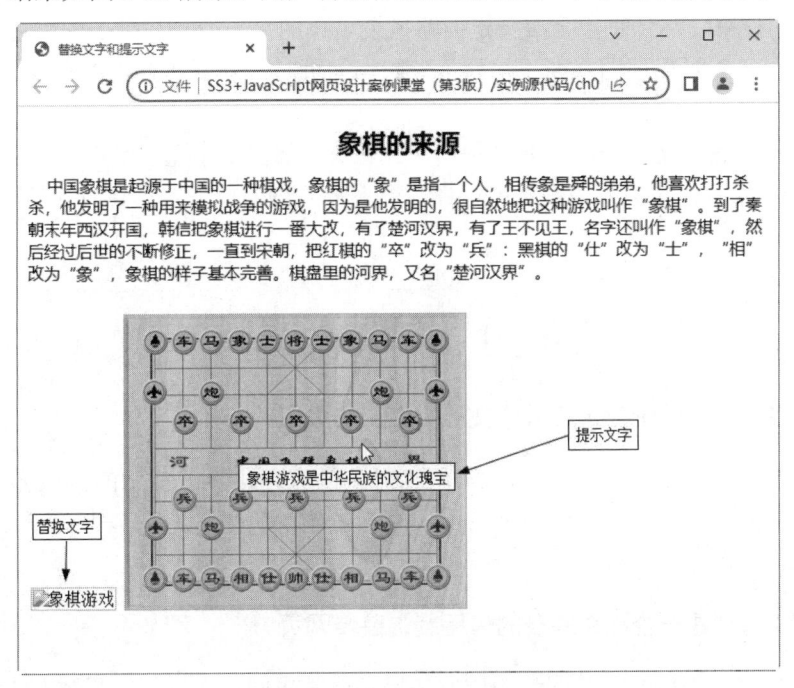

图 3-27　替换文字和提示文字

> **注意**　随着互联网技术的发展，网速已经不是制约因素，因此一般都能成功下载图像。现在，alt 还有另外一个作用，在百度、谷歌等大的搜索引擎中，搜索图片没有文字方便，如果给图片添加适当提示，可以方便搜索引擎检索。

3.9　疑难解惑

疑问 1：换行标记和段落标记有什么区别？

换行标记是单标记，不能写结束标记。段落标记是双标记，可以省略结束标记，也可以不省略。默认情况下，段落之间的距离和段落内部的行间距是不同的，段落间距比较大，行间距比较小。

HTML 无法调整段落间距和行间距，如果希望调整它们，就必须使用 CSS。

疑问 2：无序列表<ul>元素的作用是什么？

无序列表主要用于条理化和结构化文本信息。在实际开发中，无序列表在制作导航菜单时使用广泛。导航菜单的结构一般都使用无序列表来实现。

疑问 3：在浏览器中，图片为何无法显示？

图片在网页中属于嵌入对象，并不是保存在网页中，网页只是保存了指向图片的路径。浏览器在解释 HTML 文件时，会按指定的路径去寻找图片，如果在指定的位置不存在图片，就无法正常显示。为了保证图片能正常显示，制作网页时，需要注意以下几点。

- 图片的格式一定是网页支持的。
- 图片的路径一定要正常，并且图片文件的扩展名不能省略。
- HTML 文件的位置发生改变时，图片一定要跟随着改变，即图片位置与 HTML 文件位置始终保持相对一致。

3.10 跟我学上机

上机练习 1：创建一个包含各种图文混排效果的页面

在网页的文字当中，如果插入图像，可以对图像进行排版。常用的排版方式有居中、底部对齐、顶部对齐三种。这里制作一个包含三种图文对齐方式的页面。程序运行结果如图 3-28 所示。

上机练习 2：创建一个图文并茂的房屋装饰装修网页

本练习将创建一个由文本和图片构成的房屋装饰效果网页，运行结果如图 3-29 所示。

图 3-28　图像的各种对齐方式　　　　图 3-29　图文并茂的房屋装饰装修网页

第 4 章
使用 HTML 5 创建表格

HTML 中的表格不但可以清晰地显示数据，而且可以用于页面布局。HTML 中的表格类似于 Word 软件中的表格。

HTML 制作表格的原理是使用相关标记，如表格对象<table>标记、行对象<tr>标记、单元格对象<td>标记。

重点案例效果

销售统计表

产品名称	产品产地	销售金额
洗衣机	北京	456万
电视机	上海	306万
空调	北京	688万
热水器	大连	108万
冰箱	北京	206万
扫地机器人	广州	68万
电磁炉	北京	109万
吸尘器	天津	48万

企业客户联系表

区域	加盟商	加盟时间	联系电话
华北区域	王蒙	2019年9月	123XXXXXXXX
华中区域	王小名	2019年1月	100XXXXXXXX
西北区域	张小明	2012年9月	111XXXXXXXX

4.1　表格的基本结构

使用表格显示数据，可以更直观和清晰。在 HTML 文档中，表格主要用于显示数据，虽然可以使用表格布局，但是不建议使用，因为有很多弊端。表格一般由行、列和单元格组成，如图 4-1 所示。

在 HTML 5 中，用于创建表格的标记如下。

- <table>：<table>标记用于标识一个表格对象的开始，</table>标记标识一个表格对象的结束。一个表格中，只允许出现一对<table><table/>标记。HTML 5 中不再支持它的任何属性。

图 4-1　表格的组成

- <tr>：<tr>标记用于标识表格一行的开始，</tr>标记用于标识表格一行的结束。表格内有多少对<tr></tr>标记，就表示表格中有多少行。在 HTML 5 中不再支持它的任何属性。

- <td>：<td>标记用于标识表格某行中的一个单元格的开始，</td>标记用于标识表格某行中一个单元格的结束。<td></td>标记应书写在<tr></tr>标记内，一对<tr></tr>标记内有多少对<td></td>标记，就表示该行有多少个单元格。在 HTML 5 中，<td>仅有 colspan 和 rowspan 两个属性。

最基本的表格，必须包含一对<table></table>标记、一对或几对<tr></tr>标记以及一对或几对<td></td>标记。一对<table></table>标记定义一个表格，一对<tr></tr>标记定义一行，一对<td></td>标记定义一个单元格。

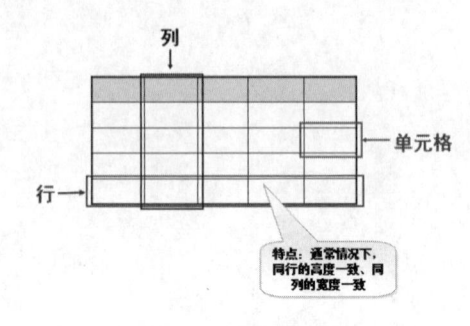

实例 1　用表格标记，编写公司销售表(案例文件：ch04\4.1.html)

```
<!DOCTYPE html>
<html>
<head>
<title>公司销售表</title>
</head>
<body>
<h1 align="center">公司销售表</h1>
<!--<table>为表格标记-->
<table align="center">
    <!--<tr>为行标记-->
    <tr>
        <!--<td>为表头标记-->
        <th>姓名</th>
        <th>月份</th>
        <th>销售额</th>
    </tr>
    <tr>
        <!--<td>为单元格-->
        <td>刘玉</td>
```

```
        <td>1 月份</td>
        <td>32 万</td>
    </tr>
    <tr>
        <!--<td>为单元格-->
        <td>张平</td>
        <td>1 月份</td>
        <td>36 万</td>
    </tr>
    <tr>
        <!--<td>为单元格-->
        <td>胡明</td>
        <td>1 月份</td>
        <td>18 万</td>
    </tr>
</table>
</body>
</html>
```

程序运行结果如图 4-2 所示。

> **提示** 从预览图中，读者会发现，表格没有边框，行高及列宽也无法控制。进行上述知识讲述时，提到 HTML 5 中除了<td>标记提供了两个单元格合并属性之外，<table>和<tr>标记没有任何属性。

图 4-2 公司销售表

4.2 创 建 表 格

表格可以分为普通表格以及带有标题的表格，在 HTML 5 中，可以创建这两种表格。

4.2.1 创建普通表格

例如创建 1 列、1 行 3 列和 2 行 3 列三个表格。

实例 2 创建产品价格表(案例文件：ch04\4.2.html)

```
<!DOCTYPE html>
<html>
<head>
<title>创建普通表格</title>
</head>
<body>
<h4>一列：</h4>
<table border="1">
<tr>
    <td>冰箱</td>
</tr>
```

```
</table>
<h4>一行三列：</h4>
<table border="1">
<tr>
  <td>冰箱</td>
  <td>空调</td>
  <td>洗衣机</td>
</tr>
</table>
<h4>两行三列：</h4>
<table border="1">
<tr>
  <td>冰箱</td>
  <td>空调</td>
  <td>洗衣机</td>
</tr>
<tr>
  <td>2600 元</td>
  <td>5800 元</td>
  <td>1800 元</td>
</tr>
</table>
</body>
</html>
```

程序运行结果如图 4-3 所示。

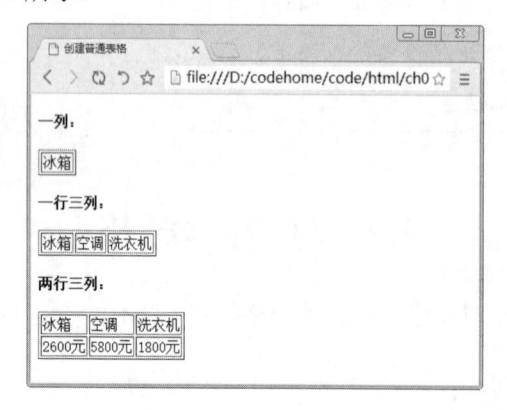

图 4-3 创建产品价格表

4.2.2 创建一个带有标题的表格

有时，为了方便表述表格，还需要在表格的上面加上标题。

实例 3 创建一个产品销售统计表(案例文件：ch04\4.3.html)

```
<!DOCTYPE html>
<html>
<head>
<title>创建带有标题的表格</title>
</head>
<body>
<table border="2">
```

```
<caption>产品销售统计表</caption>
<tr>
  <td>1 月份</td>
  <td>2 月份</td>
  <td>3 月份</td>
</tr>
<tr>
  <td>100 万</td>
  <td>120 万</td>
  <td>160 万</td>
</tr>
</table>
</body>
</html>
```

程序运行结果如图 4-4 所示。

图 4-4　产品销售统计表

4.3　编辑表格

在创建好表格之后，还可以编辑表格，包括定义表格的边框类型、定义表格的表头、合并单元格等。

4.3.1　定义表格的边框类型

使用表格的 border 属性可以定义表格的边框类型，如常见的加粗表格的边框。

实例 4　创建不同边框类型的表格(案例文件：ch04\4.4.html)

```
<!DOCTYPE html>
<html>
<body>
<h4>普通边框</h4>
<table border="1">
<tr>
  <td>商品名称</td>
  <td>商品产地</td>
  <td>商品价格</td>
</tr>
<tr>
  <td>冰箱</td>
  <td>天津</td>
  <td>4600 元</td>
```

```
    </tr>
</table>
<h4>加粗边框</h4>
<table border="8">
<tr>
    <td>商品名称</td>
    <td>商品产地</td>
    <td>商品价格</td>
</tr>
<tr>
    <td>冰箱</td>
    <td>天津</td>
    <td>4600 元</td>
</tr>
</table>
</body>
</html>
```

程序运行结果如图 4-5 所示。

图 4-5 创建不同边框类型的表格

4.3.2 定义表格的表头

表格中也存在表头，常见的表头分为水平的和垂直的两种。

实例 5 定义表格的表头(案例文件：ch04\4.5.html)

```
<!DOCTYPE html>
<html>
<body>
<h4>水平的表头</h4>
<table border="1">
<tr>
    <th>姓名</th>
    <th>性别</th>
    <th>年级</th>
</tr>
<tr>
    <td>张三</td>
    <td>男</td>
    <td>一年级</td>
</tr>
```

```html
</table>
<h4>垂直的表头</h4>
<table border="1">
<tr>
  <th>姓名</th>
  <td>小丽</td>
</tr>
<tr>
  <th>性别</th>
  <td>女</td>
</tr>
<tr>
  <th>年级</th>
  <td>二年级</td>
</tr>
</table>
</body>
</html>
```

程序运行结果如图 4-6 所示。

4.3.3 设置表格背景

创建好表格后，为了美观，还可以设置表格的背景。如为表格定义背景颜色、为表格定义背景图片等。

图 4-6 创建带有水平和垂直表头的表格

1. 定义表格背景颜色

为表格添加背景颜色是美化表格的一种方式。

实例 6 为表格添加背景颜色(案例文件：ch04\4.6.html)

```html
<!DOCTYPE html>
<html>
<body>
<h4 align="center">商品信息表</h4>
<table border="1" bgcolor="#CCFF99">
<tr>
  <td>商品名称</td>
  <td>商品产地</td>
  <td>商品价格</td>
  <td>商品库存</td>
</tr>
<tr>
  <td>洗衣机</td>
  <td>北京</td>
  <td>2600 元</td>
  <td>4860</td>
</tr>
</table>
</body>
</html>
```

程序运行结果如图 4-7 所示。

图 4-7　为表格添加背景颜色

2. 定义表格背景图片

除了可以为表格添加背景颜色外，还可以将图片设置为表格的背景。例如，为表格添加背景图片。

实例 7　定义表格背景图片(案例文件：ch04\4.7.html)

```
<!DOCTYPE html>
<html>
<body>
<h4 align="center">为表格添加背景图片</h4>
<table border="1" background="pic/m1.jpg">
<tr>
  <td>商品名称</td>
  <td>商品产地</td>
  <td>商品等级</td>
  <td>商品价格</td>
  <td>商品库存</td>
</tr>
<tr>
  <td>电视机</td>
  <td>北京</td>
  <td>一等品</td>
  <td>6800 元</td>
  <td>9980</td>
</tr>
</table>
</body>
</html>
```

程序运行结果如图 4-8 所示。

图 4-8　为表格添加背景图片

4.3.4 设置单元格的背景

除了可以为表格设置背景外，还可以为单元格设置背景，包括添加背景颜色和背景图片两种。

实例8 为单元格添加背景颜色和图片(案例文件：ch04\4.8.html)

```html
<!DOCTYPE html>
<html>
<body>
<h4 align="center">为单元格添加背景颜色和图片</h4>
<table border="1">
<tr>
  <td bgcolor="red">商品名称</td>
  <td bgcolor="red">商品产地</td>
  <td bgcolor="red">商品等级</td>
  <td bgcolor="red">商品价格</td>
  <td bgcolor="red">商品库存</td>
</tr>
<tr>
  <td background="pic/m1.jpg">电视机</td>
  <td background="pic/m1.jpg">北京</td>
  <td background="pic/m1.jpg">一等品</td>
  <td background="pic/m1.jpg">6800元</td>
  <td background="pic/m1.jpg">9980</td>
</tr>
</table>
</body>
</html>
```

程序运行结果如图 4-9 所示。

4.3.5 合并单元格

在实际应用中，并非所有表格都是标准的几行几列，而是需要将某些单元格进行合并，以符合某种内容上的需要。在 HTML 中，合并的方向有两种，一种是上下合并，一种是左右合并，这两种合并方式只需要使用<td>标记的两个属性即可。

图 4-9 为单元格添加背景颜色和图片

1. 用 colspan 属性合并左右单元格

左右单元格的合并需要使用<td>标记的 colspan 属性来完成，格式如下：

```html
<td colspan="数值">单元格内容</td>
```

其中，colspan 属性的取值为整数数据，表示几个单元格进行左右合并。

2. 用 rowspan 属性合并上下单元格

上下单元格的合并需要使用<td>标记的 rowspan 属性来完成，格式如下：

```
<td rowspan="数值">单元格内容</td>
```

其中，rowspan 属性的取值为整数数据，表示几个单元格进行上下合并。

实例 9　设计婚礼流程安排表(案例文件：ch04\4.9.html)

```
<!DOCTYPE html>
<html>
<head>
<title>婚礼流程安排表</title>
</head>
<body>
<h1 align="center">婚礼流程安排表</h1>
<!--<table>为表格标签-->
<table align="center" border="1px" cellpadding="12%" >
    <!--婚礼流程安排表日期-->
    <tr bgcolor="#A5AFEDD">
        <th></th>
        <th>时间</th>
        <th>日程</th>
        <th>地点</th>
    </tr>
    <!--婚礼流程安排表内容-->
    <tr align="center">
        <!--使用rowspan属性进行行合并-->
        <td bgcolor="#FCD1CC" rowspan="2">上午</td>
        <td bgcolor="#FCD1CC">7:00--8:30</td>
        <td>新郎新娘化妆定妆</td>
        <td>婚纱影楼</td>
    </tr>
    <!--婚礼流程安排表内容-->
    <tr align="center">
        <td bgcolor="#FCD1CC">8:30--10:30</td>
        <td>新郎根据指导接亲</td>
        <td>酒店 1 楼</td>
    </tr>
    <!--婚礼流程安排表内容-->
    <tr align="center">
        <!--使用rowspan属性进行行合并-->
        <td bgcolor="#FCD1CC" rowspan="2">下午</td>
        <td bgcolor="#FCD1CC">12:30--14:00</td>
        <td>婚礼和就餐</td>
        <td>酒店 2 楼</td>
    </tr>
    <!--婚礼流程安排表内容-->
    <tr align="center">
        <td bgcolor="#FCD1CC">14:00--16:00</td>
        <td>清点物品后离开酒店</td>
        <td>酒店 2 楼</td>
    </tr>
</table>
</body>
</html>
```

程序运行结果如图 4-10 所示。

> **注意** 合并单元格以后,相应的单元格标记就应该减少。

通过对上下单元格合并的操作,读者会发现,合并单元格就是"丢掉"某些单元格。对于左右合并,就是以左侧为准,将右侧要合并的单元格"丢掉";对于上下合并,就是以上方为准,将下方要合并的单元格"丢掉"。如果一个单元格既要向右合并,又要向下合并,该如何实现呢?

图 4-10 婚礼流程安排表

实例 10 单元格向右和向下合并(案例文件:ch04\4.10.html)

```
<!DOCTYPE html>
<html>
<head>
<title>单元格上下左右合并</title>
</head>
<body>
<table border="1">
  <tr>
    <td colspan="2" rowspan="2">A1B1<br/>A2B2</td>
    <td>C1</td>
  </tr>
  <tr>
    <td>C2</td>
  </tr>
  <tr>
    <td>A3</td>
    <td>B3</td>
    <td>C3</td>
  </tr>
  <tr>
    <td>A4</td>
    <td>B4</td>
    <td>C4</td>
  </tr>
</table>
</body>
</html>
```

程序运行结果如图 4-11 所示。

从上面的结果可以看到,A1 单元格向右合并 B1 单元格,向下合并 A2 单元格,并且 A2 单元格向右合并 B2 单元格。

4.3.6 表格的分组

如果需要分组对表格的列控制样式,可以通过

图 4-11 两个方向合并单元格

<colgroup>标记来完成。该标记的语法格式如下：

```
<colgroup>
    <col style="background-color: 颜色值">
    <col style="background-color: 颜色值">
    <col style="background-color: 颜色值">
</colgroup>
```

使用<colgroup>标记可以控制表格列的样式，其中<col>标记控制具体列的样式。

实例 11 设计企业客户联系表(案例文件：ch04\4.11.html)

```
<!DOCTYPE html>
<html>
<head>
<title>企业客户联系表</title>
</head>
<body>
<h1 align="center">企业客户联系表</h1>
<!--<table>为表格标记-->
<table align="center" border="1px" cellpadding="12%" >
    <!--使用<colgroup>标记进行表格分组控制-->
    <colgroup>
        <col style="background-color: #FFD9EC">
        <col style="background-color: #B8B8DC">
        <col style="background-color: #BBFFBB">
        <col style="background-color: #B9B9FF">
    </colgroup>
    <tr>
        <th>区域</th>
        <th>加盟商</th>
        <th>加盟时间</th>
        <th>联系电话</th>
    </tr>

    <tr align="center">
        <td>华北区域</td>
        <td>王蒙</td>
        <td>2019 年 9 月</td>
        <td>123XXXXXXXX</td>
    </tr>

    <tr align="center">
        <td>华中区域</td>
        <td>王小名</td>
        <td>2019 年 1 月</td>
        <td>100XXXXXXXX</td>
    </tr>

    <tr align="center">
        <td>西北区域</td>
        <td>张小明</td>
        <td>2012 年 9 月</td>
        <td>111XXXXXXXX</td>
    </tr>
```

```
</table>
</body>
</html>
```

程序运行结果如图 4-12 所示。

图 4-12 企业客户联系表

4.3.7 设置单元格的行高与列宽

使用 cellpadding 来创建单元格内容与其边框之间的空白区域，从而调整表格的行高与列宽。

实例 12 设置单元格的行高与列宽(案例文件：ch04\4.12.html)

```
<!DOCTYPE html>
<html>
<head>
<title>设置单元格的行高和列宽</title>
</head>
<body>
<h2>单元格调整前的效果</h2>
<table border="1">
<tr>
  <td>商品名称</td>
  <td>商品产地</td>
  <td>商品等级</td>
  <td>商品价格</td>
  <td>商品库存</td>
</tr>
<tr>
  <td>电视机</td>
  <td>北京</td>
  <td>一等品</td>
  <td>6800 元</td>
  <td>9980</td>
</tr>
</table>
<h2>单元格调整后的效果</h2>
<table border="1" cellpadding="10">
<tr>
```

```
        <td>商品名称</td>
        <td>商品产地</td>
        <td>商品等级</td>
        <td>商品价格</td>
        <td>商品库存</td>
    </tr>
    <tr>
        <td>电视机</td>
        <td>北京</td>
        <td>一等品</td>
        <td>6800 元</td>
        <td>9980</td>
    </tr>
</table>
</body>
</html>
```

程序运行结果如图 4-13 所示。

图 4-13 使用 cellpadding 来调整表格的行高与列宽

4.4 完整的表格标记

上一节讲述了表格中最常用也是最基本的三个标记<table>、<tr>和<td>，使用它们可以创建最简单的表格。为了让表格结构更清楚，以及配合后面学习的 CSS 样式，更方便地制作各种样式的表格，表格中还会出现表头、主体、脚注等。

按照表格结构，可以把表格的行分组，称为"行组"。不同的行组具有不同的意义。行组分为 3 类——"表头""主体"和"脚注"。三者相应的 HTML 标记依次为<thead>、<tbody>和<tfoot>。

此外，在表格中还有两个标记：标记<caption>表示表格的标题；在一行中，除了用<td>标记表示一个单元格以外，还可以使用<th>表示该单元格是这一列的"列头"。

实例 13　使用完整的表格标签设计学生成绩单(案例文件：ch04\4.13.html)

```
<!DOCTYPE html>
<html>
<head>
<title>完整表格标记</title>
```

```
<style>
tfoot{
background-color:#FF3;
}
</style>
</head>
<body>
<table border="1">
  <caption>学生成绩单</caption>
  <thead>
    <tr>
      <th>姓名</th><th>性别</th><th>成绩</th>
    </tr>
  </thead>
  <tfoot>
    <tr>
      <td>平均分</td><td colspan="2">540</td>
    </tr>
  </tfoot>
  <tbody>
    <tr>
      <td>张三</td><td>男</td><td>560</td>
    </tr>
    <tr>
      <td>李四</td><td>男</td><td>520</td>
    </tr>
  </tbody>
</table>
</body>
</html>
```

从上面的代码可以发现，使用<caption>标记定义了表格标题，使用<thead>、<tbody>和<tfoot>标记对表格进行了分组。在<thead>部分使用<th>标记代替<td>标记定义单元格，<th>标记定义的单元格内容默认加粗显示。网页的预览效果如图 4-14 所示。

> **注意**　<caption>标记必须紧随<table>标记之后。

图 4-14　完整的表格结构

4.5　设置悬浮变色的表格

本节将结合前面学习的知识，创建一个悬浮变色的销售统计表。这里会用到 CSS 样式表来修饰表格的外观。

实例 14　设置悬浮变色的表格(案例文件：ch04\4.14.html)

创建悬浮变色的表格效果的步骤如下。

01 创建网页文件，实现基本的表格内容，代码如下：

```html
<!DOCTYPE html>
<html>
<head>
<title>销售统计表</title>
</head>
<body>
<table border="0" cellpadding="1" cellspacing="1">
<caption>销售统计表</caption>
    <tr>
       <th>产品名称</th>
       <th>产品产地</th>
       <th>销售金额</th>
    </tr>
    <tr class="hui">
       <td>洗衣机</td>
       <td>北京</td>
       <td>456 万</td>
    </tr>
    <tr>
       <td>电视机</td>
       <td>上海</td>
       <td>306 万</td>
    </tr>
    <tr class="hui">
       <td>空调</td>
       <td>北京</td>
       <td>688 万</td>
    </tr>
    <tr>
       <td>热水器</td>
       <td>大连</td>
       <td>108 万</td>
    </tr>
    <tr class="hui">
       <td>冰箱</td>
       <td>北京</td>
       <td>206 万</td>
    </tr>
    <tr>
       <td>扫地机器人</td>
       <td>广州</td>
       <td>68 万</td>
    </tr>
    <tr class="hui">
       <td>电磁炉</td>
       <td>北京</td>
       <td>109 万</td>
    </tr>
    <tr>
       <td>吸尘器</td>
       <td>天津</td>
       <td>48 万</td>
    </tr>
</table>
```

```
</body>
</html>
```

程序运行结果如图 4-15 所示。可以看到显示了一个表格，表格没有边框，字体等都是默认显示。

图 4-15 创建基本表格

02 在<head>…</head>中添加 CSS 代码，修饰 table 表格和单元格。

```
<style type="text/css">
<!--
table {
width: 600px;
margin-top: 0px;
margin-right: auto;
margin-bottom: 0px;
margin-left: auto;
text-align: center;
background-color: #000000;
font-size: 9pt;
}
td {
padding: 5px;
background-color: #FFFFFF;
}
-->
</style>
```

程序运行结果如图 4-16 所示。可以看到显示的表格带有边框，行内字体居中显示，但列标题的背景色为黑色，其中字体不够明显。

图 4-16 设置 table 样式

03 添加 CSS 代码，修饰标题：

```css
caption{
font-size: 36px;
font-family: "黑体", "宋体";
padding-bottom: 15px;
}
tr{
font-size: 13px;
background-color: #cad9ea;
color: #000000;
}
th{
padding: 5px;
}
.hui td {
background-color: #f5fafe;
}
```

程序运行结果如图 4-17 所示。可以看到，表格中列标题的背景色显示为浅蓝色，并且表格中奇数行的背景色为浅灰色，而偶数行的背景色显示为默认的白色。

图 4-17 设置奇数行背景色

04 添加 CSS 代码，实现鼠标悬浮变色：

```css
tr:hover td {
background-color: #FF9900;
}
```

程序运行结果如图 4-18 所示。可以看到，当鼠标指针停留在不同行的上面时，其背景会显示不同的颜色。

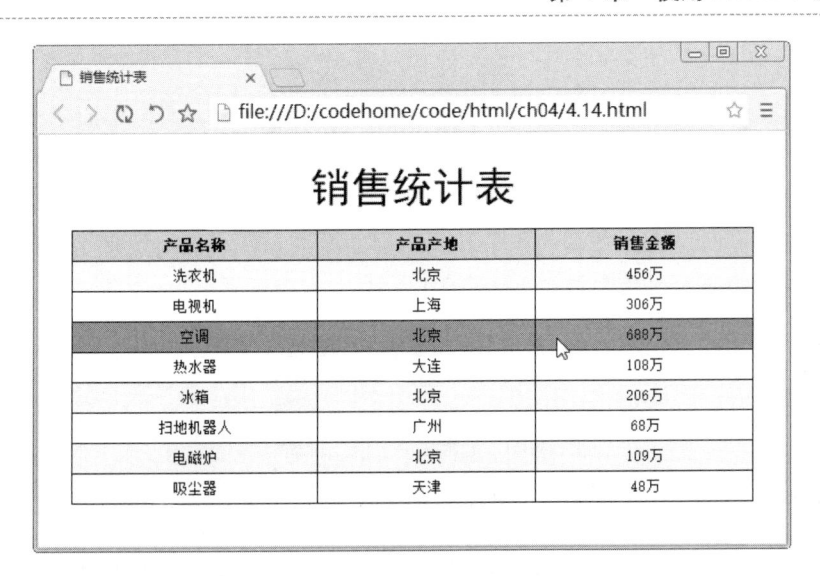

图 4-18 鼠标悬浮改变颜色

4.6 疑难解惑

疑问 1：表格除了可以显示数据外，还可以进行布局，那现在为何不使用表格进行布局了呢？

在互联网刚刚开始普及时，网页非常简单，形式也很单调，当时美国的 David Siegel 开发了使用表格布局，风靡全球。在用表格布局的页面中，表格不但需要显示内容，还要控制页面的外观及显示位置，导致页面代码过多，结构与内容无法分离，这样就给网站的后期维护和很多其他方面带来了麻烦。

疑问 2：使用<thead>、<tbody>和<tfoot>标记对行进行分组的意义何在？

在 HTML 文档中增加<thead>、<tbody>和<tfoot>标记虽然从外观上不能看出任何变化，但它们却可以使文档的结构更加清晰。使用<thead>、<tbody>和<tfoot>标记除了可以使文档的结构更加清晰外，还有一个更重要的意义，就是方便使用 CSS 样式对表格的各个部分进行修饰，从而制作出更炫的表格。

4.7 跟我学上机

上机练习 1：设计悬浮变色的学生成绩表

结合前面学习的知识，创建一个学生成绩表。首先需要建立一个表格，所有行的颜色不单独设置，统一采用表格本身的背景色，如图 4-19 所示。当鼠标指针停留在不同行的上面时，其背景会显示不同的颜色。

学生成绩表

姓名	语文成绩
王锋	85
李伟	78
张宇	89
苏石	86
马丽	90
张丽	90
冯尚	85
李旺	75

图 4-19　悬浮变色的学生成绩表

上机练习 2：编写一个计算机报价单的页面

利用所学的表格知识，制作如图 4-20 所示的计算机报价单。这里利用 caption 标签制作表格的标题，用<th>代替<td>表示标题行单元格。可以将图片放在单元格内，即在<td>标签内使用<img>标签。在 HTML 文档的 head 部分增加 CSS 样式，为表格添加边框及相应的修饰效果即可。

计算机报价单

型号	类型	价格	图片
宏碁(Acer) AS4552-P362G32MNCC	笔记本	￥2799	
戴尔(Dell) 14VR-188	笔记本	￥3499	
联想(Lenovo) G470AH2310W42G500P7CW3(DB)-CN	笔记本	￥4149	
戴尔家用(DELL) I560SR-656	台式	￥3599	
宏图奇眩(Hiteker) HS-5508-TF	台式	￥3399	
联想(Lenovo) G470	笔记本	￥4299	

图 4-20　计算机报价单的页面

第 5 章
使用 HTML 5 创建表单

在网页中，表单的作用比较重要，主要负责采集浏览者的相关数据，例如常见的登录表、调查表和留言表等。在 HTML 5 中，拥有多个新的表单输入类型，这些新特性提供了更好的输入控制和验证。

重点案例效果

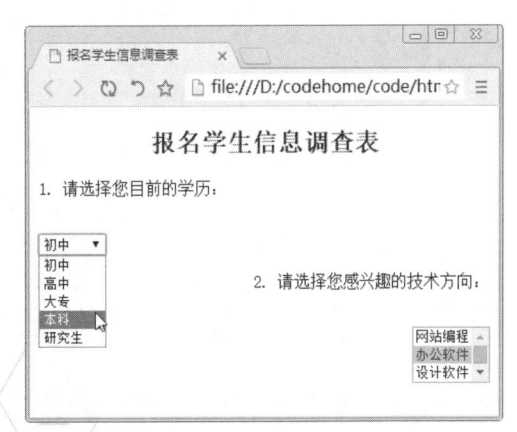

5.1 表单概述

表单主要用于收集浏览网页人员的相关信息。其标签为\<form>\</form>。表单的基本语法格式如下：

```
<form action="url" method="get|post" enctype="mime"></form>
```

其中，action="url"指定提交表单的格式，它可以是一个 URL 地址或一个电子邮件地址。method="get"或"post"指明提交表单的 HTTP 方法。enctype="mime"指明把表单提交给服务器时所用的互联网媒体形式。

表单是一个能够包含表单元素的区域。通过添加不同的表单元素，将显示不同的效果。

实例 1 创建网站会员登录页面(案例文件：ch05\5.1.html)

```
<!DOCTYPE html>
<html>
<head>
</head>
<body>
<form>
    网站会员登录
    <br/>
    用户名称
    <input type="text" name="user">
    <br/>
    用户密码
    <input type="password" name="password"><br/>
    <input type="submit" value="登录">
</form>
</body>
</html>
```

程序运行结果如图 5-1 所示。可以看到用户登录信息页面。

图 5-1 用户登录窗口

5.2 表单基本元素的使用

表单元素是能够让用户在表单中输入信息的元素，常见的有文本框、密码框、下拉列表框、单选按钮、复选框等。本节主要讲述表单基本元素的使用方法和技巧。

5.2.1 单行文本输入框

文本框(text)是一种让访问者自己输入内容的表单对象,通常被用来填写单个字或者短语,例如用户姓名和地址等。

代码格式如下:

```
<input type="text" name="..." size="..." maxlength="..." value="...">
```

其中,type="text"定义单行文本输入框;name 属性定义文本框的名称,要保证数据的准确采集,必须定义一个独一无二的名称;size 属性定义文本框的宽度,单位是单个字符宽度;maxlength 属性定义最多输入的字符数;value 属性定义文本框的初始值。

实例2 创建单行文本框(案例文件:ch05\5.2.html)

```
<!DOCTYPE html>
<html>
<head><title>单行文本输入框</title></head>
<body>
<form>
    请输入您的姓名:
    <input type="text" name="yourname" size="20" maxlength="15">
    <br/>
    请输入您的地址:
    <input type="text" name="youradr" size="20" maxlength="15">
</form>
</body>
</html>
```

程序运行结果如图 5-2 所示。可以看到两个单行文本输入框。

5.2.2 多行文本输入框

多行文本输入框(textarea)主要用于输入较长的文本信息。代码格式如下:

图 5-2 单行文本输入框

```
<textarea name="..." cols="..." rows="..." wrap="..."></textarea>
```

其中,name 属性定义多行文本框的名称,要保证数据的准确采集,必须定义一个独一无二的名称;cols 属性定义多行文本框的宽度,单位是单个字符宽度;rows 属性定义多行文本框的高度,单位是单个字符宽度;wrap 属性定义输入内容大于文本域时显示的方式。

实例3 创建多行文本框 (案例文件:ch05\5.3.html)

```
<!DOCTYPE html>
<html>
<head><title>多行文本输入框</title></head>
<body>
<form>
    请输入您学习 HTML5 网页设计时遇到的最大困难<br/>
    <textarea name="yourworks" cols ="50" rows = "5"></textarea>
```

```
    <br/>
    <input type="submit" value="提交">
</form>
</body>
</html>
```

程序运行结果如图 5-3 所示。可以看到多行文本输入框。

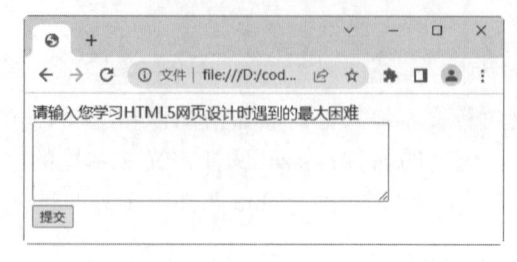

图 5-3 多行文本输入框

5.2.3 密码输入框

密码输入框(password)是一种特殊的文本域，主要用于输入一些保密信息。当网页浏览者输入文本时，显示的是黑点或者其他符号，这样就增加了输入文本的安全性。代码格式如下：

```
<input type="password" name="..." size="..." maxlength="...">
```

其中，type="password"定义密码框；name 属性定义密码框的名称，要保证唯一性；size 属性定义密码框的宽度，单位是单个字符宽度；maxlength 属性定义最多输入的字符数。

实例 4 创建包含密码输入框的账号登录页面(案例文件：ch05\5.4.html)

```
<!DOCTYPE html>
<html>
<head><title>输入账号和密码</title></head>
<body>
<form>
    <h3>网站会员登录<h3>
    账号：
    <input type="text" name="yourname">
    <br/>
    密码：
    <input type="password" name="yourpw"><br/>
</form>
</body>
</html>
```

程序运行结果如图 5-4 所示。输入账号和密码时，可以看到密码以黑点的形式显示。

5.2.4 单选按钮

单选按钮(radio)主要是让网页浏览者在一组选项里

图 5-4 密码输入框

只能选择一个按钮。代码格式如下：

```
<input type="radio" name="" value="">
```

其中，type="radio"定义单选按钮；name 属性定义单选按钮的名称，单选按钮都是以组为单位使用的，在同一组中的单选项都必须用同一个名称；value 属性定义单选按钮的值，在同一组中，它们的域值不能相同。

实例 5 创建大学生技能需求问卷调查页面（案例文件：ch05\5.5.html）

```
<!DOCTYPE html>
<html>
<head>
<title>单选按钮</title>
</head>
<body>
<form>
    <h1>大学生技能需求问卷调查</h1>
    请选择您感兴趣的技能：
    <br/>
    <input type="radio" name="book" value="Book1">网站开发技能<br/>
    <input type="radio" name="book" value="Book2">美工设计技能<br/>
    <input type="radio" name="book" value="Book3">网络安全技能<br/>
    <input type="radio" name="book" value="Book4">人工智能技能<br/>
    <input type="radio" name="book" value="Book5">编程开发技能<br/>
</form>
</body>
</html>
```

程序运行结果如图 5-5 所示。从中可以看到 5 个单选按钮，而用户只能选择其中一个单选按钮。

5.2.5 复选框

复选框(checkbox)主要是让网页浏览者在一组选项里可以同时选择多个选项。每个复选框都是一个独立的元素，都必须有一个唯一的名称。代码格式如下：

```
<input type="checkbox" name="" value="">
```

图 5-5 单选按钮的效果

其中，type="checkbox"定义复选框；name 属性定义复选框的名称，value 属性定义复选框的值。

实例 6 创建网站商城购物车页面（案例文件：ch05\5.6.html）

```
<!DOCTYPE html>
<html>
<head><title>选择感兴趣的图书</title></head>
<body>
<form>
    <h1 align="center">商城购物车</h1>
    请选择您需要购买的图书：<br/>
    <input type="checkbox" name="book" value="Book1"> HTML5 Web 开发(全案例微课
```

```
版)<br/>
    <input type="checkbox" name="book" value="Book2"> HTML5+CSS3+JavaScript 网
站开发(全案例微课版)<br/>
    <input type="checkbox" name="book" value="Book3"> SQL Server 数据库应用(全案
例微课版)<br/>
    <input type="checkbox" name="book" value="Book4"> PHP 动态网站开发(全案例微课
版)<br/>
    <input type="checkbox" name="book" value="Book5" checked> MySQL 数据库应用
(全案例微课版)<br/><br/>
    <input type="submit" value="添加到购物车">
</form>
</body>
</html>
```

> **提示** checked 属性主要用来设置默认选中项。

程序运行结果如图 5-6 所示。从中可以看到 5 个复选框，其中"MySQL 数据库应用(全案例微课版)"复选框默认处于选中状态。同时，浏览者还可以选中其他复选框。

5.2.6 列表框

图 5-6 复选框的效果

列表框(select)主要用于在有限的空间里设置多个选项。列表框既可以用作单选，也可以用作复选。代码格式如下：

```
<select name="..." size="..." multiple>
<option value="..." selected>
...
</option>
...
</select>
```

其中，name 属性定义列表框的名称；size 属性定义列表框的行数；multiple 属性表示可以多选，如果不设置本属性，那么只能单选；value 属性定义列表项的值；selected 属性表示默认已经选中本选项。

实例 7 创建报名学生信息调查表页面（案例文件：ch05\5.7.html）

```
<!DOCTYPE html>
<html>
<head><title>报名学生信息调查表</title></head>
<body>
<form>
<h2 align=" center">报名学生信息调查表</h2>
        <p>1．请选择您目前的学历：</p><br/>
        <!--下拉菜单实现学历选择-->
        <select>
         <option>初中</option>
```

```
            <option>高中</option>
            <option>大专</option>
            <option>本科</option>
            <option>研究生</option>
        </select><br/>
        <div align=" right">
        <p>2.请选择您感兴趣的技术方向：</p><br/>
        <!--下拉菜单中显示 3 个选项-->
        <select name="book" size = "3" multiple>
            <option value="Book1">网站编程
            <option value="Book2">办公软件
            <option value="Book3">设计软件
            <option value="Book4">网络管理
            <option value="Book5">网络安全</select>
        </div>
    </form>
</body>
</html>
```

程序运行结果如图 5-7 所示。从中可以看到列表框，其中第 2 个列表框显示了 3 个选项，用户可以按住 Ctrl 键选择多个选项。

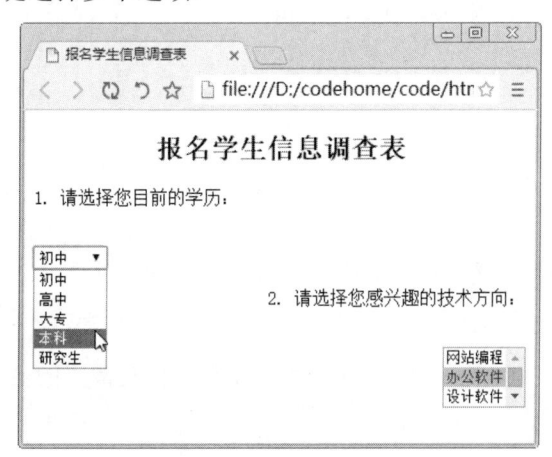

图 5-7 列表框的效果

5.2.7 普通按钮

普通按钮(button)用来定义一个按钮。代码格式如下：

```
<input type="button" name="..." value="..." onClick="...">
```

其中，type="button"定义普通按钮；name 属性定义普通按钮的名称；value 属性定义按钮显示的文字；onClick 属性表示单击行为，也可以是其他的事件，通过指定脚本函数来定义按钮的行为。

实例 8 通过普通按钮实现文本的复制和粘贴效果（案例文件：ch05\5.8.html）

```
<!DOCTYPE html>
<html/>
<body/>
```

```
<form/>
    点击下面的按钮，实现文本的复制和粘贴效果：
    <br/>
    我喜欢的图书：<input type="text" id="field1" value="HTML5 Web 开发">
    <br/>
    我购买的图书：<input type="text" id="field2">
    <br/>
    <input type="button" name="..." value="复制后粘贴" onClick="document
    .getElementById('field2').value=document
    .getElementById('field1').value">
</form>
</body>
</html>
```

程序运行结果如图 5-8 所示。单击"复制后粘贴"按钮，即可实现将第一个文本框中的内容复制，然后粘贴到第二个文本框中。

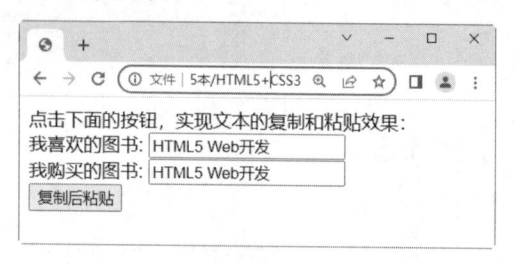

图 5-8 单击按钮后的粘贴效果

5.2.8 提交按钮

提交按钮(submit)用来将输入的信息提交到服务器。代码格式如下：

```
<input type="submit" name="..." value="...">
```

其中，type="submit"定义提交按钮；name 属性定义提交按钮的名称；value 属性定义按钮的显示文字。通过提交按钮，可以将表单里的信息提交给表单中 action 所指向的文件。

实例9 创建供应商联系信息表（案例文件：ch05\5.9.html）

```
<!DOCTYPE html>
<html>
 <head><title>创建供应商联系信息表</title></head>
 <body>
  <form action=" " method="get">
    <h2 align="center">供应商联系信息表</h2>
    您的姓名：
    <input type="text" name="yourname">
    <br/>
    公司名称：
    <input type="text" name="youradr">
    <br/>
    企业地址：
    <input type="text" name="yourcom">
    <br/>
    联系方式：
    <input type="text" name="yourcom">
```

```
        <br/>
        <input type="submit" value="提交">
    </form>
  </body>
</html>
```

程序运行结果如图 5-9 所示。输入内容后单击"提交"按钮，即可实现将表单中的数据发送到指定的文件。

图 5-9 提交按钮的应用

5.2.9 重置按钮

重置按钮(reset)又称为复位按钮，用来重置表单中输入的信息。代码格式如下：

```
<input type="reset" name="..." value="...">
```

其中，type="reset"定义复位按钮；name 属性定义复位按钮的名称；value 属性定义按钮显示的文字。

实例 10 创建会员登录页面 (案例文件：ch05\5.10.html)

```
<!DOCTYPE html>
<html>
<body>
<form>
    请输入用户名称：
    <input type='text'>
    <br/>
    请输入用户密码：
    <input type='password'>
    <br/>
    <input type="submit" value="登录">
    <input type="reset" value="重置">
</form>
</body>
</html>
```

程序运行结果如图 5-10 所示。输入内容后单击"重置"按钮，即可实现将表单中的数据清空的目的。

图 5-10　重置按钮的应用

5.3　表单高级元素的使用

除了前面介绍的基本元素外，HTML 5 中还有一些高级元素，包括 url、email、time、range、search 等。对于这些高级属性，IE 11.0 浏览器暂时还不支持，下面将使用 Opera 11.6 浏览器来查看效果。

5.3.1　url 属性的使用

url 属性是用于说明网站网址的，显示为一个文本框以输入 URL 地址。在提交表单时，会自动验证 url 的值。代码格式如下：

```
<input type="url" name="userurl"/>
```

另外，用户可以使用普通属性设置 url 文本框，例如可以使用 max 属性设置最大值、min 属性设置最小值、step 属性设置合法的数字间隔、value 属性规定默认值。对于另外的高级属性中同样的设置不再重复讲述。

实例 11　使用 url 属性（案例文件：ch05\5.11.html）

```
<!DOCTYPE html>
<html>
<head><title> 使用 url 属性</title></head>
<body>
<form>
    <br/>
    请输入网址：
    <input type="url" name="userurl"/>
</form>
</body>
</html>
```

程序运行结果如图 5-11 所示，用户即可输入相应的网址。

图 5-11　url 属性的使用效果

5.3.2 email 属性的使用

与 url 属性类似，email 属性用于让浏览者输入 E-mail 地址。在提交表单时，会自动验证 email 域的值。代码格式如下：

```
<input type="email" name="user_email"/>
```

实例 12　使用 email 属性(案例文件：ch05\5.12.html)

```
<!DOCTYPE html>
<html>
<body>
<form>
    <br/>
    请输入您的邮箱地址：
    <input type="email" name="user_email"/>
    <br/>
    <input type="submit" value="提交">
</form>
</body>
</html>
```

程序运行结果如图 5-12 所示，用户即可输入相应的邮箱地址。如果用户输入的邮箱地址不合法，单击"提交"按钮后，会弹出提示信息。

图 5-12　email 属性的使用效果

5.3.3 日期和时间属性的使用

在 HTML 5 中，新增了一些日期和时间输入类型，包括 date、datetime、datetime-local、month、week 和 time。它们的具体含义如表 5-1 所示。

表 5-1　HTML 5 中新增的一些日期和时间属性

属　　性	含　　义
date	选取日、月、年
month	选取月、年
week	选取周和年
time	选取时间
datetime	选取时间、日、月、年
datetime-local	选取时间、日、月、年(本地时间)

上述属性的代码格式彼此类似，例如以 date 属性为例，代码格式如下：

```
<input type="date" name="user_date" />
```

实例 13 使用 date 属性（案例文件：ch05\5.13.html）

```
<!DOCTYPE html>
<html>
<body>
<form>
    <br/>
    请选择购买商品的日期：
    <br/>
    <input type="date" name="user_date"/>
</form>
</body>
</html>
```

程序运行结果如图 5-13 所示。用户单击输入框中的 ▭ 按钮，即可在弹出的窗口中选择需要的日期。

图 5-13 date 属性的使用效果

5.3.4 number 属性的使用

number 属性提供了一个输入数字的输入域。用户可以直接输入数值，或者通过单击微调框中的向上或者向下按钮来选择数值。代码格式如下：

```
<input type="number" name="shuzi" />
```

实例 14 使用 number 属性（案例文件：ch05\5.14.html）

```
<!DOCTYPE html>
<html>
<body>
<form>
    <br/>
    此网站我曾经来
```

```
        <input type="number" name="shuzi"/>次了哦!
</form>
</body>
</html>
```

程序运行结果如图 5-14 所示。用户可以直接输入数值，也可以单击微调按钮选择合适的数值。

> **提示** 强烈建议用户使用 min 和 max 属性规定输入的最小值和最大值。

图 5-14 number 属性的使用效果

5.3.5 range 属性的使用

range 属性用于显示一个滑条控件。与 number 属性一样，用户可以使用 max、min 和 step 属性来控制控件的范围。代码格式如下：

```
<input type="range" name="" min="" max="" />
```

其中，min 和 max 分别控制滑条控件的最小值和最大值。

实例 15 使用 range 属性(案例文件：ch05\5.15.html)

```
<!DOCTYPE html>
<html>
<body>
<form>
    <br/>
    跑步成绩公布了！我的成绩名次为：
    <input type="range" name="ran" min="1" max="16"/>
</form>
</body>
</html>
```

程序运行结果如图 5-15 所示。用户可以拖动滑块，从而选择合适的数值。

> **技巧** 默认情况下，滑块位于中间位置。如果用户指定的最大值小于最小值，则允许使用反向滑条，目前浏览器对这一属性还不能很好地支持。

图 5-15 range 属性的使用效果

5.3.6 required 属性的使用

required 属性规定必须在提交之前填写输入域(不能为空)。

实例 16 使用 required 属性 (案例文件：ch05\5.16.html)

```
<!DOCTYPE html>
<html>
```

```
<body>
<form>
    下面是输入用户登录信息
    <br/>
    用户名称
    <input type="text" name="user" required="required">
    <br/>
    用户密码
    <input type="password" name="password" required="required">
    <br/>
    <input type="submit" value="登录">
</form>
</body>
</html>
```

程序运行结果如图 5-16 所示。用户如果只是输入密码，然后单击"登录"按钮，将弹出提示信息。

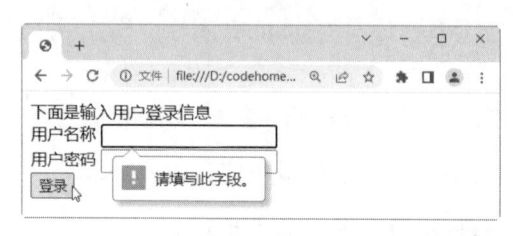

图 5-16　required 属性的使用效果

5.4　疑难解惑

疑问 1：如何在表单中实现文件上传框？

在 HTML 5 语言中，使用 file 属性实现文件上传框。语法格式为：<input type="file" name="..." size="　" maxlength="　">。其中，type="file"定义文件上传框；name 属性定义文件上传框的名称；size 属性定义文件上传框的宽度，单位是单个字符宽度；maxlength 属性定义最多输入的字符数。

疑问 2：制作的单选按钮为什么不可以同时选中多个？

此时用户需要检查单选按钮的名称，同一组中的单选按钮名称必须相同，才能保证单选按钮只能选中其中一个。

5.5　跟我学上机

上机练习 1：编写一个微信中上传身份证验证图片的页面

本实例通过文件域实现图片上传，通过 CSS 修改图片域上显示的文字，最终结果如图 5-17 所示。

上机练习 2：编写一个用户反馈表单的页面

创建了一个用户反馈表单，包含标题以及"姓名""性别""年龄""联系电话""电子邮件""联系地址""请输入您对网站的建议"等文本框和"提交"按钮等。反馈表单非常简单，通常包含三个部分，需要在页面上方给出标题，标题下方是正文部分，即表单元素，最下方是表单元素提交按钮。在设计这个页面时，需要把"用户反馈表单"标题设置成 h1 大小，正文使用 p 标签来限制表单元素，最终效果如图 5-18 所示。

图 5-17　微信中上传身份证验证图片的页面

图 5-18　用户反馈表单的效果

第 6 章
HTML 5 中的多媒体

目前，网页没有关于音频和视频的标准，多数音频和视频都是通过插件来播放的。为此，HTML 5 新增了音频和视频的标记。本章将讲述音频和视频的基本概念、常用属性和浏览器的支持情况。

重点案例效果

6.1 audio 标记

目前，大多数音频文件是通过插件来播放的，例如常见的播放插件为 Flash，这就是为什么用户在用浏览器播放音乐时，常常需要安装 Flash 插件的原因。但是，并不是所有的浏览器都拥有同样的插件。为此，与 HTML 4 相比，HTML 5 新增了 audio 标记，规定了一种包含音频的标准方法。

6.1.1 audio 标记概述

audio 标记主要用于定义播放声音文件或者音频流的标准。它支持 3 种音频格式，分别为 Ogg、MP3 和 WAV。

如果需要在 HTML 5 网页中播放音频文件，输入的基本格式如下：

```
<audio src="song.mp3" controls="controls"></audio>
```

其中，src 属性规定要播放的音频文件的地址，controls 属性用于添加播放、暂停和音量控件。

另外，在<audio>和</audio>之间插入的内容是供不支持 audio 元素的浏览器显示的。

实例 1 认识 audio 标记(案例文件：ch06\6.1.html)

```
<!DOCTYPE html>
<html>
<head>
<title>audio</title>
<head>
<body>
<audio src="song.mp3" controls="controls">
您的浏览器不支持audio标记！
</audio>
</body>
</html>
```

如果用户的浏览器是 IE 11.0 以前的版本，浏览效果如图 6-1 所示，可见 IE 11.0 以前的浏览器版本不支持 audio 标记。

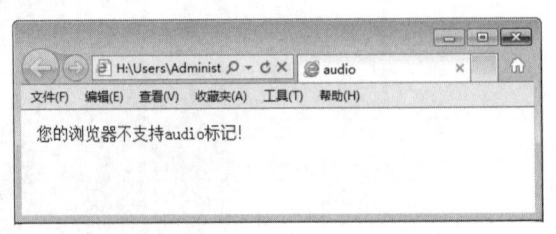

图 6-1 不支持 audio 标记的效果

支持 audio 标记的浏览效果如图 6-2 所示，可以看到加载的音频控制条并能听到声音，此时用户还可以控制音量的大小。

图 6-2　支持 audio 标记的效果

6.1.2　audio 标记的属性

audio 标记的常见属性和含义如表 6-1 所示。

表 6-1　audio 标记的常见属性和含义

属　性	值	描　述
autoplay	autoplay（自动播放）	如果出现该属性，则音频在就绪后马上播放
controls	controls（控制）	如果出现该属性，则向用户显示控件，比如播放按钮
loop	loop（循环）	如果出现该属性，则每当音频结束时重新开始播放
preload	none，auto，metadata	none(不预先加载)，auto(下载媒体文件)，metadata(只下载媒体文件的元数据)。如果使用 "autoplay"，则忽略该属性
url	url（地址）	要播放的音频的 URL 地址

另外，audio 标记可以通过 source 属性添加多个音频文件，具体格式如下：

```
<audio controls="controls">
    <source src="123.ogg" type="audio/ogg">
    <source src="123.mp3" type="audio/mpeg">
</audio>
```

6.1.3　浏览器对 audio 标记的支持情况

目前，不同的浏览器对 audio 标记的支持也不同。表 6-2 中列出了应用最为广泛的浏览器对 audio 标记的支持情况。

表 6-2　浏览器对 audio 标记的支持情况

浏览器 音频格式	Firefox 3.5 及更高版本	IE 11.0 及更高版本	Opera 10.5 及更高版本	Chrome 3.0 及更高版本	Safari 3.0 及更高版本
Ogg Vorbis	支持		支持	支持	
MP3		支持		支持	支持
WAV	支持		支持		支持

6.2 在网页中添加音频文件

当在网页中添加音频文件时，用户可以根据自己的需要，添加不同类型的音频文件，如添加自动播放的音频文件、添加带有控件的音频文件、添加循环播放的音频文件等。

1. 添加自动播放的音频文件

autoplay 属性规定一旦音频就绪，马上开始播放。如果设置了该属性，音频将自动播放。添加自动播放音频文件的相关代码如下：

```
<audio controls="controls" autoplay="autoplay">
    <source src="song.mp3">
```

2. 添加带有控件的音频文件

controls 属性规定浏览器应该为音频提供播放控件。这些控件包括播放、暂停、定位、音量、全屏切换等。

添加带有控件的音频文件的代码如下：

```
<audio controls="controls">
    <source src="song.mp3">
```

3. 添加循环播放的音频文件

loop 属性规定当音频文件播放结束后将重新开始播放。如果设置该属性，则音频将循环播放。添加循环播放的音频文件的代码如下：

```
<audio controls="controls" loop="loop">
    <source src="song.mp3">
```

4. 添加预播放的音频文件

preload 属性规定是否在页面加载后载入音频。如果设置了 autoplay 属性，则忽略该属性。preload 属性的值可能有三种，分别如下。

- auto：当页面加载后载入整个音频。
- meta：当页面加载后只载入元数据。
- none：当页面加载后不载入音频。

添加预播放的音频文件的代码如下：

```
<audio controls="controls" preload="auto">
    <source src="song.mp3">
```

实例 2 创建一个带有控件、自动播放并循环播放音频的文件(案例文件：ch06\6.2.html)

```
<!DOCTYPE html>
<html>
<head>
<title>audio</title>
<head>
```

```
<body>
  <audio src="song.mp3" controls="controls" autoplay="autoplay" loop="loop">
    您的浏览器不支持audio 标记!
</audio>
</body>
</html>
```

程序运行结果如图 6-3 所示。音频文件会自动播放，播放完成后会自动循环播放。

图 6-3　实例 2 的程序运行结果

6.3　video 标记

与音频文件的播放方式一样，大多数视频文件在网页上也是通过插件来播放的，例如常见的播放插件为 Flash。由于不是所有的浏览器都拥有同样的插件，所以就需要一种统一的包含视频的标准方法。为此，与 HTML 4 相比，HTML 5 新增了 video 标记。

6.3.1　video 标记概述

video 标记主要用于定义播放视频文件或者视频流的标准。它支持 3 种视频格式，分别为 Ogg、WebM 和 MPEG 4。

如果需要在 HTML 5 网页中播放视频，输入的基本格式如下：

```
<video src="123.mp4" controls="controls">...</video>
```

其中，在<video>与</video>之间插入的内容是供不支持 video 元素的浏览器显示的。

实例 3　video 标签的使用(案例文件：ch06\6.3.html)

```
<!DOCTYPE html>
<html>
<head>
<title>video</title>
<head>
<body>
<video src="fengjing.mp4" controls="controls">
    您的浏览器不支持video 标记!
</video>
</body>
    </html>
```

如果用户的浏览器是 IE 11.0 以前的版本，浏览效果如图 6-4 所示，可见 IE 11.0 以前版本的浏览器不支持 video 标记。

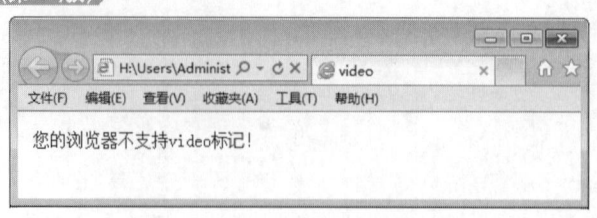

图 6-4　不支持 video 标记的效果

支持 video 标记的浏览效果如图 6-5 所示，可以看到加载的视频控制条界面。单击"播放"按钮，即可查看视频的内容，同时用户还可以调整音量的大小。

图 6-5　支持 video 标记的效果

6.3.2　video 标记的属性

video 标记的常见属性和含义如表 6-3 所示。

表 6-3　video 标记的常见属性和含义

属　　性	值	描　　述
autoplay	autoplay	如果出现该属性，则视频在就绪后马上播放
controls	controls	如果出现该属性，则向用户显示控件，比如播放按钮
loop	loop	如果出现该属性，则每当视频结束时重新开始播放
preload	none，auto，metadata	none(不预先加载)，auto(下载媒体文件)，metadata(只下载媒体文件的元数据)
url	url	要播放的视频的 URL 地址
width	宽度值	设置视频播放器的宽度
height	高度值	设置视频播放器的高度
poster	url	当视频未响应或缓冲不足时，该属性值链接到一个图像。该图像将以一定的比例被显示出来
title		由浏览器或辅助技术显示的简单文字说明

由表 6-3 可知，用户可以自定义视频文件显示的大小。例如，如果想让视频以 320 像素

×240 像素大小显示，可以加入 width 和 height 属性。具体格式如下：

```
<video width="320" height="240" controls src="movie.mp4"></video>
```

另外，video 标记可以通过 source 属性添加多个视频文件，具体格式如下：

```
<video controls="controls">
   <source src="123.ogg" type="video/ogg">
   <source src="123.mp4" type="video/mp4">
</video>
```

6.3.3 浏览器对 video 标记的支持情况

目前，不同的浏览器对 video 标记的支持也不同。表 6-4 中列出了应用最为广泛的浏览器对 video 标记的支持情况。

表 6-4　浏览器对 video 标记的支持情况

浏览器 视频格式	Firefox 4.0 及更高版本	IE 11.0 及更高版本	Opera 10.6 及更高版本	Chrome 6.0 及更高版本	Safari 3.0 及更高版本
Ogg	支持		支持	支持	
MPEG 4		支持		支持	支持
WebM	支持		支持	支持	

6.4　在网页中添加视频文件

当在网页中添加视频文件时，用户可以根据自己的需要添加不同类型的视频文件，如添加自动播放的视频文件、添加带有控件的视频文件、添加循环播放的视频文件等，另外，还可以设置视频文件的高度和宽度。

1. 添加自动播放的视频文件

autoplay 属性规定一旦视频就绪马上开始播放。如果设置了该属性，视频将自动播放。
添加自动播放的视频文件的代码如下：

```
<video controls="controls" autoplay="autoplay">
   <source src="movie.mp4">
</video>
```

2. 添加带有控件的视频文件

controls 属性规定浏览器应该为视频提供播放控件。这些控件包括播放、暂停、定位、音量、全屏切换等。
添加带有控件的视频文件的代码如下：

```
<video controls="controls" controls="controls">
   <source src="movie.mp4">
</video>
```

3. 添加循环播放的视频文件

loop 属性规定当视频文件播放结束后将重新开始播放。如果设置该属性，则视频将循环播放。

添加循环播放的视频文件的代码如下：

```
<video controls="controls" loop="loop">
    <source src="movie.mp4">
</video>
```

4. 添加预播放的视频文件

preload 属性规定是否在页面加载后载入视频。如果设置了 autoplay 属性，则忽略该属性。preload 属性的值可能有三种，分别说明如下。

- auto：当页面加载后载入整个视频。
- meta：当页面加载后只载入元数据。
- none：当页面加载后不载入视频。

添加预播放的视频文件的代码如下：

```
<video controls="controls" preload="auto">
    <source src="movie.mp4">
```

5. 设置视频文件的高度与宽度

使用 width 和 height 属性可以设置视频文件的显示宽度与高度，单位是像素。

> **提示** 规定视频的高度和宽度是一个好习惯。如果设置这些属性，在页面加载时会为视频预留空间。如果没有设置这些属性，那么浏览器就无法预先确定视频的尺寸，这样就无法为视频保留合适的空间，导致在页面加载的过程中，其布局也会产生变化。

实例 4 创建一个宽度为 430 像素、高度为 260 像素并自动循环播放视频的文件(案例文件：ch06\6.4.html)

```
<!DOCTYPE html>
<html>
<head>
<title>video</title>
<head>
<body>
  <video width="430" height="260" src="fengjing.mp4" controls="controls" autoplay="autoplay" loop="loop">
    您的浏览器不支持video标记！
  </video>
</body>
</html>
```

程序运行结果如图 6-6 所示。网页中加载了视频播放控件，视频的显示大小为 430 像素×260 像素。视频文件会自动播放，播放完成后会自动循环播放。

图 6-6 实例 4 的程序运行结果

> **注意** 切勿通过 height 和 width 属性来缩放视频。通过 height 和 width 属性来缩小视频，用户仍会下载原始的视频(即使在页面上它看起来较小)。正确的方法是在网页上使用该视频前，用软件对视频进行压缩。

6.5 疑难解惑

疑问 1：在 HTML 5 网页中添加所支持格式的视频，但不能在 Firefox 浏览器中正常播放，为什么？

目前，HTML 5 中的 video 标记对视频的支持，不仅有视频格式的限制，还有对解码器的限制。规定如下：

- Ogg 格式的文件需要 Thedora 视频编码和 Vorbis 音频编码。
- MPEG 4 格式的文件需要 H.264 视频编码和 AAC 音频编码。
- WebM 格式的文件需要 VP8 视频编码和 Vorbis 音频编码。

疑问 2：在 HTML 5 网页中添加 MP4 格式的视频文件，为什么在不同的浏览器中视频控件显示的外观不同？

在 HTML 5 中规定用 controls 属性来控制视频文件的播放、暂停和调节音量的操作。controls 是一个布尔属性，一旦添加了此属性，等于告诉浏览器需要显示播放控件并允许用户进行操作。

因为浏览器负责解释内置视频控件的外观，所以在不同的浏览器中，将会显示不同的视频控件外观。

6.6 跟我学上机

上机练习 1：创建一个带有控件、加载网页时自动循环播放音频的页面

综合使用播放音频时所用的属性，在加载网页时自动播放音频文件，并循环播放。程序运行结果如图 6-7 所示。

图 6-7 自动播放音频文件的效果

上机练习 2：编写一个多功能的视频播放效果的页面

综合使用播放视频时所用的方法和多媒体的属性，在播放视频文件时，包括播放、暂停、加速播放、减速播放和正常速度等功能，并显示播放的时间。程序运行结果如图 6-8 所示。

图 6-8 多功能的视频播放效果

第 7 章
使用 HTML 5 绘制图形

HTML 5 有很多的新特性，其中一个最值得提及的特性就是 HTML canvas，它可以对 2D 图形或位图进行动态、脚本的渲染。使用 canvas 可以绘制一个矩形区域，然后使用 JavaScript 可以控制矩形区域的每一个像素，从而完成画图、合成图像，或做简单的动画。本章就来介绍如何使用 HTML 5 绘制图形。

重点案例效果

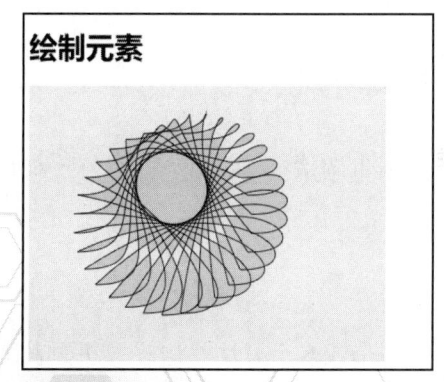

绘制元素

旋转图形

7.1 添加 canvas 的步骤

canvas 标记用于生成一个矩形区域，它包含两个属性 width 和 height，分别表示矩形区域的宽度和高度，这两个属性都是可选的，并且都可以通过 CSS 来定义，宽度和高度的默认值是 300px 和 150px。

canvas 在网页中的常用形式如下：

```
<canvas id="myCanvas" width="300" height="200"
  style="border:1px solid #c3c3c3;">
    Your browser does not support the canvas element.
</canvas>
```

上面的示例代码中，id 表示画布对象名称，width 和 height 分别表示画布的宽度和高度。最初的画布是不可见的，此处为了观察这个矩形区域，使用了 CSS 样式，即 style 标记。style 用于设置画布的样式。如果浏览器不支持 canvas 标记，会在画布中间显示提示信息。

画布 canvas 本身不具有绘制图形的功能，它只是一个容器，如果读者对于 Java 语言非常了解，就会发现 HTML 5 的画布和 Java 中的 Panel 面板非常相似，都可以在其中绘制图形。既然 canvas 画布元素放好了，就可以使用脚本语言 JavaScript 绘制图形了。

使用 canvas 结合 JavaScript 绘制图形，一般情况下需要下面几个步骤。

01 JavaScript 使用 id 来寻找 canvas 元素，即获取当前画布对象：

```
var c = document.getElementById("myCanvas");
```

02 创建 context 对象：

```
var cxt = c.getContext("2d");
```

对象 cxt 建立之后，就可以拥有多种绘制路径、矩形、圆形、字符以及添加图像的方法。

03 绘制图形：

```
cxt.fillStyle = "#FF0000";
cxt.fillRect(0,0,150,75);
```

fillStyle 方法将其染成红色，fillRect 方法规定了形状、位置和尺寸。这两行代码绘制一个红色的矩形。

7.2 绘制基本形状

画布 canvas 结合 JavaScript 不仅可以绘制简单的矩形，还可以绘制一些其他的常见图形，例如直线、圆等。

7.2.1 绘制矩形

使用 canvas 和 JavaScript 绘制矩形时，要用到一个或多个方法，这些方法如表 7-1 所示。

表 7-1 绘制矩形的方法

方法	功能
fillRect	绘制一个矩形，这个矩形区域没有边框，只有填充色。这个方法有 4 个参数，前两个表示左上角的位置坐标，第 3 个参数为长度，第 4 个参数为高度
strokeRect	绘制一个带边框的矩形。该方法的 4 个参数的解释同上
clearRect	清除一个矩形区域，被清除的区域将没有任何线条。该方法的 4 个参数的解释同上

实例 1 绘制矩形(案例文件：ch07\7.1.html)

```
<!DOCTYPE html>
<html>
<body>
<canvas id="myCanvas" width="300" height="200"
 style="border:1px solid blue">
    您的浏览器不支持 canvas 标记
</canvas>
<script type="text/javascript">
var c = document.getElementById("myCanvas");
var cxt = c.getContext("2d");
cxt.fillStyle = "rgb(0,0,200)";
cxt.fillRect(10,20,100,100);
</script>
</body>
</html>
```

上面代码中，首先定义一个画布对象，其 id 名称为 myCanvas，其高度为 200 像素、宽度为 300 像素，然后定义了画布边框显示样式。代码中首先获取画布对象，然后使用 getContext 获取当前 2d 的上下文对象，并使用 fillRect 绘制一个矩形。其中用到一个 fillStyle 属性，fillStyle 用于设定填充的颜色、透明度等，如果设置为 rgb(200,0,0)，则表示一个不透明颜色；如果设置为 rgba(0,0,200,0.5)，则表示为一个透明度为 50%的颜色。

浏览效果如图 7-1 所示，可以看到，网页中，在一个蓝色边框内显示了一个蓝色矩形。

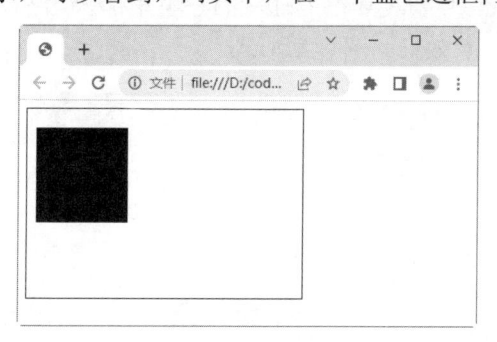

图 7-1 绘制矩形

7.2.2 绘制圆形

在画布中绘制圆形，可能要用到的方法如表 7-2 所示。

表 7-2 绘制圆形的方法

方 法	功 能
beginPath()	开始绘制路径
arc(x,y,radius,startAngle, endAngle,anticlockwise)	x 和 y 定义的是圆的原点；radius 是圆的半径；startAngle 和 endAngle 是弧度，不是度数；anticlockwise 用来定义画圆的方向，值是 true 或 false
closePath()	结束路径的绘制
fill()	进行填充
stroke()	设置边框

使用路径是绘制自定义图形的好方法，在 canvas 中，通过 beginPath()方法开始绘制路径，绘制完成后，调用 fill()和 stroke()完成填充和边框设置，通过 closePath()方法结束路径的绘制。

实例 2 绘制圆形(案例文件：ch07\7.2.html)

```
<!DOCTYPE html>
<html><body>
<canvas id="myCanvas" width="200" height="200"
 style="border:1px solid blue">
    您的浏览器不支持canvas 标记
</canvas>
<script type="text/javascript">
var c = document.getElementById("myCanvas");
var cxt = c.getContext("2d");
cxt.fillStyle = "#FFaa00";
cxt.beginPath();
cxt.arc(70,18,15,0,Math.PI*2,true);
cxt.closePath();
cxt.fill();
</script>
</body></html>
```

在上面的 JavaScript 代码中，使用 beginPath()方法开启一个路径，然后绘制一个圆形，最后关闭这个路径并填充。浏览效果如图 7-2 所示。

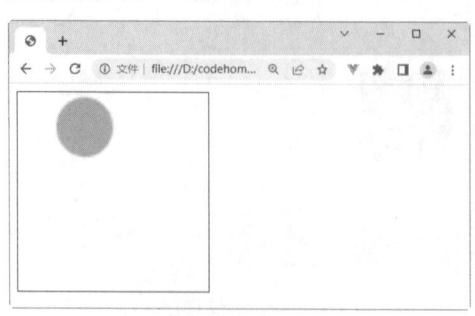

图 7-2 绘制圆形

7.2.3 使用 moveTo()与 lineTo()绘制直线

绘制直线常用的方法是 moveTo()和 lineTo()，其含义如表 7-3 所示。

表 7-3　绘制直线的方法

方法或属性	功　　能
moveTo(x,y)	不绘制,只是将当前位置移动到新目标位置(x,y),并作为线条的开始点
lineTo(x,y)	绘制线条到指定的目标位置(x,y),并且在两个位置之间绘制一条直线。不管调用它们哪一个,都不会真正绘制出图形,因为还没有调用 stroke 和 fill 函数。当前,只是在定义路径的位置,以便后面绘制时使用
strokeStyle	指定线条的颜色
lineWidth	设置线条的粗细

实例 3　使用 moveTo()与 lineTo()绘制直线(案例文件:ch07\7.3.html)

```
<!DOCTYPE html>
<html>
<body>
<canvas id="myCanvas" width="200" height="200"
 style="border:1px solid blue">
    您的浏览器不支持 canvas 标记
</canvas>
<script type="text/javascript">
var c = document.getElementById("myCanvas");
var cxt = c.getContext("2d");
cxt.beginPath();
cxt.strokeStyle = "rgb(0,182,0)";
cxt.moveTo(10,10);
cxt.lineTo(150,50);
cxt.lineTo(10,50);
cxt.lineWidth = 14;
cxt.stroke();
cxt.closePath();
</script>
</body>
</html>
```

上面的代码中,使用 moveTo()方法定义了一个坐标位置(10,10),然后以此坐标位置为起点,绘制了两条不同的直线,并用 lineWidth 设置了直线的宽度,用 strokeStyle 设置了直线的颜色,用 lineTo 设置了两条不同直线的结束位置。

浏览效果如图 7-3 所示,可以看到,网页中绘制了两条直线,这两条直线相交于一点。

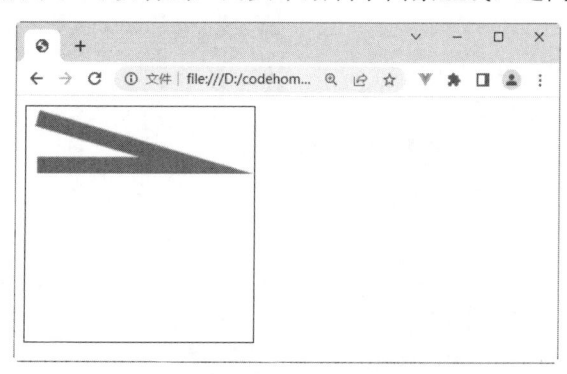

图 7-3　绘制直线

7.2.4 使用 bezierCurveTo()绘制贝塞尔曲线

在数学的数值分析领域中，贝塞尔(Bézier)曲线是电脑图形学中相当重要的参数曲线。更高维度的广泛化贝塞尔曲线就称作贝塞尔曲面，其中贝塞尔三角是一种特殊的实例。

bezierCurveTo()方法通过使用表示三次贝塞尔曲线的指定控制点，向当前路径添加一个点。三次贝塞尔曲线需要三个点，前两个点是用于三次贝塞尔计算中的控制点，第三个点是曲线的结束点。曲线的开始点是当前路径中最后一个点。如果路径不存在，可以使用beginPath()和moveTo()方法来定义开始点。

方法 bezierCurveTo 的具体格式如下：

```
bezierCurveTo(cpX1, cpY1, cpX2, cpY2, x, y)
```

其参数的含义如表 7-4 所示。

表 7-4 贝塞尔曲线的参数及其含义

参　数	描　述
cpX1, cpY1	与曲线的开始点(当前位置)相关联的控制点的坐标
cpX2, cpY2	与曲线的结束点相关联的控制点的坐标
x, y	曲线的结束点的坐标

实例 4 使用 bezierCurveTo()绘制贝塞尔曲线(案例文件：ch07\7.4.html)

```
<!DOCTYPE html>
<html>
<head>
<title>贝塞尔曲线</title>
<script>
function draw(id)
{
    var canvas = document.getElementById(id);
    if(canvas==null)
        return false;
    var context = canvas.getContext('2d');
    context.fillStyle = "#eeeeff";
    context.fillRect(0,0,400,300);
    var n = 0;
    var dx = 150;
    var dy = 150;
    var s = 100;
    context.beginPath();
    context.globalCompositeOperation = 'and';
    context.fillStyle = 'rgb(100,255,100)';
    context.strokeStyle = 'rgb(0,0,100)';
    var x = Math.sin(0);
    var y = Math.cos(0);
    var dig = Math.PI/15*11;
    for(var i=0; i<30; i++)
    {
        var x = Math.sin(i*dig);
        var y = Math.cos(i*dig);
```

```
            context.bezierCurveTo(
                dx+x*s,dy+y*s-100,dx+x*s+100,dy+y*s,dx+x*s,dy+y*s);
        }
        context.closePath();
        context.fill();
        context.stroke();
    }
    </script>
    </head>
    <body onload="draw('canvas');">
    <h1>绘制元素</h1>
    <canvas id="canvas" width="400" height="300" />
    </body>
    </html>
```

上面的 draw()函数代码中，首先使用 fillRect(0,0,400,300)语句绘制了一个矩形，其大小与画布相同，填充颜色为浅青色。然后定义了几个变量，用于设定曲线的坐标位置，在 for 循环中使用 bezierCurveTo 绘制贝塞尔曲线。浏览效果如图 7-4 所示，可以看到，网页中显示了一个贝塞尔曲线。

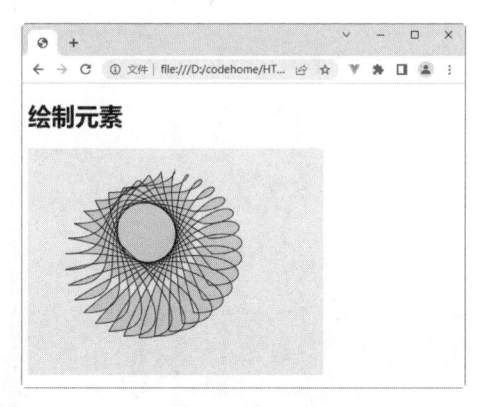

图 7-4　贝塞尔曲线效果

7.3　绘制渐变图形

渐变是指两种或更多颜色的平滑过渡，即在颜色集上使用逐步抽样算法，并将结果应用于描边样式和填充样式。canvas 的绘图上下文支持两种类型的渐变：线性渐变和放射性渐变，放射性渐变也称为径向渐变。

7.3.1　绘制线性渐变

创建一个简单的渐变非常容易。使用渐变需要三个步骤。

01 创建渐变对象：

```
var gradient = cxt.createLinearGradient(0,0,0,canvas.height);
```

02 为渐变对象设置颜色，指明过渡方式：

```
gradient.addColorStop(0,'#fff');
gradient.addColorStop(1,'#000');
```

03 在 context 上为填充样式或者描边样式设置渐变：

```
cxt.fillStyle = gradient;
```

要设置显示颜色，在渐变对象上使用 addColorStop 函数即可。除了可以改变颜色外，还可以为颜色设置 alpha 值，并且 alpha 值也是可以变化的。为了达到这样的效果，需要使用颜色值的另一种表示方法，例如内置 alpha 组件的 CSSrgba 函数。绘制线性渐变时，使用的方法如表 7-5 所示。

表 7-5　绘制线性渐变的方法

方法	功能
addColorStop	允许指定两个参数：颜色和偏移量。颜色参数用于设置开发人员希望在偏移位置描边或填充时所使用的颜色。偏移量是一个 0.0～1.0 之间的数值，代表沿着渐变线渐变的距离
createLinearGradient(x0,y0,x1,y1)	沿着直线从(x0,y0)至(x1,y1)绘制渐变

实例 5　绘制线性渐变(案例文件：ch07\7.5.html)

```
<!DOCTYPE html>
<html>
<head>
<title>线性渐变</title>
</head>
<body>
<h1>绘制线性渐变</h1>
<canvas id="canvas" width="400" height="300"
  style="border:1px solid red"/>
<script type="text/javascript">
var c = document.getElementById("canvas");
var cxt = c.getContext("2d");
var gradient = cxt.createLinearGradient(0,0,0,canvas.height);
gradient.addColorStop(0,'#fff');
gradient.addColorStop(1,'#000');
cxt.fillStyle = gradient;
cxt.fillRect(0,0,400,400);
</script>
</body>
</html>
```

上面的代码使用 2d 环境对象产生了一个线性渐变对象，渐变的起始点是(0,0)，渐变的结束点是(0,canvas.height)，然后使用 addColorStop 函数设置渐变颜色，最后将渐变颜色填充到上下文环境的样式中。

浏览效果如图 7-5 所示，可以看到，在网页中创建了一个垂直方向上的渐变，从上到下颜色逐渐变深。

7.3.2　绘制径向渐变

径向渐变即放射性渐变，要想实现放射性渐变，需

图 7-5　线性渐变效果

要使用 createRadialGradient()方法。createRadialGradient()方法可以创建放射状/圆形渐变对象，渐变可用于填充矩形、圆形、线条、文本等。

createRadialGradient(x0,y0,r0,x1,y1,r1)方法表示沿着两个圆之间的锥面绘制渐变。其中前三个参数代表开始的圆，圆心为(x0,y0)，半径为 r0。后三个参数代表结束的圆，圆心为(x1,y1)，半径为 r1。

实例 6　绘制径向渐变(案例文件：ch07\7.6.html)

```
<!DOCTYPE html>
<html>
<head>
<title>径向渐变</title>
</head>
<body>
<h1>绘制径向渐变</h1>
<canvas id="canvas" width="400" height="300" style="border:1px solid red"/>
<script type="text/javascript">
var c = document.getElementById("canvas");
var cxt = c.getContext("2d");
var gradient = cxt.createRadialGradient(
  canvas.width/2,canvas.height/2,0,canvas.width/2,canvas.height/2,150);
gradient.addColorStop(0,'#fff');
gradient.addColorStop(1,'#000');
cxt.fillStyle = gradient;
cxt.fillRect(0,0,400,400);
</script>
</body>
</html>
```

上面的代码中，首先创建渐变对象 gradient，此处使用 createRadialGradient 方法创建了一个径向渐变，然后使用 addColorStop 添加颜色，最后将渐变填充到上下文环境中。

浏览效果如图 7-6 所示。可以看到，在网页中，从圆的中心亮点开始，颜色向外逐渐发散，形成了一个径向渐变。

图 7-6　径向渐变效果

7.4 绘制变形图形

在使用 canvas 标记绘制好画布后,在这个画布中不但可以使用 moveTo()方法来移动画笔绘制图形、线条等,还可以使用变换来调整画笔下的画布,变换的方法包括平移、缩放和旋转等。

7.4.1 绘制平移效果的图形

如果要对图形实现平移,需要使用 translate(x,y)方法,该方法表示在平面上平移,即以原来的原点为参考,然后以偏移后的位置作为坐标原点。也就是说,原来的原点为(100,100),然后 translate(1,1),则新的坐标原点为(101,101)而不是(1,1)。

实例 7 绘制平移效果的图形(案例文件:ch07\7.7.html)

```html
<!DOCTYPE html>
<html>
<head>
<title>坐标变换</title>
<script>
function draw(id)
{
    var canvas = document.getElementById(id);
    if(canvas==null)
        return false;
    var context = canvas.getContext('2d');
    context.fillStyle = "#eeeeff";
    context.fillRect(0,0,400,300);
    context.translate(200,50);
    context.fillStyle = 'rgba(255,0,0,0.25)';
    for(var i=0; i<50; i++){
        context.translate(25,25);
        context.fillRect(0,0,100,50);
    }
}
</script>
</head>
<body onload="draw('canvas');">
<h1>变换原点坐标</h1>
<canvas id="canvas" width="400" height="300" />
</body>
</html>
```

在 draw()函数中,使用 fillRect 方法绘制一个矩形,然后使用 translate 方法将其平移到一个新位置,并从新位置开始,使用 for 循环,连续移动多次坐标原点,即可多次绘制矩形。

浏览效果如图 7-7 所示,可以看到,在网页中,从坐标位置(200,50)开始绘制矩形,并每次以指定的距离平移绘制矩形。

图 7-7 变换原点坐标

7.4.2 绘制缩放效果的图形

对于变形图形来说，其中最常用的方式就是对图形进行缩放，即以原来的图形为参考，放大或者缩小图形。

如果要实现图形缩放，需要使用 scale(x,y)函数，该函数带有两个参数，分别表示在 x、y 两个方向上的值。

实例 8 绘制缩放效果的图形(案例文件：ch07\7.8.html)

```
<!DOCTYPE html>
<html>
<head>
<title>图形缩放</title>
<script>
function draw(id)
{
   var canvas = document.getElementById(id);
   if(canvas==null)
      return false;
   var context = canvas.getContext('2d');
   context.fillStyle = "#eeeeff";
   context.fillRect(0,0,400,300);
   context.translate(200,50);
   context.fillStyle = 'rgba(255,0,0,0.25)';
   for(var i=0; i<50; i++){
       context.scale(3,0.5);
       context.fillRect(0,0,100,50);
   }
}
</script>
</head>
<body onload="draw('canvas');">
<h1>图形缩放</h1>
<canvas id="canvas" width="400" height="300" />
</body>
</html>
```

上面的代码中，缩放操作是放在 for 循环中完成的，在此循环中，以原来的图形为参考物，使其在 x 轴方向增加 3 倍宽，在 y 轴方向变为原来的一半。

浏览效果如图 7-8 所示。

7.4.3 绘制旋转效果的图形

变换操作并不限于平移和缩放，还可以使用函数 context.rotate(angle)来旋转图像，甚至可以直接修改底层变换矩阵以完成一些高级操作，如剪裁图像的绘制路径。

例如，context.rotate(1.57)表示旋转角度参数以弧度为单位。rotate()方法默认从左上端的(0,0)点开始旋转，通过指定一个角度，改变画布坐标与 Web 浏览器中的<canvas>元素的像素之间的映射，使得任意后续绘制在画布中的图形都显示为旋转图形。

图 7-8 缩放图形效果

实例 9 绘制旋转效果的图形(案例文件：ch07\7.9.html)

```
<!DOCTYPE html>
<html>
<head>
<title>绘制旋转图像</title>
<script>
function draw(id)
{
    var canvas = document.getElementById(id);
    if(canvas==null)
        return false;
    var context = canvas.getContext('2d');
    context.fillStyle = "#eeeeff";
    context.fillRect(0,0,400,300);
    context.translate(200,50);
    context.fillStyle = 'rgba(255,0,0,0.25)';
    for(var i=0; i<50; i++){
        context.rotate(Math.PI/10);
        context.fillRect(0,0,100,50);
    }
}
</script>
</head>
<body onload="draw('canvas');">
<h1>旋转图形</h1>
<canvas id="canvas" width="400" height="300" />
</body>
</html>
```

上面的代码中，使用 rotate 方法，在 for 循环中对多个图形进行了旋转，其旋转角度相同。浏览效果如图 7-9 所示，在页面上，多个矩形以中心弧度为原点进行了旋转。

图 7-9　旋转图形效果

> **注意**　这个操作并没有旋转<canvas>元素本身，而且旋转的角度是以弧度指定的。

7.4.4　绘制组合效果的图形

在前面介绍的知识中，可以将一个图形绘制在另一个图形之上，但是这样会受制于图形的绘制顺序。不过，我们可以利用 globalCompositeOperation 属性来改变这些做法，不仅可以在已有图形上面再绘制新图形，还可以用来遮盖下面的图形，清除(比 clearRect 方法强劲得多)某些区域。

其语法格式如下：

```
globalCompositeOperation = type
```

type 具有 12 个属性值，具体说明如表 7-6 所示。

表 7-6　type 的属性值

属 性 值	说　　明
source-over(default)	这是默认设置，新图形覆盖在原有内容之上
destination-over	在原有内容之下绘制新图形
source-in	新图形仅仅出现在与原有内容重叠的部分，其他区域都变成透明的
destination-in	原有内容中与新图形重叠的部分会被保留，其他区域都变成透明的
source-out	新图形中与原有内容不重叠的部分才会被绘制出来
destination-out	原有内容中与新图形不重叠的部分被保留
source-atop	新图形中与原有内容重叠的部分被绘制，并覆盖在原有内容之上
destination-atop	原有内容中与新内容重叠的部分被保留，并在原有内容之下绘制新图形

续表

属 性 值	说　明
lighter	两图形的重叠部分做加色处理
darker	两图形中重叠的部分做减色处理
xor	重叠的部分会变成透明的
copy	只有新图形会被保留，其他图形都被清除

实例 10　绘制组合效果的图形(案例文件：ch07\7.10.html)

```
<!DOCTYPE html>
<html>
<head>
<title>绘制组合图形</title>
<script>
function draw(id)
{
   var canvas = document.getElementById(id);
   if(canvas==null)
      return false;
   var context = canvas.getContext('2d');
   var oprtns = new Array(
      "source-atop",
      "source-in",
      "source-out",
      "source-over",
      "destination-atop",
      "destination-in",
      "destination-out",
      "destination-over",
      "lighter",
      "copy",
      "xor"
   );
   var i = 10;
   context.fillStyle = "blue";
   context.fillRect(10,10,60,60);
   context.globalCompositeOperation = oprtns[i];
   context.beginPath();
   context.fillStyle = "red";
   context.arc(60,60,30,0,Math.PI*2,false);
   context.fill();
}
</script>
</head>
<body onload="draw('canvas');">
<h1>图形组合</h1>
<canvas id="canvas" width="400" height="300" />
</body>
</html>
```

在上面的代码中，首先创建了一个 oprtns 数组，用于存储 type 的 11 个值，然后绘制了一个矩形，并使用 context 对上下文对象设置图形的组合方式，最后使用 arc 绘制了一个圆。

浏览效果如图 7-10 所示，在页面上绘制了一个矩形和圆，但矩形和圆重叠的地方以空白显示。

7.4.5 绘制带阴影的图形

在画布 canvas 上绘制带有阴影效果的图形非常简单，只需要设置几个属性即可。这些属性分别为 shadowOffsetX、shadowOffsetY、shadowBlur 和 shadowColor。

属性 shadowColor 表示阴影的颜色，其值与 CSS 颜色值一致。shadowBlur 表示设置阴影的模糊程度，此值越大，阴影越模糊。shadowOffsetX 和 shadowOffsetY 属性表示阴影的 x 和 y 偏移量，单位是像素。

图 7-10 图形组合

实例 11 绘制带阴影的图形(案例文件：ch07\7.11.html)

```
<!DOCTYPE html>
<html>
<head>
<title>绘制阴影效果图形</title>
</head>
<body>
<canvas id="my_canvas" width="200" height="200"
 style="border:1px solid #ff0000">
</canvas>
<script type="text/javascript">
   var elem = document.getElementById("my_canvas");
   if (elem && elem.getContext) {
   var context = elem.getContext("2d");
   //shadowOffsetX 和 shadowOffsetY：阴影的 x 和 y 偏移量，单位是像素
   context.shadowOffsetX = 15;
   context.shadowOffsetY = 15;
   //shadowBlur：设置阴影模糊程度。此值越大，阴影越模糊
   //其效果与 Photoshop 的高斯模糊滤镜相同
   context.shadowBlur = 10;
   //shadowColor：阴影颜色。其值与 CSS 颜色值一致
   //context.shadowColor = 'rgba(255, 0, 0, 0.5)';  或用下面的十六进制表示法
   context.shadowColor = '#f00';
   context.fillStyle = '#00f';
   context.fillRect(20, 20, 150, 100);
}
</script>
</body>
</html>
```

浏览效果如图 7-11 所示，在页面上显示了一个蓝色矩形，其阴影为红色矩形。

图 7-11 带有阴影的图形

7.5 使用图像

画布 canvas 有一项功能就是可以引入图像，用于图片合成或者制作背景等。引入到 canvas 画布中的图像格式包括 PNG、GIF、JPEG 等。

7.5.1 绘制图像

要在画布 canvas 上绘制图像，需要先有一个图片。这个图片可以是已经存在的<img>元素，或者通过 JavaScript 创建。

无论采用哪种方式，都需要在绘制 canvas 之前完全加载这张图片。浏览器通常会在页面脚本执行的同时异步加载图片。如果试图在图片未完全加载之前就将其呈现到 canvas 上，那么 canvas 将不会显示任何图片。

捕获和绘制图像完全是通过 drawImage 方法完成的，它可以接收不同的 HTML 参数，具体含义如表 7-7 所示。

表 7-7 绘制图像的方法

方法	说明
drawIamge(image,dx,dy)	接收一个图片，并将其绘制到 canvas 中。给出的坐标(dx,dy)代表图片的左上角。例如，坐标(0,0)表示把图片绘制到 canvas 的左上角
drawIamge(image,dx,dy,dw,dh)	接收一个图片，将其缩放为宽度 dw 和高度 dh，然后把它绘制到 canvas 上的(dx,dy)位置
drawIamge(image,sx,sy,sw,sh,dx,dy,dw,dh)	接收一个图片，通过参数(sx,sy,sw,sh)指定图片裁剪的范围，缩放到(dw,dh)的大小，最后把它绘制到 canvas 上的(dx,dy)位置

实例 12 绘制图像(案例文件：ch07\7.12.html)

```
<!DOCTYPE html>
<html>
<head>
<title>绘制图像</title>
```

```
</head>
<body>
<canvas id="canvas" width="300" height="200" style="border:1px solid blue">
    您的浏览器不支持canvas标记
</canvas>
<script type="text/javascript">
window.onload=function(){
    var ctx = document.getElementById("canvas").getContext("2d");
    var img = new Image();
    img.src = "01.jpg";
    img.onload=function(){
        ctx.drawImage(img,0,0);
    }
}
</script>
</body>
</html>
```

在上面的代码中，使用窗口的 onload 属性加载事件，即在页面被加载时执行函数。在函数中，创建上下文对象 ctx，并创建 Image 对象 img；然后使用 img 对象的 src 属性设置图片来源，最后使用 drawImage 绘制出当前的图像。

浏览效果如图 7-12 所示，页面上绘制了一个图像，并且在画布中显示。

图 7-12　绘制图像

7.5.2　平铺图像

使用画布 canvas 绘制图像有多种用处，其中之一就是将绘制的图像作为背景图片。在制作背景图片时，如果显示图片的区域大小不能直接设定，通常将图片以平铺的方式显示。

HTML 5 Canvas API 支持图片平铺，此时需要调用 createPattern 函数，即调用 createPattern 函数来替代先前的 drawImage 函数。函数 createPattern 的语法格式如下：

```
createPattern(image,type)
```

其中，image 表示要绘制的图像，type 表示平铺的类型，其具体含义如表 7-8 所示。

表 7-8　type 平铺类型的含义

参 数 值	说　　明
no-repeat	不平铺
repeat-x	横方向平铺
repeat-y	纵方向平铺
repeat	全方向平铺

实例 13　平铺图像效果(案例文件：ch07\7.13.html)

```
<!DOCTYPE html>
<html>
<head>
```

```html
<title>绘制图像平铺</title>
</head>
<body onload="draw('canvas');">
<h1>图像平铺</h1>
<canvas id="canvas" width="800" height="600"></canvas>
<script>
function draw(id){
    var canvas = document.getElementById(id);
    if(canvas==null){
        return false;
    }
    var context = canvas.getContext('2d');
    context.fillStyle = "#eeeeff";
    context.fillRect(0,0,800,600);
    image = new Image();
    image.src = "02.jpg";
    image.onload = function(){
        var ptrn = context.createPattern(image,'repeat');
        context.fillStyle = ptrn;
        context.fillRect(0,0,800,600);
    }
}
</script>
</body>
</html>
```

上面的代码中，用 fillRect 创建了一个宽度为 800、高度为 600，左上角坐标为(0,0)的矩形。然后创建了一个 Image 对象，src 表示链接一个图像源，之后使用 createPattern 绘制一个图像，其方式是完全平铺，并将这个图像填充到矩形中。最后绘制一个矩形，此矩形的大小完全覆盖原来的图形。

浏览效果如图 7-13 所示，在显示页面上绘制了一个图像，并以平铺的方式充满整个矩形。

图 7-13 图像平铺

7.5.3 裁剪图像

要完成对图像的裁剪，需要用到 clip 方法。clip 方法表示给 canvas 设置一个剪辑区域，在调用 clip 方法之后，所有代码只对这个设定的剪辑区域有效，而不会影响其他地方，这个方法在进行局部更新时很有用。默认情况下，剪辑区域是一个左上角坐标为(0,0)，宽和高分别等于 canvas 元素的宽和高的矩形。

实例 14 裁剪图像(案例文件：ch07\7.14.html)

```
<!DOCTYPE html>
<html>
<head>
<title>绘制图像裁剪</title>
</head>
<body onload="draw('canvas');">
<h1>图像裁剪</h1>
<canvas id="canvas" width="400" height="300"></canvas>
<script>
function draw(id){
   var canvas = document.getElementById(id);
   if(canvas==null){
      return false;
   }
   var context = canvas.getContext('2d');
   var gr = context.createLinearGradient(0,400,300,0);
   gr.addColorStop(0,'rgb(255,255,0)');
   gr.addColorStop(1,'rgb(0,255,255)');
   context.fillStyle = gr;
   context.fillRect(0,0,400,300);
   image = new Image();
   image.onload=function(){
      drawImg(context,image);
   };
   image.src = "02.jpg";
}
function drawImg(context,image){
   create8StarClip(context);
   context.drawImage(image,-50,-150,300,300);
}
function create8StarClip(context){
   var n = 0;
   var dx = 100;
   var dy = 0;
   var s = 150;
   context.beginPath();
   context.translate(100,150);
   var x = Math.sin(0);
   var y = Math.cos(0);
   var dig = Math.PI/5*4;
   for(var i=0; i<8; i++){
      var x = Math.sin(i*dig);
      var y = Math.cos(i*dig);
      context.lineTo(dx+x*s,dy+y*s);
   }
   context.clip();
}
</script>
</body>
</html>
```

上面的代码中，创建了三个 JavaScript 函数，其中 create8StarClip 函数完成了多边图形的创建，以此图形作为裁剪的依据。drawImg 函数表示绘制一个图形，其图形带有裁剪区域。draw 函数完成对画布对象的获取，并定义一个线性渐变，然后创建一个 Image 对象。

浏览效果如图 7-14 所示，在显示页面上绘制了一个九边形，图像作为九边形的背景显示，从而实现了对图像的裁剪。

图 7-14　图像裁剪

7.5.4　图像的像素化处理

在画布中，可以使用 ImageData 对象来保存图像的像素值，它有 width、height 和 data 三个属性，其中 data 属性是一个连续数组，图像的所有像素值其实是保存在 data 里面的。

data 属性保存像素值的方法如下：

```
imageData.data[index*4+0]
imageData.data[index*4+1]
imageData.data[index*4+2]
imageData.data[index*4+3]
```

上面取出了 data 数组中连续的 4 个值，这 4 个值分别代表图像中第 index+1 个像素的红色、绿色、蓝色和透明度值的大小。需要注意的是，index 从 0 开始，图像中总共有 width*height 个像素，数组中总共保存了 width*height*4 个数值。

画布对象有三个方法分别用来创建、读取和设置 ImageData 对象，如表 7-9 所示。

表 7-9　创建画布对象的方法

方　法	说　明
createImageData(width, height)	在内存中创建一个指定大小的 ImageData 对象(即像素数组)，对象中的像素点都是黑色透明的，即 rgba(0,0,0,0)
getImageData(x, y, width, height)	返回一个 ImageData 对象，这个 ImageData 对象中包含指定区域的像素数组
putImageData(data, x, y)	将 ImageData 对象绘制到屏幕的指定区域

实例 15 图像的像素化处理(案例文件：ch07\7.15.html)

```
<!DOCTYPE html>
<html>
<head>
<title>图像像素化处理</title>
<script type="text/javascript" src="script.js"></script>
</head>
<body onload="draw('canvas');">
<h1>像素化处理</h1>
<canvas id="canvas" width="400" height="300"></canvas>
<script>
function draw(id){
    var canvas = document.getElementById(id);
    if(canvas==null){
        return false;
    }
    var context = canvas.getContext('2d');
    image = new Image();
    image.src = "01.jpg";
    image.onload=function(){
        context.drawImage(image,0,0);
        var imagedata = context.getImageData(0,0,image.width,image.height);
        for(var i=0,n=imagedata.data.length; i<n; i+=4){
            imagedata.data[i+0] = 255-imagedata.data[i+0];
            imagedata.data[i+1] = 255-imagedata.data[i+2];
            imagedata.data[i+2] = 255-imagedata.data[i+1];
        }
        context.putImageData(imagedata,0,0);
    };
}
</script>
</body>
</html>
```

在上面的代码中，使用 getImageData 方法获取一个 ImageData 对象，并包含相关的像素数组。在 for 循环中，对像素值重新赋值，最后使用 putImageData 将处理过的图像在画布上绘制出来。

浏览效果如图 7-15 所示，在页面上显示了一个图像，其图像明显经过像素化处理，显示得没有原来清晰。

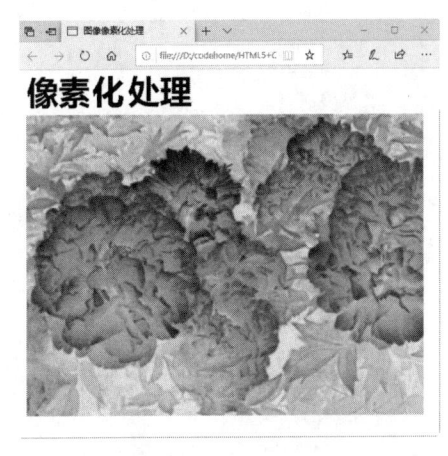

图 7-15 像素化处理

7.6 绘制文字

在画布中绘制字符串(文字)的方式，与操作其他路径对象的方式相同，可以描绘文本轮廓和填充文本内部，同时，所有能够应用于其他图形的变换和样式都能用于文本。

文本绘制功能由三个函数组成，如表 7-10 所示。

表 7-10 绘制文本的方法

方法	说明
fillText(text,x,y,maxwidth)	绘制带 fillStyle 填充的文字，拥有文本参数以及用于指定文本位置坐标的参数。maxwidth 是可选参数，用于限制字体大小，它会将文本字体强制收缩到指定尺寸
trokeText(text,x,y,maxwidth)	绘制只有 strokeStyle 边框的文字，其参数含义与上一个方法相同
measureText	会返回一个度量对象，包含在当前 context 环境下指定文本的实际显示宽度

为了保证文本在各浏览器下都能正常显示，在绘制上下文里有以下字体属性。

- font：可以是 CSS 字体规则中的任何值，包括字体样式、字体变种、字体大小与粗细、行高和字体名称。
- textAlign：控制文本的对齐方式。它类似于(但不完全等同于)CSS 中的 text-align，可能的取值为 start、end、left、right 和 center。
- textBaseline：控制文本相对于起点的位置，可以取值为 top、hanging、middle、alphabetic、ideographic 和 bottom。对于简单的英文字母，可以放心地使用 top、middle 或 bottom 作为文本基线。

实例 16 绘制文字(案例文件：ch07\7.16.html)

```
<!DOCTYPE html>
<html>
<head>
<title>Canvas</title>
</head>
<body>
<canvas id="my_canvas" width="200" height="200"
style="border:1px solid #ff0000">
</canvas>
<script type="text/javascript">
var elem = document.getElementById("my_canvas");
if (elem && elem.getContext) {
    var context = elem.getContext("2d");
    context.fillStyle = '#00f';
    //font: 文字字体，同CSSfont-family 属性
    context.font = 'italic 30px 微软雅黑';          //斜体，30 像素，微软雅黑字体
    //textAlign: 文字水平对齐方式
    //可取属性值: start、end、left、right、center。默认值:start
    context.textAlign = 'left';
    //文字竖直对齐方式
    //可取属性值: top、hanging、middle、alphabetic、ideographic、bottom
```

```
        //默认值：alphabetic
        context.textBaseline = 'top';
        //要输出的文字内容，文字位置坐标，第 4 个参数为可选项——最大宽度
        //如果需要的话，浏览器会缩减文字，以让它适应指定宽度
        context.fillText('生日快乐!', 0, 0,50);              //有填充
        context.font = 'bold 30px sans-serif';
        context.strokeText('生日快乐!', 0, 50,100);          //只有文字边框
    }
    </script>
</body>
</html>
```

浏览效果如图 7-16 所示，在页面上显示了一个画布边框，画布中显示了两个不同的字符串，第一个字符串以斜体显示，其颜色为蓝色；第二个字符串字体颜色为浅黑色，加粗显示。

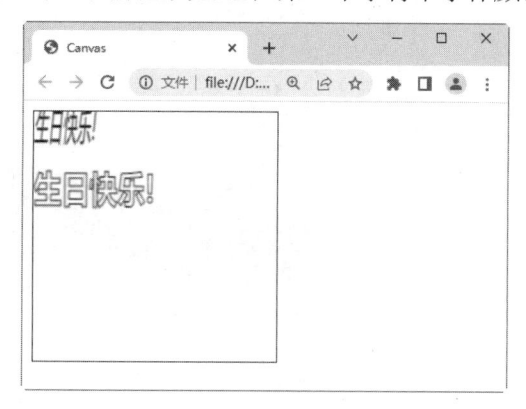

图 7-16 绘制文字

7.7 疑 难 解 惑

疑问 1：canvas 的宽度和高度是否可以在 CSS 属性中定义呢？

添加 canvas 标记的时候，会在 canvas 的属性里填写要初始化的 canvas 的高度和宽度：

```
<canvas width="500" height="400">Not Supported!</canvas>
```

如果把高度和宽度写在 CSS 中，则在绘图的时候获取的坐标会出现差异，canvas.width 和 canvas.height 分别是 300 和 150，与预期的不一样。这是因为 canvas 要求这两个属性必须随 canvas 标记一起出现。

疑问 2：画布中 Stroke 和 Fill 二者的区别是什么？

在 HTML 5 中，将图形分为两大类：第一类称作 Stroke，就是轮廓、勾勒或者线条，即图形是由线条组成的；第二类称作 Fill，就是填充区域。上下文对象中有两个绘制矩形的方法，可以让我们很好地理解这两大类图形的区别：一个是 strokeRect，另一个是 fillRect。

7.8 跟我学上机

上机练习 1：绘制火柴棒人

使用 canvas 和 JavaScript 的知识，绘制一个火柴棒人，效果如图 7-17 所示。

上机练习 2：绘制企业商标

综合所学绘制曲线的知识，绘制一个企业商标，效果如图 7-18 所示。

图 7-17　火柴棒人效果

图 7-18　绘制企业商标

第 8 章
CSS 3 概述与基本语法

一个美观大方、简约的页面以及高访问量的网站，是网页设计者的追求。然而，仅通过 HTML 5 来实现是非常困难的，HTML 语言仅仅定义了网页的结构，对于文本样式没有过多涉及。这就需要一种技术，对页面布局、字体、颜色、背景和其他图文效果的实现提供更加精确的控制，这种技术就是 CSS 3。

重点案例效果

8.1 CSS 3 概述

使用 CSS 3 最大的优势体现在后期维护中，如果一些外观样式需要修改，只需要修改相应的代码即可。

8.1.1 CSS 3 的功能

随着 Internet 的不断发展，对页面效果的诉求越来越强烈，只依赖 HTML 这种结构化标记来实现样式，已经不能满足网页设计者的需要。其表现有如下几个方面。

(1) 维护困难。为了修改某个特殊标记格式，需要花费很多时间，尤其对整个网站而言，后期修改和维护成本较高。

(2) 标记不足。HTML 本身的标记很少，很多标记都是为网页内容服务的，而关于内容样式的标记，例如文字间距、段落缩进等，很难在 HTML 中找到。

(3) 网页过于臃肿。由于没有统一对各种风格样式进行控制，HTML 页面往往体积过大，会占用很多宝贵的宽度。

(4) 定位困难。在整体布局页面时，HTML 对于各个模块的位置调整显得捉襟见肘，使用过多的 table 标记将会导致页面很复杂和后期维护困难。

在这种情况下，就需要寻找一种可以将结构化标记与丰富的页面表现相结合的技术，因此 CSS 样式技术就产生了。

CSS(Cascading Style Sheet)称为层叠样式表，也可以称为 CSS 样式表(或样式表)，其文件扩展名为.css。CSS 是用于增强或控制网页样式并允许将样式信息与网页内容分离的一种标记性语言。

引用样式表的目的是将"网页结构代码"和"网页样式风格代码"分离开，从而使网页设计者可以对网页布局进行更多的控制。利用样式表，可以将整个网站上的所有网页都指向某个 CSS 文件，然后设计者只需要修改 CSS 文件中的某一行，整个网站上对应的样式就会随之发生改变。

8.1.2 浏览器与 CSS 3

CSS 3 制定完成之后，具有很多新的功能，即新样式。但这些新样式在浏览器中不能获得完全支持，主要在于各个浏览器对 CSS 3 的很多细节处理上存在差异。例如，一种标记的某个属性一种浏览器支持，而另外一种浏览器却不支持，或者两种浏览器都支持，但其显示效果却不一样。

各主流浏览器开发者为了自己的利益和产品推广，定义了很多私有属性，以便加强页面显示样式和效果，导致现在每个浏览器都存在大量的私有属性。虽然使用私有属性可以快速构建效果，但是对网页设计者来说是一个很大的麻烦。设计一个页面时，就需要考虑在不同浏览器上显示的效果，一个不注意，就会导致同一个页面在不同浏览器上的显示效果不一致，甚至有的浏览器不同版本之间的显示效果也不一样。

如果所有浏览器都支持 CSS 3 样式，那么网页设计者只需要使用一种统一标记，就会在不同的浏览器上显示一样的样式效果。

将来当 CSS 3 被所有浏览器都接受和支持的时候，整个网页设计会变得非常容易，其布局会更加合理，样式会更加美观。虽然现在 CSS 3 还没有完全普及，各个浏览器对 CSS 3 的支持还处于发展阶段，但 CSS 3 是一个新的、发展潜力很高的技术，在样式修饰方面，是其他技术不可替代的。此时学习 CSS 3 技术，就能够保证技术不落伍。

8.1.3　CSS 3 的基础语法

CSS 3 样式表是由若干条样式规则组成的，这些规则可以应用到不同的元素或文档，来定义它们显示的外观。

每一条样式规则由三部分构成：选择符(selector)、属性(property)和属性值(value)，基本格式如下：

```
selector{property: value}
```

(1) selector：选择符可以采用多种形式，可以是文档中的 HTML 标记，例如<body>、<table>、<p>等，也可以是 XML 文档中的标记。

(2) property：该属性是选择符指定的标记所包含的属性。

(3) value：指定属性的值。如果定义选择符的多个属性，则属性和属性值为一组，组与组之间用分号(;)隔开。基本格式如下：

```
selector{property1: value1; property2: value2; ...}
```

例如，下面给出一条样式规则：

```
p{color: red}
```

该样式规则的选择符是 p，即为段落标记<p>提供样式，color 为文字颜色属性，red 为属性值。此样式表示标记<p>指定的段落文字为红色。

如果要为段落设置多种样式，可以使用如下语句：

```
p{font-family:"隶书"; color:red; font-size:40px; font-weight:bold}
```

8.1.4　CSS 3 的常用单位

CSS 3 中常用的单位包括颜色单位和长度单位两种，利用这些单位，可以完成网页元素的搭配与网页布局的设定，如网页图片颜色的搭配、网页表格长度的设定等。

1. 颜色单位

在 CSS 3 中，设置颜色的方法很多，有命名颜色、RGB 颜色、十六进制颜色、网络安全色。与以前的版本相比，CSS 3 新增了 HSL 色彩模式、HSLA 色彩模式、RGBA 色彩模式。

1) 命名颜色

在 CSS 3 中可以直接用英文单词命名颜色，这种方法的优点是简单、直接、容易掌握。CSS 3 规范推荐的颜色有 16 种，如表 8-1 所示。

表 8-1 CSS 推荐的颜色

颜色	名称	颜色	名称
aqua	水绿色	black	黑色
blue	蓝色	fuchsia	紫红色
gray	灰色	green	绿色
lime	浅绿色	maroon	褐色
navy	深蓝色	olive	橄榄色
purple	紫色	red	红色
silver	银色	teal	深青色
white	白色	yellow	黄色

这些颜色最初来源于基本的 Windows VGA 颜色，而且浏览器还可以识别这些颜色。例如，在 CSS 中定义字体颜色时，便可以直接使用这些颜色的名称：

```
p{color: red}
```

除了表 8-1 中的 16 种颜色外，还可以使用其他 CSS 预定义颜色。多数浏览器大约能够识别 140 多种颜色名(其中包括这 16 种颜色)，例如 orange、PaleGreen 等。

> 提示：在不同的浏览器中，命名颜色的方式也是不同的，即使使用了相同的颜色名，显示的颜色也有可能存在差异，所以，虽然每种浏览器都命名了大量的颜色，但是这些颜色大多数在其他浏览器上都不能识别，而真正通用的标准颜色只有 16 种。

2) RGB 颜色

如果要使用十进制数字表示颜色，则需要使用 RGB 颜色。用十进制数字表示颜色，最大值为 255，最小值为 0。要使用 RGB 颜色，必须使用 RGB(R,G,B)形式，其中 R、G、B 分别表示红、绿、蓝的十进制数值，通过这三个数值的变化结合，便可以形成不同的颜色。例如，RGB(255,0,0)表示红色，RGB(0,255,0)表示绿色，RGB(0,0,255)表示蓝色，RGB(0,0,0)表示黑色，RGB(255,255,255)表示白色。

在 CSS 中，RGB 设置方法比较简单，例如，为 P 标记设置颜色：

```
p{color: rgb(123,0,25)}
```

3) 十六进制颜色

除了 CSS 预定义的颜色外，设计者为了使页面色彩更加丰富，还可以使用十六进制颜色。十六进制颜色的基本格式为#RRGGBB，其中 R 表示红色，G 表示绿色，B 表示蓝色。而 RR、GG、BB 的最大值为 FF，表示十进制数中的 255，最小值为 00，表示十进制数中的 0。例如，#FF0000 表示红色，#00FF00 表示绿色，#0000FF 表示蓝色，#000000 表示黑色，#FFFFFF 表示白色，而其他颜色则分别是通过红、绿、蓝三种基本色的不同结合形成的。例如，#FFFF00 表示黄色，#FF00FF 表示紫红色。

对于浏览器不能识别的颜色名称，就可以使用所需颜色的十六进制值或 RGB 值表示。

表 8-2 列出了几种常见的预定义颜色的十六进制值和 RGB 值。

表8-2 颜色对照表

颜 色 名	十六进制值	RGB 值
红色	#FF0000	RGB(255,0,0)
橙色	#FF6600	RGB(255,102,0)
黄色	#FFFF00	RGB(255,255,0)
绿色	#00FF00	RGB(0,255,0)
蓝色	#0000FF	RGB(0,0,255)
紫色	#800080	RGB(128,0,128)
紫红色	#FF00FF	RGB(255,0,255)
水绿色	#00FFFF	RGB(0,255,255)
灰色	#808080	RGB(128,128,128)
褐色	#800000	RGB(128,0,0)
橄榄色	#808000	RGB(128,128,0)
深蓝色	#000080	RGB(0,0,128)
银色	#C0C0C0	RGB(192,192,192)
深青色	#008080	RGB(0,128,128)
白色	#FFFFFF	RGB(255,255,255)
黑色	#000000	RGB(0,0,0)

4) HSL 色彩模式

CSS 3 新增加了 HSL 颜色表现方式。HSL 色彩模式是业界的一种颜色标准，它通过对色调(H)、饱和度(S)、亮度(L)三个颜色通道的改变以及它们相互之间的叠加，来获得各种颜色。这个标准几乎包括人类视力可以感知的所有颜色，在屏幕上可以重现 16777216 种颜色，是目前应用最广的颜色模式之一。

在 CSS 3 中，HSL 色彩模式的语法格式如下：

```
hsl(<length>, <percentage1>, <percentage2>)
```

hsl()函数的三个参数如表 8-3 所示。

表 8-3 HSL 函数的参数

参数名称	说 明
length	表示色调(Hue)。Hue 衍生于色盘，取值可以为任意数值，其中 0(或 360，或-360)表示红色，60 表示黄色，120 表示绿色，180 表示青色，240 表示蓝色，300 表示洋红，当然也可以设置为其他数值，来确定不同的颜色
percentage1	表示饱和度(Saturation)，表示该色彩被使用了多少，即颜色的深浅程度和鲜艳程度。取值为 0%到 100%之间。其中 0%表示灰度，即没有使用该颜色；100%的饱和度最高，即颜色最鲜艳
percentage2	表示亮度(Lightness)。取值为 0%到 100%之间。其中 0%最暗，显示为黑色；50%表示均值；100%最亮，显示为白色

其使用示例如下：

```
p{color:hsl(0,80%,80%);}
p{color:hsl(80,80%,80%);}
```

5) HSLA 色彩模式

HSLA 也是 CSS 3 新增的颜色模式，HSLA 色彩模式是 HSL 色彩模式的扩展，在色相、饱和度、亮度三要素的基础上增加了不透明度参数。使用 HSLA 色彩模式，设计师能够更灵活地设计出不同的透明效果。其语法格式如下：

```
hsla(<length>, <percentage1>, <percentage2>, <opacity>)
```

其中，前 3 个参数与 hsl()函数的参数的意义和用法相同，第 4 个参数<opacity>表示不透明度，取值在 0 到 1 之间。

使用示例如下：

```
p{color:hsla(0,80%,80%,0.9);}
```

6) RGBA 色彩模式

RGBA 也是 CSS 3 新增的颜色模式，RGBA 色彩模式是 RGB 色彩模式的扩展，在红、绿、蓝三原色的基础上增加了不透明度参数。其语法格式如下：

```
rgba(r, g, b, <opacity>)
```

其中，r、g、b 分别表示红色、绿色和蓝色三种原色所占的比重。r、g、b 的值可以是正整数或者百分数，正整数的取值范围为 0~255，百分数的取值范围为 0.0%~100.0%，超出范围的数值将被截至其最接近的取值极限。注意，并非所有浏览器都支持使用百分数值。第 4 个参数<opacity>表示不透明度，取值在 0 到 1 之间。

使用示例如下：

```
p{color:rgba(0,23,123,0.9);}
```

7) 网络安全色

网络安全色由 216 种颜色组成，其在任何操作系统和浏览器中都是相对稳定的，也就是说，显示的颜色是相同的，因此，这 216 种颜色被称为"网络安全色"。这 216 种颜色都是由红、绿、蓝三种基本色从 0、51、102、153、204、255 这 6 个数值中取值组成的。

2. 长度单位

为保证页面元素能够在浏览器中完全显示，又要布局合理，就需要设置元素间的间距以及元素本身的边界等，这都离不开长度单位。在 CSS 3 中，长度单位可以被分为两类：绝对单位和相对单位。

1) 绝对单位

绝对单位用于设置绝对位置。主要有下列五种绝对单位。

(1) 英寸(in)

对于中国设计者而言，英寸使用得比较少，它主要是国外常用的量度单位。1 英寸等于 2.54 厘米，而 1 厘米等于 0.394 英寸。

(2) 厘米(cm)

厘米是常用的长度单位，可以用来设定距离比较大的页面元素框。

(3) 毫米(mm)

毫米可以用来比较精确地设定页面元素距离或大小。10 毫米等于 1 厘米。

(4) 磅(pt)

磅一般用来设定文字的大小。它是标准的印刷量度。72 磅等于 1 英寸，即 2.54 厘米。

另外，英寸、厘米和毫米也可以用来设定文字的大小。

(5) pica(pc)

pica 是另一种印刷量度。1pica 等于 12 磅，该单位也不常用。

2) 相对单位

相对单位是指在量度时需要参照其他页面元素的单位值。使用相对单位所量度的实际距离可能会随着这些单位值的改变而改变。CSS 3 提供了三种相对单位：em、ex 和 px。

(1) em

在 CSS 3 中，em 的值总是随着字体大小的变化而变化的。例如，分别设定页面元素 h1、h2 和 p 的字体大小为 20pt、15pt 和 10pt，各元素的左边距为 1em，样式规则如下：

```
h1{font-size:20pt}
h2{font-size:15pt}
p{font-size:10pt}
h1,h2,p{margin-left:1em}
```

对于 h1，1em 等于 20pt；对于 h2，1em 等于 15pt；对于 p，1em 等于 10pt，em 的值会随着相应元素字体大小的变化而变化。

另外，em 的值有时还相对于其上级元素的字体大小而变化。例如，若上级元素字体大小为 20pt，设定其子元素字体大小为 0.5em，则子元素显示出的字体大小为 10pt。

(2) ex

ex 以给定字体的小写字母"x"的高度为基准，对于不同的字体来说，小写字母"x"的高度是不同的，所有 ex 单位的基准也不同。

(3) px

px 代表像素，这是目前使用最为广泛的一种单位，1 像素也就是屏幕上的一个小方格，通常是看不出来的。由于显示器屏幕的大小不同，所以它的每个小方格大小是有差异的，所以像素单位的标准也都不同。在 CSS 3 的规范中，假设 90px=1 英寸，但是在通常的情况下，浏览器都会以显示器的像素值为标准。

8.2 在 HTML 5 中使用 CSS 3 的方法

CSS 3 样式表能很好地控制页面显示，并可以达到分离网页内容和样式代码的目的。使用 CSS 3 样式表可使 HTML 5 页面实现良好的样式效果，其方式通常包括行内样式、内嵌样式、链接样式和导入样式。

8.2.1 行内样式

行内样式是所有样式中比较简单、直观的方法，就是直接把 CSS 代码添加到 HTML 5 的标记中，即作为 HTML 5 标记的属性标记。通过这种方法，可以很简单地对某个元素单独定义样式。

使用行内样式的具体方法是直接在 HTML 5 标记中使用 style 属性，该属性的内容就是 CSS 3 的属性和值，例如：

```
<p style="color:red">段落样式</p>
```

实例 1 使用行内样式(案例文件：ch08\8.1.html)

```
<!DOCTYPE html>
<html>
<head>
<title>行内样式</title>
</head>
<body>
<p style="color:red;font-size:20px;text-decoration:underline;
  text-align:center">此段落使用行内样式修饰</p>
<p style="color:blue;font-style:italic">群山万壑赴荆门，生长明妃尚有村。一去紫台连朔漠，独留青冢向黄昏。画图省识春风面，环佩空归夜月魂。千载琵琶作胡语，分明怨恨曲中论。</p>
</body>
</html>
```

浏览效果如图 8-1 所示，可以看到两个 p 标记中都使用了 style 属性，并且设置了 CSS 样式，各个样式之间互不影响，分别显示各自的样式效果。第一个段落设置红色字体，居中显示，带有下划线。第二个段落为蓝色字体，以斜体显示。

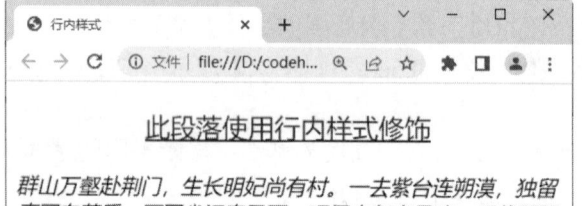

图 8-1 行内样式的显示效果

> **注意**　尽管行内样式很简单，但这种方法不常用，因为这样添加样式无法完全发挥样式表"内容结构与样式控制代码"分离的优势。而且这种方式也不利于样式的重用，如果需要为每一个标记都设置 style 属性，后期维护成本高，网页容易体积过大，故不推荐使用。

8.2.2 内嵌样式

内嵌样式就是将 CSS 样式代码添加到<head>与</head>之间，并且用<style>和</style>标记进行声明。这种写法虽然没有实现页面内容和样式控制代码完全分离，但可以设置一些比较简单的样式，并统一页面样式。其格式如下：

```
<head>
<style type="text/css">
```

```
p{
    color:red;
    font-size:12px;
}
</style>
</head>
```

有些较低版本的浏览器不能识别<style>标记，因而页面不能正确地显示样式，而是直接将标记中的内容以文本的形式显示。为了解决此类问题，可以使用 HMTL 注释将标记中的内容隐藏。如果浏览器能够识别<style>标记，则标记内被注释的 CSS 样式定义代码依旧能够发挥作用。

例如：

```
<head>
<style type="text/css" >
<!--
p{
    color:red;
    font-size:12px;
}
-->
</style>
</head>
```

实例2 使用内嵌样式(案例文件：ch08\8.2.html)

```
<!DOCTYPE html>
<html>
<head>
<title>内嵌样式</title>
<style type="text/css">
p{
    color:orange;
    text-align:center;
    font-weight:bolder;
    font-size:25px;
}
</style>
</head><body>
<p>此段落使用内嵌样式修饰</p>
<p>故人具鸡黍，邀我至田家。绿树村边合，青山郭外斜。开轩面场圃，把酒话桑麻。待到重阳日，还来就菊花。</p>
</body>
</html>
```

浏览效果如图 8-2 所示，可以看到，两个 p 标记中的内容都被 CSS 样式修饰了，其样式保持一致，段落内容居中、加粗并以橙色字体显示。

> **注意** 上面例子中的所有 CSS 编码都在 style 标记中，方便了后期维护，页面与行内样式相比大大瘦身了。但如果一个网站拥有很多页面，对于不同页面 p 标记都希望采用同样风格时，内嵌方式就显得有点麻烦。这种方法只适用于为特殊页面设置单独的样式风格。

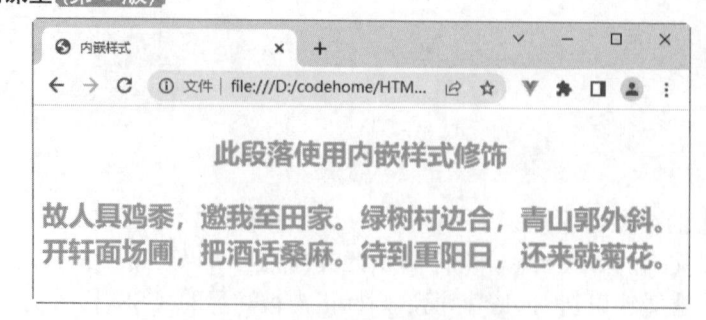

图 8-2 内嵌样式的显示效果

8.2.3 链接样式

链接样式是 CSS 中使用频率最高，也是最实用的方法，它很好地将"页面内容"和"样式风格代码"分离成两个或多个文件，实现了页面框架 HTML 5 代码和 CSS 3 代码的完全分离，使前期制作和后期维护都十分方便。

链接样式是指在外部定义 CSS 样式表并形成以.css 为扩展名的文件，然后在页面中通过 <link> 链接标记链接到页面中，而且该链接语句必须放在页面的 <head> 标记区，代码如下：

```
<link rel="stylesheet" type="text/css" href="1.css" />
```

(1) rel：指定链接到样式表，其值为 stylesheet。
(2) type：表示样式表类型为 CSS 样式表。
(3) href：指定 CSS 样式表所在的位置，此处表示当前路径下名称为 1.css 的文件。

这里使用的是相对路径。如果 HTML 文档与 CSS 样式表不在同一路径下，则需要指定样式表的绝对路径或引用位置。

实例 3 使用链接样式(案例文件：ch08\8.3.html)

```
<!DOCTYPE html>
<html>
<head>
<title>链接样式</title>
<link rel="stylesheet" type="text/css" href="8.3.css" />
</head>
<body>
<h1>CSS3 的学习</h1>
<p>荆溪白石出，天寒红叶稀。山路元无雨，空翠湿人衣。</p>
</body>
</html>
```

CSS(ch08\8.3.css)代码如下：

```
h1{text-align:center;}
p{font-weight:29px;text-align:center;font-style:italic;}
```

浏览效果如图 8-3 所示，标题和段落内容以不同的样式显示，标题居中显示，段落内容以斜体居中显示。

链接样式最大的优势就是将 CSS 3 代码和 HTML 5 代码完全分离，并且同一个 CSS 文件能被不同的 HTML 文件链接。

图 8-3 链接样式的显示效果

> **提示**：在设计整个网站时，可以将所有页面链接到同一个 CSS 文件，使用相同的样式风格。这样，如果整个网站需要修改样式，只修改 CSS 文件即可。

8.2.4 导入样式

导入样式与链接样式基本相同，都是创建一个单独的 CSS 文件，然后再引入到 HTML 5 文件中，只不过语法和运作方式有差别。采用导入样式的样式表，在 HTML 5 文件初始化时，会被导入 HTML 5 文件内，作为文件的一部分，类似于内嵌效果。而链接样式是在 HTML 标记需要样式风格时才以链接方式引入。

导入外部样式表是指在内部样式表的<style>标记中，使用@import 导入一个外部样式表，例如：

```
<head>
 <style type="text/css" >
 <!--
 @import "1.css"
 -->
 </style>
</head>
```

导入外部样式表，相当于将样式表导入内部样式表中，其方式更有优势。导入外部样式表必须在样式表的开始部分，其他内部样式表的上面。

实例 4 导入样式(案例文件：ch08\8.4.html)

```
<!DOCTYPE html>
<html>
<head>
<title>导入样式</title>
<style>
@import "8.4.css"
</style>
</head>
<body>
<h1>江雪</h1>
<p>千山鸟飞绝，万径人踪灭。孤舟蓑笠翁，独钓寒江雪。</p>
</body>
</html>
```

示例文件 ch08\8.4.css：

```
h1{text-align:center;color:#0000ff}
p{font-weight:bolder;text-decoration:underline;font-size:20px;}
```

浏览效果如图 8-4 所示，标题和段落以不同的样式显示，标题居中显示，颜色为蓝色，段落内容大小为 20px 并加粗显示。

图 8-4　导入样式的显示效果

导入样式与链接样式相比，最大的优点就是可以一次导入多个 CSS 文件，例如：

```
<style>
@import "8.4.css"
@import "test.css"
</style>
```

8.2.5　优先级问题

如果同一个页面采用了多种 CSS 使用方式，例如行内样式、链接样式和内嵌样式，当这几种样式作用于同一个标记时，就会出现优先级问题，即究竟哪种样式设置会有效果。例如，内嵌样式设置字体为宋体，链接样式设置字体颜色为红色，那么二者会同时生效；假如都设置字体颜色，情况就比较复杂。

1. 行内样式和内嵌样式的比较

例如，有这样一种情况：

```
<style>
.p{color:red}
</style>
<p style="color:blue">段落应用样式</p>
```

在样式定义中，段落标记<p>匹配了两种样式规则，一种使用内部样式定义颜色为红色，一种使用行内样式定义颜色为蓝色。但是，标记内容最终会以哪一种样式显示呢？

实例5　行内样式和内嵌样式的比较(案例文件：ch08\8.5.html)

```
<!DOCTYPE html>
<html>
<head>
<title>优先级比较</title>
<style>
p{color:red}
</style>
```

```
</head>
<body>
<p style="color:blue">解落三秋叶，能开二月花。过江千尺浪，入竹万竿斜。</p>
</body>
</html>
```

浏览效果如图 8-5 所示，段落内容以蓝色字体显示，由此可知，行内样式的优先级大于内嵌样式的优先级。

图 8-5 行内样式和内嵌样式的比较

2. 内嵌样式和链接样式的比较

以相同的例子测试内嵌样式和链接样式的优先级，将设置颜色样式的代码单独放在一个 CSS 文件中，使用链接样式引入。

实例 6 内嵌样式和链接样式的比较(案例文件：ch08\8.6.html)

```
<!DOCTYPE html>
<html>
<head>
<title>优先级比较</title>
<link href="8.6.css" type="text/css" rel="stylesheet">
<style>
p{color:red}
</style>
</head>
<body>
<p>远上寒山石径斜，白云深处有人家。停车坐爱枫林晚，霜叶红于二月花。</p>
</body>
</html>
```

示例文件 ch08\8.6.css：

```
p{color:yellow}
```

浏览效果如图 8-6 所示，段落以红色字体显示。

图 8-6 内嵌样式和链接样式的比较

从上面的代码中可以看出，内嵌样式和链接样式同时对段落内容修饰时，段落内容显示红色字体。由此可知，内嵌样式的优先级大于链接样式的优先级。

3. 链接样式和导入样式的比较

现在进行链接样式和导入样式测试，将分别创建两个 CSS 文件，一个用于链接，一个用于导入。

实例 7 链接样式和导入样式的比较(案例文件：ch08\8.7.html)

```html
<!DOCTYPE html>
<html>
<head>
<title>优先级比较</title>
<style>
@import "8.7.2.css"
</style>
<link href="8.7.1.css" type="text/css" rel="stylesheet">
</head>
<body>
<p>尚有绨袍赠，应怜范叔寒。不知天下士，犹作布衣看。</p>
</body>
</html>
```

示例文件 ch08\8.7.1.css：

```
p{color:green}
```

示例文件 ch08\8.7.2.css：

```
p{color:purple}
```

浏览效果如图 8-7 所示，段落内容以绿色显示。结果从中可以看出，链接样式的优先级大于导入样式的优先级。

图 8-7　链接样式和导入样式的比较

8.3　CSS 3 的常用选择器

选择器(Selector)也被称为选择符，HTML 5 语言中的所有标记都是通过不同的 CSS 3 选择器进行控制的。选择器不只是 HMTL 5 文档中的元素标记，它还可以是类、ID 或者元素的某种状态。根据 CSS 选择符的用途，可以把选择器分为标签选择器、类选择器、全局选择器、ID 选择器和伪类选择器等。

8.3.1　标签选择器

HTML 5 文档是由多个不同标记组成的，而 CSS 3 选择器则用于声明哪些标记采用样式。例如，p 选择器用于声明页面中所有<p>标记的样式风格。同样，也可以通过 h1 选择器来声明页面中所有<h1>标记的 CSS 风格。

标签选择器最基本的形式如下：

```
tagName{property: value}
```

> 提示：tagName 表示标记名称，例如 p、h1 等 HTML 标记；property 表示 CSS 3 的属性；value 表示 CSS 3 的属性值。

实例 8 使用标签选择器(案例文件：ch08\8.8.html)

```
<!DOCTYPE html>
<html>
<head>
<title>标签选择器</title>
<style>
p{color:blue;font-size:20px;}
</style>
</head>
<body>
<p>枯藤老树昏鸦，小桥流水人家，古道西风瘦马。夕阳西下，断肠人在天涯。</p>
</body>
</html>
```

浏览效果如图 8-8 所示，可以看到段落以蓝色字体显示，大小为 20px。

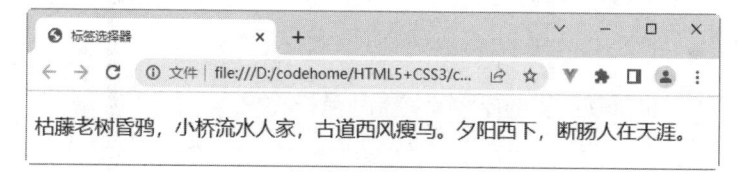

图 8-8 标签选择器的显示效果

如果在后期维护中需要调整段落颜色，只需要修改 color 属性值即可。

> 提示：CSS 3 语言对于所有属性和值都有相对严格的要求，如果声明的属性在 CSS 3 规范中没有，或者某个属性值不符合属性要求，都不能使 CSS 语句生效。

8.3.2 类选择器

类选择器用于为一系列标记定义相同的呈现方式，常用的语法格式如下：

```
.classValue{property: value}
```

classValue 是类选择器的名称，具体名称由 CSS 编写者自己命名。

实例 9 使用类选择器(案例文件：ch08\8.9.html)

```
<!DOCTYPE html>
<html>
```

```
<head>
<title>类选择器</title>
<style>
.aa{
   color:blue;
   font-size:20px;
}
.bb{
   color:red;
   font-size:22px;
}
</style>
</head>
<body>
<h3 class="bb">学习类选择器</h3>
<p class="aa">此处使用类选择器 aa 控制段落样式</p>
<p class="bb">此处使用类选择器 bb 控制段落样式</p>
</body>
</html>
```

浏览效果如图 8-9 所示，可以看到第一个段落以蓝色字体显示，大小为 20px；第二段落以红色字体显示，大小为 22px；标题同样以红色字体显示，大小为 22px。

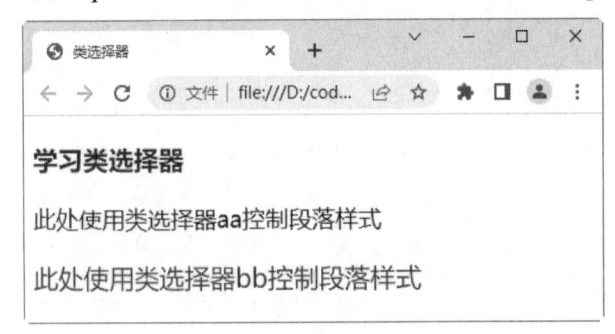

图 8-9　类选择器的显示效果

8.3.3　ID 选择器

ID 选择器与类选择器类似，都是针对特定属性的属性值进行匹配的。ID 选择器定义的是某一个特定的 HTML 元素，一个网页文件中只能有一个元素使用某一个 ID 的属性值。

定义 ID 选择器的基本语法格式如下：

```
#idValue{property: value}
```

在上述语法格式中，idValue 是 ID 选择器的名称，可以由 CSS 编写者自己命名。

实例 10　使用 ID 选择器(案例文件：ch08\8.10.html)

```
<!DOCTYPE html>
<html>
<head>
<title>ID 选择器</title>
<style>
#fontstyle{
   color:blue;
```

```
        font-weight:bold;
}
#textstyle{
    color:red;
    font-size:22px;
}
</style>
</head>
<body>
<h3 id=textstyle>学习 ID 选择器</h3>
<p id=textstyle>此处使用 ID 选择器 aa 控制段落样式</p>
<p id=fontstyle>此处使用 ID 选择器 bb 控制段落样式</p>
</body>
</html>
```

浏览效果如图 8-10 所示，可以看到，第一个段落以红色字体显示，大小为 22px；第二个段落以蓝色字体显示，大小为 16px；标题同样以红色字体显示，大小为 22px。

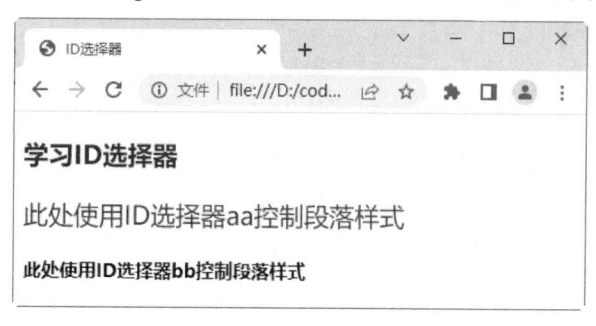

图 8-10 ID 选择器的显示效果

8.3.4 全局选择器

如果想让一个页面中所有的 HTML 标记使用同一种样式，可以使用全局选择器。顾名思义，全局选择器就是对所有 HTML 元素起作用。其语法格式如下：

```
*{property: value}
```

其中，"*"表示对所有元素起作用，property 表示 CSS 3 属性名称，value 表示属性值。使用示例如下：

```
*{margin:0; padding:0;}
```

实例 11 使用全局选择器(案例文件：ch08\8.11.html)

```
<!DOCTYPE html>
<html>
<head>
<title>全局选择器</title>
<style>
*{
    color:red;
    font-size:30px
}
</style>
</head>
```

```
<body>
<p>使用全局选择器修饰</p>
<p>第一段</p>
<h1>第一段标题</h1>
</body>
</html>
```

浏览效果如图 8-11 所示，可以看到，两个段落和标题都是以红色字体显示，大小为 30px。

8.3.5 组合选择器

将多种选择器进行搭配，可以构成一种复合选择器，也称为组合选择器。组合选择器只是一种组合形式，并不算是一种真正的选择器，但在实际中经常使用。使用示例如下：

```
.orderlist li {xxxx}
.tableset td {}
```

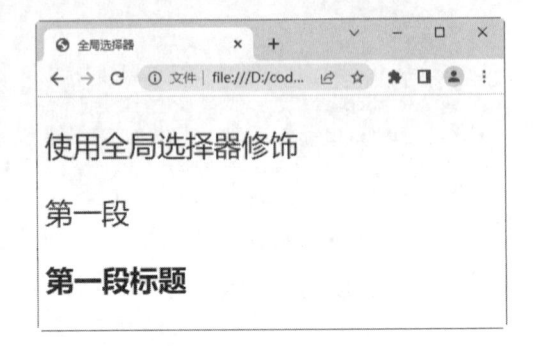

图 8-11 使用全局选择器

组合选择器一般用在重复出现并且样式相同的一些标签里，例如 li 列表、td 单元格和 dd 自定义列表等。例如：

```
h1.red {color: red}
<h1 class="red">something</h1>
```

实例 12 使用组合选择器(案例文件：ch08\8.12.html)

```
<!DOCTYPE html>
<html>
<head>
<title>组合选择器</title>
<style>
p{
    color:red
}
p.firstPar{
    color:blue
}
.firstPar{
    color:green
}
</style>
</head>
<body>
<p>这是普通段落</p>
<p class="firstPar">此处使用组合选择器</p>
<h1 class="firstPar">我是一个标题</h1>
</body>
</html>
```

浏览效果如图 8-12 所示，可以看到第一个段落颜色为红色，采用的是 p 标签选择器；第二个段落颜色为蓝色，采用的是 p 和类选择器二者组合的选择器；标题 h1 以绿色字体显示，采用的是类选择器。

图 8-12　组合选择器的显示效果

8.3.6　继承选择器

继承选择器的规则是，子标记在没有定义的情况下所有的样式继承父标记，若子标记重复定义了父标记已经定义过的声明，子标记就执行后面的声明；而与父标记不冲突的地方仍然沿用父标记的声明。CSS 的继承是指子元素继承父元素的某些属性。

使用示例如下：

```
<div class="test">
    <span><img src="xxx" alt="示例图片"/></span>
</div>
```

对于上面的层而言，如果其修饰样式为如下代码：

```
.test span img {border:1px blue solid;}
```

则表示该选择器先找到 class 为 test 的标记，然后从它的子标记里查找 span 标记，再从 span 的子标记中找到 img 标记。也可以采用下面的形式：

```
div span img {border:1px blue solid;}
```

可以看出，其规律是从左往右，依次细化，最后锁定要控制的标记。

实例 13　使用继承选择器(案例文件：ch08\8.13.html)

```
<!DOCTYPE html>
<html>
<head>
<title>继承选择器</title>
<style type="text/css">
h1{color:red; text-decoration:underline;}
h1 strong{color:#004400; font-size:40px;}
</style>
</head>
<body>
<h1>测试 CSS 的<strong>继承</strong>效果</h1>
<h1>此处使用继承<font>选择器</font>了么? </h1>
</body>
</html>
```

浏览效果如图 8-13 所示，可以看到，第一个段落颜色为红色，但是"继承"两个字使用绿色显示，并且大小为 40px，除了这两个设置外，其他的 CSS 样式都是继承父标记<h1>的样式，例如下划线设置。第二个标题中，虽然使用了 font 标记修饰选择器，但其样式都是继承于父类标记 h1。

8.3.7 伪类选择器

伪类选择器也是选择器的一种，伪类选择符定义的样式常应用在标记<a>上，表示链接的 4 种不同状态：未访问链接(:link)、已访问链接(:visited)、激活链接(:active)和鼠标停留在链接上(:hover)。

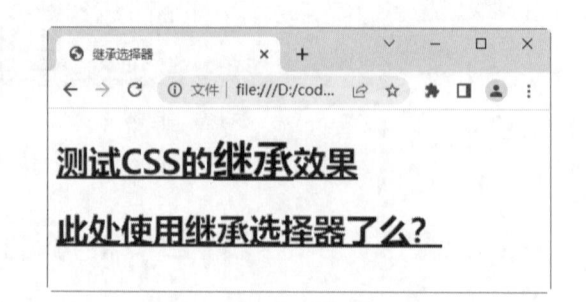

图 8-13 继承选择器显示效果

> **注意** 标记<a>可以只具有一种状态(:link)，或同时具有两种或者三种状态。例如，任何一个有 href 属性的 a 标记，在未进行任何操作时，就已经具备了 :link 的条件，也就是满足有链接属性这个条件；如果是访问过的 a 标记，同时会具备:link、:visited 两种状态。把鼠标移到访问过的 a 标记上的时候，a 标记就同时具备了:link、:visited、:hover 三种状态。

使用示例如下：

```
a:link{color:#FF0000; text-decoration:none}
a:visited{color:#00FF00; text-decoration:none}
a:hover{color:#0000FF; text-decoration:underline}
a:active{color:#FF00FF; text-decoration:underline}
```

> **提示** 上面的样式表示该链接未访问时颜色为红色且无下划线，访问后是绿色且无下划线，激活链接时为蓝色且有下划线，鼠标停留在链接上时为紫色且有下划线。

实例 14 使用伪类选择器(案例文件：ch08\8.14.html)

```html
<!DOCTYPE html>
<html>
<head>
<title>伪类</title>
<style>
a:link {color:red}        /* 未访问的链接 */
a:visited {color:green}   /* 已访问的链接 */
a:hover {color:blue}      /* 鼠标停留在链接上 */
a:active {color:orange}   /* 激活的链接 */
</style>
</head>
<body>
<a href="">链接到本页</a>
<a href="http://www.sohu.com">搜狐</a>
</body>
</html>
```

第 8 章　CSS 3 概述与基本语法

浏览效果如图 8-14 所示，可以看到两个超级链接，第一个超级链接是鼠标停留在上方时，显示颜色为蓝色，另一个是访问过后，显示颜色为绿色。

图 8-14　伪类选择器显示效果

8.4　选择器声明

使用 CSS 3 选择器可以控制 HTML 5 标记的样式，每个选择器可以一次声明多个属性，即创建多个 CSS 属性来修饰 HTML 标记。实际上，也可以声明多个选择器，并且任何形式的选择器(如标记选择器、class 类选择器、ID 选择器等)都是合法的。

8.4.1　集体声明

在一个页面中，有时需要不同种类标记的样式保持一致，例如若需要使 p 标记和 h1 字体保持一致，可以为 p 标记和 h1 标记使用类选择器。除了这个方法之外，还可以使用集体声明方法。集体声明就是在声明各种 CSS 选择器时，如果某些选择器的风格是完全相同的或者部分相同，可以将风格相同的 CSS 选择器同时声明。

实例 15　使用集体声明(案例文件：ch08\8.15.html)

```html
<!DOCTYPE html>
<html>
<head>
<title>集体声明</title>
<style type="text/css">
h1,h2,p{
    color:red;
    font-size:20px;
    font-weight:bolder;
}
</style>
</head>
<body>
<h1>此处使用集体声明</h1>
<h2>此处使用集体声明</h2>
<p>此处使用集体声明</p>
</body>
</html>
```

浏览效果如图 8-15 所示，可以看到，标题 1、标题 2 和段落都以红色字体加粗显示，并且大小为 20px。

图 8-15 集体声明的显示效果

8.4.2 多重嵌套声明

在用 CSS 3 控制 HTML 5 标记样式时，还可以使用层层递进的方式，即嵌套方式(或称组合方式)，对指定位置的 HTML 标记进行修饰。例如，当<p>与</p>之间包含<a></a>标记时，就可以使用这种方式对 HMTL 标记进行修饰。

实例 16 使用多重嵌套声明(案例文件：ch08\8.16.html)

```
<!DOCTYPE html>
<html>
<head>
<title>多重嵌套声明</title>
<style>
p{font-size:20px;}
p a{color:red;font-size:30px;font-weight:bolder;}
</style>
</head>
<body>
<p>头上红冠不用裁，满身雪白走将来。平生不敢轻言语，一叫千门万户开。<a href="">画鸡</a></p>
</body>
</html>
```

浏览效果如图 8-16 所示，可以看到，在段落中，超链接显示为红色字体，大小为 30px，其原因是使用了嵌套声明。

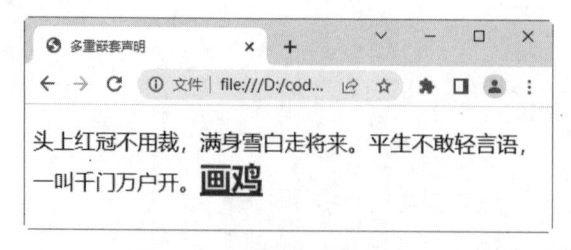

图 8-16 多重嵌套声明的显示效果

8.5 疑难解惑

疑问 1：CSS 定义的字体在不同的浏览器中大小为何不一样？

例如，使用 font-size:14px;定义的宋体文字，在 IE 中实际高是 16px，下空 3px，而在

Firefox 浏览器中实际高是 17px、上空 1px、下空 3px。解决办法是在定义文字时设定 line-height 值，并确保所有文字都有默认的 line-height 值。

疑问 2：在网页制作中，一般有 4 种使用 CSS 的方式，那么具体在使用时，该采用哪种方式呢？

当有多个网页要用到 CSS 时，可以采用外连 CSS 文件的方式，这样网页的代码会大大减少，修改起来也非常方便；单个网页中使用的 CSS 可以采用文档头部内嵌方式；而一个网页中一两个地方用到的 CSS 可以采用行内插入方式。

疑问 3：CSS 的行内样式、内嵌样式和链接样式可以在一个网页中混用吗？

三种用法可以混用，且不会造成混乱。这就是为什么称为"层叠样式表"的原因。浏览器在显示网页时是这样处理的：先检查有没有行内插入式 CSS，有就执行，而针对本句的其他 CSS 不再理会；其次检查有没有内嵌方式的 CSS，有就执行；在前两者都没有的情况下，再检查外连文件方式的 CSS。因此可以看出，三种 CSS 的执行优先级是：行内样式>内嵌样式>链接样式。

8.6　跟我学上机

上机练习 1：制作炫彩网站 Logo

结合前面学习的 CSS 知识，给网页中的文字设置不同的字体样式，从而制作炫彩的网站 Logo。程序运行结果如图 8-17 所示。

图 8-17　炫彩网站 Logo 效果

上机练习 2：设计一个在线商城的酒类爆款推荐页面

结合所学知识，为在线商城设计酒类爆款推荐页面。程序运行结果如图 8-18 所示。

图 8-18 设计酒类爆款推荐页面

第 9 章

使用 CSS 3 美化网页字体与段落

常见的网站、博客是用文字或图片来展示内容的，其中文字是传递信息的主要手段。而美观大方的网站或者博客，需要使用 CSS 样式来修饰。

设置文本样式是 CSS 技术的基本功能，通过 CSS 文本标记语言可以设置文本的样式和粗细等。

重点案例效果

9.1 美化网页文字

在 HTML 中，CSS 字体属性用于定义文字的字体、大小、粗细等。常见的字体属性包括字体、字号、字体风格、字体颜色等。

9.1.1 设置文字的字体

font-family 属性用于指定文字的字体类型，例如宋体、黑体、隶书、Times New Roman 等，即在网页中展示不同的字体形状。具体的语法格式如下：

```
{font-family: name}
{font-family: cursive | fantasy | monospace | serif | sans-serif}
```

从语法格式上可以看出，font-family 有两种声明方式。第一种方式是使用字体名称 name，按优先顺序排列，以逗号隔开，如果字体名称包含空格，则应用引号括起，在 CSS 3 中，比较常用的是这种声明方式。第二种声明方式是使用所列出的字体序列名称。如果使用 fantasy 序列，将提供默认字体序列。

实例 1 设置文字的字体(案例文件：ch09\9.1.html)

```
<!DOCTYPE html>
<html>
<head>
<style type=text/css>
p{font-family:黑体}
</style>
</head>
<body>
<p align=center>天行健，君子以自强不息。</p>
</body>
</html>
```

浏览效果如图 9-1 所示，可以看到，文字居中，并以黑体显示。

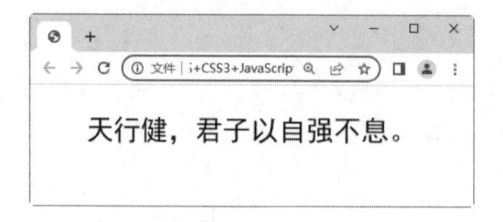

图 9-1 设置文字的字体效果

在设计页面时，一定要考虑字体的显示问题，为了保证页面达到预期的效果，最好提供多种字体类型，而且最后一个最好是基本的字体类型。

其样式设置如下：

```
p{font-family:华文彩云,黑体,宋体}
```

当 font-family 属性值中的字体类型由多个字符串和空格组成时，例如 Times New

Roman，那么，该值就需要用双引号引起来：

```
p{font-family: "Times New Roman"}
```

9.1.2 设置文字的字号

在 CSS 3 的规定中，通常使用 font-size 来设置文字大小。其语法格式如下：

```
{font-size: 数值 | inherit | xx-small | x-small | small | medium | large
| x-large | xx-large | larger | smaller | length}
```

其中，通过数值来定义字体大小，例如用 font-size:12px 的方式定义字体大小为 12 个像素。另外，还可以通过 medium 之类的参数定义字体的大小。

实例 2 设置文字的字号(案例文件：ch09\9.2.html)

```
<!DOCTYPE html>
<html>
<body>
<div style="font-size:10pt">停车坐爱枫林晚，霜叶红于二月花。
    <p style="font-size:small">停车坐爱枫林晚，霜叶红于二月花。</p>
    <p style="font-size:larger">停车坐爱枫林晚，霜叶红于二月花。</p>
    <p style="font-size:x-small">停车坐爱枫林晚，霜叶红于二月花。</p>
    <p style="font-size:x-larger">停车坐爱枫林晚，霜叶红于二月花。</p>
    <p style="font-size:50%">停车坐爱枫林晚，霜叶红于二月花。</p>
    <p style="font-size:25pt">停车坐爱枫林晚，霜叶红于二月花。</p>
</div>
</body>
</html>
```

浏览效果如图 9-2 所示，可以看到网页中的文字被设置成不同的大小，其设置方式采用了绝对数值、关键字和百分比等形式。

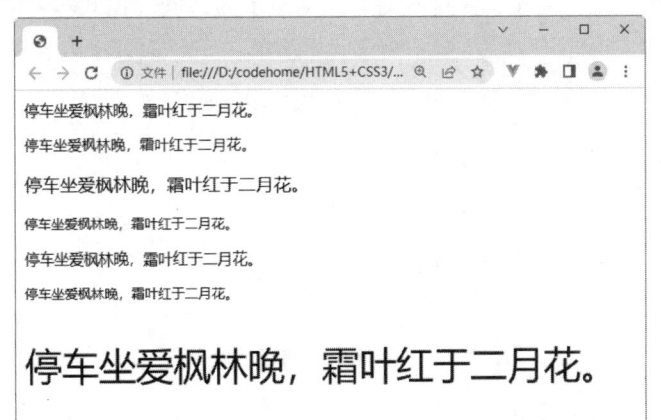

图 9-2 字体大小显示效果

在上面的例子中，font-size 字体大小为 50%时，其比较对象是上一级标记中的 10pt。同样我们还可以使用 inherit 参数，直接继承上级标记的字体大小。例如：

```
<div style="font-size:50pt">上级标记
    <p style="font-size: inherit">继承</p>
</div>
```

9.1.3 设置字体风格

font-style 通常用来定义字体风格，即字体的显示样式。CSS 3 的语法格式如下：

```
font-style: normal | italic | oblique | inherit
```

其属性值有 4 个，具体含义如表 9-1 所示。

表 9-1 font-style 属性

属 性 值	含 义
normal	默认值。显示标准的字体样式
italic	显示斜体的字体样式
oblique	显示倾斜的字体样式
inherit	从父元素继承字体样式

实例 3 设置字体风格(案例文件：ch09\9.3.html)

```
<!DOCTYPE html>
<html>
<body>
    <p style="font-style:italic">梅花香自苦寒来</p>
    <p style="font-style:normal">梅花香自苦寒来</p>
    <p style="font-style:oblique">梅花香自苦寒来</p>
</body>
</html>
```

浏览效果如图 9-3 所示，可以看到，文字分别显示为不同的样式。

图 9-3 字体风格的显示效果

9.1.4 设置字体的粗细

通过 CSS 3 中的 font-weight 属性，可以定义字体的粗细程度，其语法格式如下：

```
font-weight: 100-900 | bold | bolder | lighter | normal;
```

font-weight 属性有多个有效值，分别是 bold、bolder、lighter、normal、100~900 等。如果

没有设置该属性，则使用其默认值 normal。属性值设置为 100~900 时，值越大，加粗的程度就越高。其具体含义如表 9-2 示。

表 9-2 font-weight 属性

属 性 值	描 述
bold	定义粗体字体
bolder	定义更粗的字体，相对值
lighter	定义更细的字体，相对值
normal	默认，标准字体

浏览器默认的字体粗细是 400，另外也可以通过使用参数 lighter 和 bolder 使字体在原有基础上显得更细或更粗。

实例 4 设置字体的粗细(案例文件：ch09\9.4.html)

```
<!DOCTYPE html>
<html>
<body>
    <p style="font-weight:bold">梅花香自苦寒来(bold)</p>
    <p style="font-weight:bolder">梅花香自苦寒来(bolder)</p>
    <p style="font-weight:lighter">梅花香自苦寒来(lighter)</p>
    <p style="font-weight:normal">梅花香自苦寒来(normal)</p>
    <p style="font-weight:100">梅花香自苦寒来(100)</p>
    <p style="font-weight:400">梅花香自苦寒来(400)</p>
    <p style="font-weight:900">梅花香自苦寒来(900)</p>
</body>
</html>
```

浏览效果如图 9-4 所示，可以看到，文字以不同方式加粗，其中使用了关键字加粗和数值加粗方式。

图 9-4 字体粗细的显示效果

9.1.5 将小写字母转换为大写字母

font-variant 属性用来设置以大写字母显示文本，这意味着所有的小写字母均会被转换为大写字母，但是转换后的大写字母与其余文本相比，其字体尺寸更小。在 CSS 3 中，其语法格式如下：

```
font-variant: normal | small-caps | inherit
```

font-variant 有三个属性值，即 normal、small-caps 和 inherit，具体含义如表 9-3 所示。

表 9-3　font-variant 属性

属 性 值	说　　明
normal	默认值。显示标准的字体
small-caps	显示小型大写字母的字体
inherit	从父元素继承 font-variant 属性的值

实例 5　将小写字母转换为大写字母(案例文件：ch09\9.5.html)

```
<!DOCTYPE html>
<html>
<body>
    <p style="font-variant:normal">Happy BirthDay to You</p>
    <p style="font-variant:small-caps">Happy BirthDay to You</p>
</body>
</html>
```

浏览效果如图 9-5 所示，可以看到，底行的字母都以大写形式显示。通过对两个属性值产生的效果进行比较，可以看到，设置为 normal 属性值的文本以正常文本显示，而设置为 small-caps 属性值的文本中有稍大的大写字母，也有小的大写字母，也就是说，使用了 small-caps 属性值的段落文本全部变成了大写字母，只是大写字母的尺寸不同而已。

图 9-5　字母大小写转换效果

9.1.6　设置字体的复合属性

在设计网页时，为了使网页布局合理且文本规范，进行字体设计需要使用多种属性，例如定义字体粗细和大小。但是，多个属性分别书写相对比较麻烦，CSS 3 样式表中提供的 font 属性就解决了这一问题。

font 属性可以一次性地使用多个属性来定义文本字体，其语法格式如下：

```
{font: font-style font-variant font-weight font-Size font-family}
```

font 属性中的属性排列顺序是 font-style、font-variant、font-weight、font-size 和 font-family，各属性的属性值之间用空格隔开，但是，如果 font-family 属性要定义多个属性值，则需使用逗号(,)隔开。

> **注意** font-style、font-variant 和 font-weight 这三个属性是可以自由调换的。而 font-size 和 font-family 则必须按照固定的顺序出现，而且还必须都出现在 font 属性中。如果这两者的顺序不对或缺少一个，那么，整条样式规则可能就会被忽略。

实例6 设置字体的复合属性(案例文件：ch09\9.6.html)

```
<!DOCTYPE html>
<html>
<style type=text/css>
p{
    font: normal small-caps bolder 20pt "Cambria","Times New Roman",宋体
}
</style>
<body>
<p>众里寻他千百度，蓦然回首，那人却在，灯火阑珊处。</p>
</body>
</html>
```

浏览效果如图 9-6 所示，可以看到，文字被设置成宋体并加粗。

图 9-6　字体复合属性的显示效果

9.1.7　设置字体颜色

在 CSS 3 样式中，通常使用 color 属性来设置颜色。

实例7 设置字体颜色(案例文件：ch09\9.7.html)

```
<!DOCTYPE html>
<html>
<head>
<style type="text/css">
body {color:red}
h1 {color:#00ff00}
p.ex {color:rgb(0,0,255)}
p.hs{color:hsl(0,75%,50%)}
p.ha{color:hsla(120,50%,50%,1)}
p.ra{color:rgba(125,10,45,0.5)}
</style>
</head>
<body>
<h1>《青玉案 元夕》</h1>
<p>众里寻他千百度，蓦然回首，那人却在，灯火阑珊处。</p>
<p class="ex">众里寻他千百度，蓦然回首，那人却在，灯火阑珊处。(该段落定义了 class="ex"。该段落中的文本是蓝色的。)</p>
```

```
<p class="hs">众里寻他千百度，蓦然回首，那人却在，灯火阑珊处。(此处使用了 CSS3 中新增加的
HSL 函数构建颜色。)</p>
<p class="ha">众里寻他千百度，蓦然回首，那人却在，灯火阑珊处。(此处使用了 CSS3 中新增加的
HSLA 函数构建颜色。)</p>
<p class="ra">众里寻他千百度，蓦然回首，那人却在，灯火阑珊处。(此处使用了 CSS3 中新增加的
RGBA 函数构建颜色。)</p>
</body>
</html>
```

浏览效果如图 9-7 所示，可以看到文字以不同颜色显示，并采用了不同的颜色取值方式。

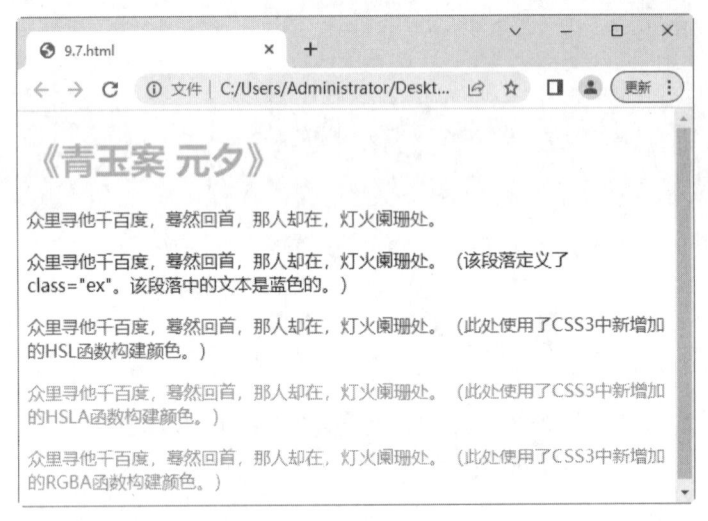

图 9-7　color 属性的显示效果

9.2　设置文本的高级样式

对于一些特殊要求的文本，例如添加文字阴影、改变字体种类等，如果再使用上一节所介绍的 CSS 样式进行定义，不会得到正确结果，这时就需要一些特定的 CSS 标记来完成这些要求。

9.2.1　设置文本阴影效果

在显示字体时，有时根据需求，需要为文字添加阴影效果，以增强网页的整体吸引力，并且为文字阴影添加颜色，这时就需要用到 CSS 3 样式中的 text-shadow 属性。实际上，在 CSS 2.1 中，W3C 就已经定义了 text-shadow 属性，但在 CSS 3 中又重新定义了，并增加了不透明度效果。其语法格式如下：

```
{text-shadow: h-shadow v-shadow blur color; }
```

text-shadow 属性值的含义如表 9-4 所示。

第 9 章 使用 CSS 3 美化网页字体与段落

表 9-4 text-shadow 属性

属 性 值	说 明
h-shadow	必需。水平阴影的位置。允许负值
v-shadow	必需。垂直阴影的位置。允许负值
blur	可选。模糊的距离
color	可选。阴影的颜色

实例 8 设置文本阴影效果(案例文件：ch09\9.8.html)

```
<!DOCTYPE html>
<html>
<head></head>
<body>
<p align=center style="text-shadow:0.1em 2px 6px blue;font-size:80px;">
    毕竟西湖六月中，风光不与四时同。</p>
</body>
</html>
```

浏览效果如图 9-8 所示，可以看到，文字居中并带有阴影效果。

图 9-8 文本阴影显示的效果

9.2.2 设置文本的溢出效果

text-overflow 属性用来定义当文本溢出时是否显示省略标记，即定义省略文本的方式。要实现溢出时产生省略号的效果，还须定义：强制文本在一行内显示(white-space:nowrap)及溢出内容为隐藏(overflow:hidden)，只有这样，才能实现溢出文本显示省略号的效果。

text-overflow 的语法如下：

```
text-overflow: clip | ellipsis
```

其属性值的含义如表 9-5 所示。

表 9-5 text-overflow 属性

属 性 值	说 明
clip	不显示省略号(...)，而是简单地裁切
ellipsis	当对象内文本溢出时显示省略号(...)

实例9 设置文本的溢出效果(案例文件：ch09\9.9.html)

```html
<!DOCTYPE html>
<html>
<head>
</head>
<body>
<style type="text/css">
.test_demo_clip{text-overflow:clip; overflow:hidden; white-space:nowrap;
 width:200px; background:#ccc;}
.test_demo_ellipsis{text-overflow:ellipsis; overflow:hidden;
 white-space:nowrap; width:200px; background:#ccc;}
</style>
<h2>text-overflow : clip </h2>
<div class="test_demo_clip">
    不显示省略号，而是简单地裁切
</div>
<h2>text-overflow : ellipsis </h2>
<div class="test_demo_ellipsis">
    显示省略号，不是简单地裁切
</div>
</body>
</html>
```

浏览效果如图 9-9 所示，可以看到文字在指定位置被裁切，但使用 ellipsis 属性后，出现省略号。

图 9-9 文本溢出的效果

9.2.3 设置文本换行

当在一个指定区域显示一整行文字时，如果文字在一行显示不完，就需要换行。如果不换行，则会超出指定区域范围。可以采用 CSS 3 中新增加的 word-wrap 文本样式来控制文本换行。

word-wrap 语法的格式如下：

```
word-wrap: normal | break-word
```

其属性值的含义比较简单，如表 9-6 所示。

表 9-6 word-wrap 属性

属 性 值	说 明
normal	控制连续文本换行
break-word	在长文本内进行换行

实例10 设置文本换行(案例文件：ch09\9.10.html)

```html
<!DOCTYPE html>
<html>
<head></head>
<body>
```

```
<style type="text/css">
    div{ width:300px;word-wrap:break-word;border:1px solid #999999;}
</style>
<div>
    wordwrapbreakwordwordwrapbreakwordwordwrapbreakwordwordwrapbreakword
</div><br>
<div>全中文的情况，全中文的情况，全中文的情况全中文的情况全中文的情况</div><br>
<div>This is all English,This is all English,This is all English,This is all English,</div>
</body>
</html>
```

浏览效果如图 9-10 所示，可以看到，文字在指定位置换行。

图 9-10　文本强制换行效果

可以看出，word-wrap 属性可以控制换行，当属性取值 break-word 时，将强制换行，中文文本没有任何问题，英文语句也没有任何问题。但是对于长串的英文就不起作用，也就是说，break-word 属性可控制是否断词，而不是断字符。

9.2.4　保持字体尺寸不变

有时候，同一行的文字由于所采用的字体种类不一样或者修饰样式不一样，而导致其字体尺寸，即显示大小不一样，使整行文字看起来很杂乱。此时需要使用 CSS 3 的属性标记 font-size-adjust 来处理。font-size-adjust 用来定义整个字体序列中所有字体的大小是否保持同一个尺寸。语法格式如下：

```
font-size-adjust: none | number
```

其属性值的含义如表 9-7 所示。

表 9-7　font-size-adjust 属性

属性值	说明
none	默认值。允许字体序列中的每种字体遵守自己的尺寸
number	为字体序列中的所有字体指定相同尺寸

实例 11　保持字体尺寸不变(案例文件：ch09\9.11.html)

```
<!DOCTYPE html>
<html>
```

```
<head></head>
<style>
.big { font-family: sans-serif; font-size: 40pt; }
.a { font-family: sans-serif; font-size: 15pt; font-size-adjust: 1; }
.b { font-family: sans-serif; font-size: 30pt; font-size-adjust: 0.5; }
</style>
<body>
  <p class="big"><span class="b">厚德载物</span></p>
  <p class="big"><span class="a">厚德载物</span></p>
</body>
</html>
```

浏览效果如图 9-11 所示。

图 9-11 字体尺寸一致显示效果

9.3 美化网页中的段落

段落是文章的基本单位，同样也是网页的基本单位。段落的放置与效果的显示会直接影响页面的布局及风格。CSS 样式表提供了文本属性来实现对页面中段落文本的控制。

9.3.1 设置单词之间的间隔

单词之间的间隔如果设置合理，一是会节省整个网页的空间，二是可以给人赏心悦目的感觉，提升阅读体验。在 CSS 中，可以使用 word-spacing 属性直接定义指定区域或者段落中字符的间隔。

word-spacing 属性用于设定词与词之间的间距，即增加或者减少词与词之间的间隔。其语法格式如下：

```
word-spacing: normal | length
```

其中，属性值 normal 和 length 的含义如表 9-8 所示。

表 9-8 word-spacing 属性

属性值	说明
normal	默认，定义单词之间的标准间隔
length	定义单词之间的固定宽度，可以使用正值或负值

实例 12　设置单词之间的间隔(案例文件：ch09\9.12.html)

```html
<!DOCTYPE html>
<html>
<head></head>
<body>
  <p style="word-spacing:normal">Welcome to my home</p>
  <p style="word-spacing:15px">Welcome to my home</p>
  <p style="word-spacing:15px">欢迎来到我家</p>
</body>
</html>
```

浏览效果如图 9-12 所示，可以看到段落中的单词以不同间隔显示。

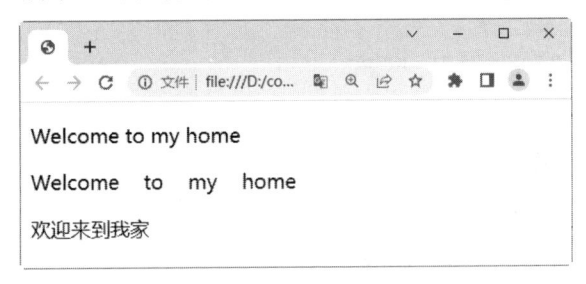

图 9-12　设定单词的间隔效果

> 注意
>
> 从上面的显示结果可以看出，word-spacing 属性不能用于设定字符之间的间隔。

9.3.2　设置字符之间的间隔

在一个网页中，词与词之间可以通过 word-spacing 属性进行设置，那么字符之间用什么设置呢？在 CSS 3 中，可以通过 letter-spacing 属性来设置字符之间的距离，即在文本字符之间插入空间。letter-spacing 允许使用负值，这会让字母之间更加紧凑。

语法格式如下：

```
letter-spacing: normal | length
```

属性值的含义如表 9-9 所示。

表 9-9　letter-spacing 属性

属　性　值	说　明
normal	默认间隔，即以字符之间的标准间隔显示
length	由浮点数和单位标识符组成的长度值，允许为负值

实例 13　设置文字之间的间隔(案例文件：ch09\9.13.html)

```html
<!DOCTYPE html>
<html>
<head></head>
```

```
<body>
  <p style="letter-spacing:normal">Welcome to my home</p>
  <p style="letter-spacing:5px">Welcome to my home</p>
  <p style="letter-spacing:1ex">这里的字间距是1ex</p>
  <p style="letter-spacing:-1ex">这里的字间距是-1ex</p>
  <p style="letter-spacing:1em">这里的字间距是1em</p>
</body>
</html>
```

浏览效果如图 9-13 所示,可以看到,文字以不同的间距大小显示。

图 9-13 文字间距效果

> **注意**:从实例 13 的代码中可以看出,通过 letter-spacing 定义了多个字间距的效果。应特别注意,当设置的字间距是-1ex 时,文字就会粘到一块。

9.3.3 设置文字的修饰效果

在 CSS 3 中,text-decoration 属性用于文本修饰,该属性可以为文本添加多种修饰效果,例如下划线、删除线、闪烁等。

text-decoration 属性的语法格式如下:

```
text-decoration: none | underline | blink | overline | line-through
```

其属性值的含义如表 9-10 所示。

表 9-10 text-decoration 属性

属性值	描述
none	默认值,对文本不进行任何修饰
underline	下划线
overline	上划线
line-through	删除线
blink	闪烁

实例 14 设置文字的修饰效果(案例文件：ch09\9.14.html)

```html
<!DOCTYPE html>
<html>
<head></head>
<body>
  <p style="text-decoration:none">明明知道相思苦，偏偏对你牵肠挂肚！</p>
  <p style="text-decoration:underline">明明知道相思苦，偏偏对你牵肠挂肚！</p>
  <p style="text-decoration:overline">明明知道相思苦，偏偏对你牵肠挂肚！</p>
  <p style="text-decoration:line-through">明明知道相思苦，偏偏对你牵肠挂肚！</p>
  <p style="text-decoration:blink">明明知道相思苦，偏偏对你牵肠挂肚！</p>
</body>
</html>
```

浏览效果如图 9-14 所示。可以看到，段落中出现了下划线、上划线和删除线等。

图 9-14 文本修饰效果

> **注意** blink 闪烁效果只有 Mozilla 和 Netscape 浏览器支持，而 IE 和其他浏览器(如 Opera)都不支持该效果。

9.3.4 设置垂直对齐方式

在 CSS 中，可以直接使用 vertical-align 属性设定垂直对齐方式。在表格中，这个属性可设置单元格内容的对齐方式。

vertical-align 属性的语法格式如下：

{vertical-align: 属性值}

vertical-align 属性有 9 个预设值可以使用，也可以使用百分比值，如表 9-11 所示。

表 9-11 vertical-align 属性

属 性 值	说 明
baseline	默认。元素放置在父元素的基线上
sub	垂直对齐文本的下标
super	垂直对齐文本的上标

157

续表

属 性 值	说 明
top	把元素的顶端与行中最高元素的顶端对齐
text-top	把元素的顶端与父元素字体的顶端对齐
middle	把此元素放置在父元素的中部
bottom	把元素的顶端与行中最低的元素的顶端对齐
text-bottom	把元素的底端与父元素字体的底端对齐
length	设置元素的堆叠顺序
%	使用 line-height 属性的百分比值来排列此元素。允许使用负值

实例 15　设置垂直对齐(案例文件：ch09\9.15.html)

```
<!DOCTYPE html>
<html>
<head></head>
<body>
<p>
    世界杯<b style=" font-size:8pt;vertical-align:super">2018</b>!
    中国队<b style="font-size: 8pt;vertical-align: sub">[注]</b>!
    加油!<img src="1.gif" style="vertical-align: baseline">
</p>
<p><img src="2.gif" style="vertical-align:middle"/>
    世界杯!中国队!加油!<img src="1.gif" style="vertical-align:top">
</p>
<hr/>
<p><img src="2.gif" style="vertical-align:middle"/>
    世界杯!中国队!加油!<img src="1.gif" style="vertical-align:text-top">
</p>
<p><img src="2.gif" style="vertical-align:middle"/>
    世界杯!中国队!加油!<img src="1.gif" style="vertical-align:bottom">
</p>
<hr/>
<p><img src="2.gif" style="vertical-align:middle"/>
    世界杯!中国队!加油!<img src="1.gif" style="vertical-align:text-bottom">
</p>
<p>
    世界杯<b style=" font-size:8pt;vertical-align:100%">2008</b>!
    中国队<b style="font-size: 8pt;vertical-align: -100%">[注]</b>!
    加油!<img src="1.gif" style="vertical-align: baseline">
</p>
</body>
</html>
```

浏览效果如图 9-15 所示，即文字在垂直方向以不同的对齐方式显示。

在页面中有数学运算或注释标号时使用上下标比较多。顶端对齐有两种参照方式，一种是参照整个文本块，一种是参照文本。底部对齐与顶端对齐方式相同，分别参照文本块和文本块中包含的文本。

第 9 章 使用 CSS 3 美化网页字体与段落

图 9-15 垂直对齐显示效果

> **提示**：vertical-align 属性值还能使用百分比来设定垂直高度，该高度具有相对性，它是基于行高的值来计算的，而且百分比还能使用正负号，正百分比使文本上升，负百分比使文本下降。

9.3.5 转换文本的大小写

根据需要，将小写字母转换为大写字母，或者将大写字母转换为小写字母，在文本编辑中都是很常见的。在 CSS 样式中，text-transform 属性可用于设定大小写字母转换。

text-transform 属性的语法格式如下：

```
text-transform: none | capitalize | uppercase | lowercase
```

其属性值的含义如表 9-12 所示。

表 9-12 text-transform 属性

属性值	说明
none	无转换发生
capitalize	将每个单词的第一个字母转换成大写，其余字母不转换
uppercase	转换成大写字母
lowercase	转换成小写字母

因为文本转换属性仅作用于字母型文本，相对来说比较简单。

实例 16 转换文本的大小写字母(案例文件：ch09\9.16.html)

```
<!DOCTYPE html>
<html>
<head></head>
```

159

```html
<body style="font-size:15pt; font-weight:bold">
  <p style="text-transform:none">welcome to home</p>
  <p style="text-transform:capitalize">welcome to home</p>
  <p style="text-transform:lowercase">WELCOME TO HOME</p>
  <p style="text-transform:uppercase">welcome to home</p>
</body>
</html>
```

浏览效果如图 9-16 所示。

图 9-16 大小写字母转换效果

9.3.6 设置文本的水平对齐方式

一般情况下，居中对齐适用于标题类文本，其他对齐方式可以根据页面布局来使用。根据需要，可以设置多种对齐方式，例如水平方向上的居中、左对齐、右对齐或者两端对齐等。

在 CSS 中，text-align 属性用于定义文本对象的对齐方式，与 CSS 2.1 相比，CSS 3 增加了 start、end 和 string 属性值。text-align 的语法格式如下：

```
{text-align: sTextAlign}
```

其属性值的含义如表 9-13 所示。

表 9-13 text-align 属性

属 性 值	说　明
start	文本向行的开始边缘对齐
end	文本向行的结束边缘对齐
left	文本向行的左边缘对齐。对于垂直方向的文本，在 left-to-right 模式下向开始边缘对齐
right	文本向行的右边缘对齐。对于垂直方向的文本，在 left-to-right 模式下向结束边缘对齐
center	文本在行内居中对齐
justify	文本根据 text-justify 属性的设置方法分散对齐。即两端对齐，均匀分布
match-parent	继承父元素的对齐方式，但有个例外：继承的 start 或者 end 值是根据父元素的 direction 值进行计算的，因此计算的结果可能是 left 或者 right
string	string 是一个单个的字符，否则，就忽略此设置。按指定的字符进行对齐。此属性可以与其他关键字同时使用，如果没有设置字符，则默认值是 end 方式
inherit	继承父元素的对齐方式

在新增加的属性值中，start 和 end 属性值主要是针对行内元素的，而 string 属性值主要用于表格单元格，将根据某个指定的字符对齐。

实例 17 设置文本的水平对齐方式(案例文件：ch09\9.17.html)

```html
<!DOCTYPE html>
<html>
<head></head>
<body>
<h1 style="text-align:center">登幽州台歌</h1>
<h3 style="text-align:left">选自：</h3>
<h3 style="text-align:right">
  <img src="1.gif" />
  唐诗三百首</h3>
<p style="text-align:justify">
 前不见古人
 后不见来者
 (这是一个测试，这是一个测试，这是一个测试，)
</p>
<p style="text-align:start">念天地之悠悠</p>
<p style="text-align:end">独怆然而涕下</p>
</body>
</html>
```

浏览效果如图 9-17 所示，即文字在水平方向上以不同的对齐方式显示。

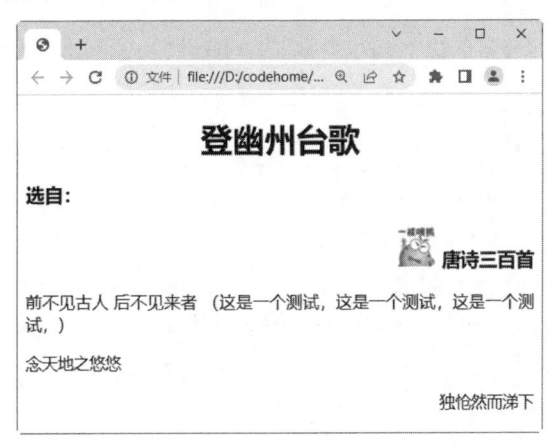

图 9-17　水平对齐效果

> **注意**　text-align 属性只能用于文本块，而不能直接应用到图像标记<img>。如果要使图像与文本一样应用对齐方式，那么就必须将图像包含在文本块中。如上例，由于向右对齐方式作用于<h3>标记定义的文本块，图像包含在文本块中，所以图像能够同文本一样向右对齐。

> **提示**　CSS 只能定义两端对齐方式，并按要求显示，但对于具体的两端对齐文本如何分配字体空间以实现文本左右两边均对齐，CSS 并未规定。这就需要设计者自行定义了。

9.3.7 设置文本的缩进效果

在普通段落中，通常首行缩进两个字符，用来表示段落的开始。同样在网页的文本编辑中可以通过指定属性来控制文本缩进。CSS 中的 text-indent 属性可用来设定文本块中首行的缩进。text-indent 属性的语法格式如下：

```
text-indent: length
```

其中，length 属性值表示百分比数值或由浮点数和单位标识符组成的长度值，允许为负值。可以这样认为，text-indent 属性可以定义两种缩进方式，一种是直接定义缩进的长度，另一种是定义缩进百分比。使用该属性，HTML 的任何标记都可以让首行以给定的长度或百分比缩进。

实例 18 设置文本的缩进效果(案例文件：ch09\9.18.html)

```
<!DOCTYPE html>
<html>
<head></head>
<body>
  <p style="text-indent:10mm">此处直接定义长度，直接缩进。</p>
  <p style="text-indent:10%">此处使用百分比，进行缩进。</p>
</body>
</html>
```

浏览效果如图 9-18 所示，可以看到文字以首行缩进方式显示。

图 9-18 缩进显示效果

如果上级标记定义了 text-indent 属性，那么子标记可以继承其上级标记的缩进长度。

9.3.8 设置文本的行高

在 CSS 中，line-height 属性用来设置行间距，即行高。其语法格式如下：

```
line-height: normal | length
```

其属性值的具体含义如表 9-14 所示。

表 9-14 line-height 属性

属性值	说 明
normal	默认行高，即网页文本的标准行高
length	百分比数值或由浮点数和单位标识符组成的长度值，允许为负值。其百分比取值基于字体的高度尺寸

实例 19 设置文本行高(案例文件：ch09\9.19.html)

```
<!DOCTYPE html>
<html>
<head></head>
<body>
<div style="text-indent:10mm;">
<p style="line-height:50px">
    世界杯(World Cup,FIFA World Cup,国际足联世界杯,世界足球锦标赛)是世界上最高水平的足球比赛，与奥运会、F1并称为全球三大顶级赛事。
</p>
<p style="line-height:50%">
    世界杯(World Cup,FIFA World Cup,国际足联世界杯,世界足球锦标赛)是世界上最高水平的足球比赛，与奥运会、F1并称为全球三大顶级赛事。
    </p>
</div>
</body>
</html>
```

浏览效果如图 9-19 所示，其中，有段文字重叠在一起，即行高设置较小。

图 9-19 设定文本行高

9.3.9 文本的空白处理

在 CSS 中，white-space 属性用于设置对象内空格字符的处理方式。与 CSS 2.1 相比，CSS 3 新增了两个属性值。white-space 属性对文本的显示有着重要的影响。在标记上应用 white-space 属性，可以影响浏览器对字符串或文本间空白的处理方式。

white-space 属性的语法格式如下：

```
white-space: normal | pre | nowrap | pre-wrap | pre-line
```

其属性值的含义如表 9-15 所示。

表 9-15 white-space 属性

属 性 值	说 明
normal	默认。空白会被浏览器忽略
pre	空白会被浏览器保留。其行为方式类似于 HTML 中的<pre>标签
nowrap	文本不会换行，直到遇到 标签为止
pre-wrap	保留空白符序列，但是正常地进行换行

续表

属性值	说 明
pre-line	合并空白符序列，但是保留换行符
inherit	规定应该从父元素继承 white-space 属性的值

实例 20 文本的空白处理(案例文件：ch09\9.20.html)

```html
<!DOCTYPE html>
<html>
<body>
  <h1 style="color:red; text-align:center;white-space:pre">
蜂 蜜 的 功 效 与 作 用</h1>
  <div>
    <p style="white-space:nowrap;text-indent:10mm">
      蜂蜜，是昆虫蜜蜂用从开花植物的花中采得的花蜜在蜂巢中酿制的蜜。<br>
蜂蜜的成分除了葡萄糖、果糖之外，还含有各种维生素、矿物质和氨基酸。1 千克的蜂蜜含有 2940 卡的热量。蜂蜜是糖的过饱和溶液，低温时会产生结晶，生成结晶的是葡萄糖，不产生结晶的部分主要是果糖。</p>
    <p style="white-space:pre-wrap;text-indent:10mm">
      蜂蜜的成分除了葡萄糖、果糖之外，还含有各种维生素、矿物质和氨基酸。
      1 千克的蜂蜜含有 2940 卡的热量。<br/>
      蜂蜜是糖的过饱和溶液，低温时会产生结晶，生成结晶的是葡萄糖，不产生结晶的部分主要是果糖。
</p>
    <p style="white-space:pre-line;text-indent:10mm">
      蜂蜜的成分除了葡萄糖、果糖之外，还含有各种维生素、矿物质和氨基酸。
      1 千克的蜂蜜含有 2940 卡的热量。<br/>
      蜂蜜是糖的过饱和溶液，低温时会产生结晶，生成结晶的是葡萄糖，不产生结晶的部分主要是果糖。
</p>
  </div>
</body>
</html>
```

浏览效果如图 9-20 所示，可以看到文字中处理空白的不同方式。

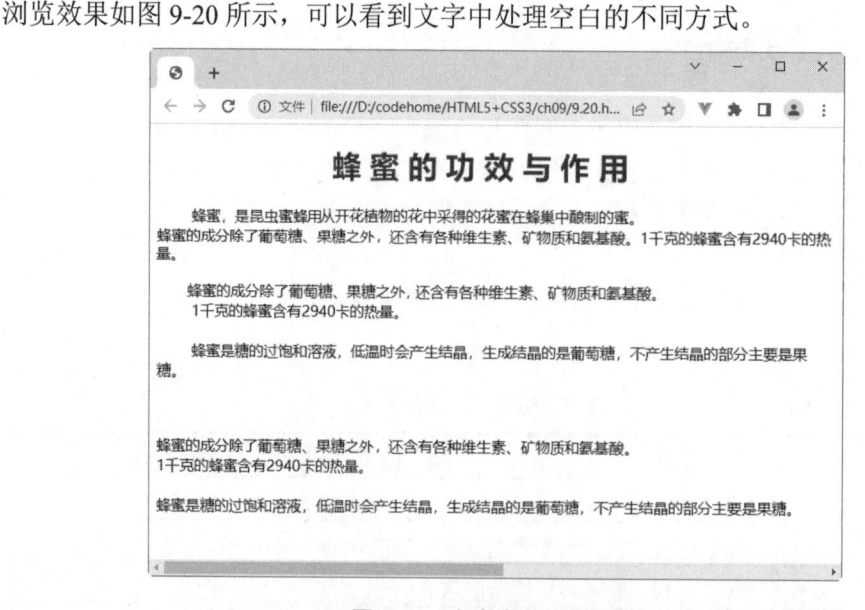

图 9-20 文本空白处理效果

9.3.10 文本的反排

在网页文本编辑中,通常英语文档的基本方向是从左至右,但是文本也可以进行反排。通过 CSS 提供的两个属性 unicode-bidi 和 direction 可以解决文本反排的问题。

unicode-bidi 属性的语法格式如下:

```
unicode-bidi: normal | bidi-override | embed
```

其属性值的含义如表 9-16 所示。

表 9-16 unicode-bidi 属性

属 性 值	说 明
normal	默认值
bidi-override	与 embed 值相同,但有一点除外:在元素内,依照 direction 属性严格按顺序进行排序。此值替代隐式双向算法
embed	元素将打开一个额外的嵌入级别。direction 属性的值指定嵌入级别。重新排序在元素内是隐式进行的

direction 属性用于设定文本流的方向,其语法格式如下:

```
direction: ltr | rtl | inherit
```

属性值的含义如表 9-17 所示。

表 9-17 direction 属性

属 性 值	说 明
ltr	文本流从左到右
rtl	文本流从右到左
inherit	文本流的值不可继承

实例 21 文本的反排(案例文件:ch09\9.21.html)

```
<!DOCTYPE html>
<html>
<head>
<style type="text/css">
a {color:#000;}
</style>
</head>
<body>
<h3>文本的反排</h3>
<div style=" direction:rtl; unicode-bidi:bidi-override; text-align:left">
秋风吹不尽,总是玉关情。
</div>
</body>
</html>
```

浏览效果如图 9-21 所示,可以看到文字以反转形式显示。

图 9-21　文本反转显示效果

9.4　疑难解惑

疑问 1：字体为什么在别的电脑上不显示呢？

楷体很漂亮，草书也不逊色于宋体。但并不是所有人的电脑都安装有这些字体，所以在设计网页时，不要为了追求漂亮美观，而采用一些比较新奇的字体，否则有时往往达不到预期的效果。使用最基本的字体，才是最好的选择。

不要使用难于阅读的花哨字体，网页的主要目的是传递信息并让读者阅读，应该考虑读者的阅读体验。不要用小字体，虽然网页浏览器有放大功能，但如果必须放大才能看清一个网站的话，用户以后估计就不会再去访问它了。

疑问 2：文字和图片的导航速度哪个更快呢？

应该使用文字做导航栏。文字导航不仅速度快，而且更稳定，因为有些用户上网时会关闭图片。在处理文本时，除非特别需要，否则不要为普通文字添加下划线。不应当使浏览者将本不能点击的文字误认为能够点击。

9.5　跟我学上机

上机练习 1：创建一个网站的网页标题

根据前面所学的知识，创建一个网站的网页标题，主要利用文字和段落方面的 CSS 属性。具体要求如下：在网页的最上方显示标题，标题下方是正文，其中正文部分是文字段落。在设计这个网页标题时，需要将网页标题加粗，并将其居中显示。用大号字体显示标题，用来与其下面的正文区分。上述要求使用 CSS 样式属性来实现。预览效果如图 9-22 所示。

上机练习 2：制作新闻页面

本练习制作一个新闻页面，效果如图 9-23 所示。

第 9 章 使用 CSS 3 美化网页字体与段落

图 9-22 网页标题的显示

图 9-23 新闻页面效果

第 10 章
使用 CSS 3 美化网页图片

一个网页如果都是文字，会让浏览者感觉枯燥，而一张恰如其分的图片，会给网页带来许多生趣。图片是直观、形象的，一张好的图片会给网页带来很高的点击率。在 CSS 3 中，定义了很多属性，用来美化和设置图片。

重点案例效果

10.1 图片缩放

默认情况下,网页上的图片都是以其原始大小显示。如果要对网页内容进行排版,通常情况下,还需要对图片的大小重新进行设定。如果图片的大小设置不恰当,会造成图片变形和失真,所以一定要保持图片的宽度和高度比例适中。对于图片大小的设定,可以采用三种方式来完成。

10.1.1 通过描述标记 width 和 height 缩放图片

在 HTML 标记语言中,通过 img 的描述标记 width 和 height 可以设置图片的大小。width 和 height 分别表示图片的宽度和高度,可以是数值或百分比,单位是 px。需要注意的是,高度属性 height 和宽度属性 width 的设置方式要求相同。

实例 1 通过描述标记 width 和 height 缩放图片(案例文件:ch10\10.1.html)

```
<!DOCTYPE html>
<html>
<head>
<title>缩放图片</title>
</head>
<body>
<img src="01.jpg" width=200 height=120>
</body>
</html>
```

浏览效果如图 10-1 所示,可以看到,网页中显示了一张图片,其宽度为 200 像素,高度为 120 像素。

图 10-1 使用标记来缩放图片

10.1.2 使用 CSS 3 中的 max-width 和 max-height 缩放图片

max-width 和 max-height 分别用来设置图片宽度最大值和高度最大值。在定义图片大小时,如果图片的默认尺寸超过了定义的大小,就以 max-width 所定义的宽度值显示,而图片高度将同比例变化,如果定义的是 max-height,则图片宽度同比例变化。但是,如果图片的尺寸小于最大宽度或者高度值,那么图片就按原尺寸大小显示。max-width 和 max-height 的值一般是数值类型。

其语法格式举例如下：

```
img{
max-height:180px;
}
```

实例 2 使用 CSS 3 中的 max-height 缩放图片(案例文件：ch10\10.2.html)

```
<!DOCTYPE html>
<html>
<head>
<title>缩放图片</title>
<style>
img{
    max-height:300px;
}
</style>
</head>
<body>
<img src="01.jpg">
</body>
</html>
```

浏览效果如图 10-2 所示，可以看到，网页显示了一张图片，其显示高度是 300 像素，宽度将做同比例缩放。

在本例中，也可以只设置 max-width 来定义图片的最大宽度，而让高度自动缩放。

10.1.3 使用 CSS 3 中的 width 和 height 缩放图片

在 CSS 3 中，可以使用 width 和 height 属性来设置图片的宽度和高度，从而实现对图片的缩放效果。

图 10-2 同比例缩放图片

实例 3 使用 CSS 3 中的 width 和 height 缩放图片(案例文件：ch10\10.3.html)

```
<!DOCTYPE html>
<html>
<head>
<title>缩放图片</title>
</head>
<body>
<img src="01.jpg" >
<img src="01.jpg" style="width:150px;height:100px" >
</body>
</html>
```

浏览效果如图 10-3 所示，可以看到，网页中显示了两张图片，第一张图片以原大小显示，第二张图片以指定大小显示。

图 10-3　用 CSS 指定图片的大小

> **提示**　若仅仅设置了图片的 width 属性，而没有设置 height 属性，图片本身会自动等比例缩放；如果只设定 height 属性，也是一样的道理。只有当同时设定 width 和 height 属性时才会不等比例缩放。

10.2　设置图片的对齐方式

一个凌乱的图文网页，是每一个浏览者都不喜欢看到的。而一个图文并茂、排版格式整洁简约的页面，更容易让网页浏览者接受，可见图片的对齐方式是非常重要的。本节将介绍如何使用 CSS 3 属性定义图文对齐方式。

10.2.1　设置图片横向对齐

所谓图片横向对齐，就是在水平方向上进行对齐。图片的对齐样式和文字对齐比较相似，都有三种对齐方式，分别为左对齐、右对齐和居中对齐。

要定义图片的对齐方式时，不能在样式表中直接定义图片样式，需要在图片的上一个标记级别(即父标记)定义对齐方式，让图片继承父标记的对齐方式。之所以这样定义，是因为 img(图片)本身没有对齐属性，需要继承父标记的 text-align 属性来定义对齐方式。

实例 4　设置图片横向对齐(案例文件：ch10\10.4.html)

```
<!DOCTYPE html>
<html>
<head>
<title>图片横向对齐</title>
</head>
<body>
<p style="text-align:left">
  <img src="02.jpg" style="max-width:140px;">
  图片左对齐
```

```
    </p>
<p style="text-align:center">
  <img src="02.jpg" style="max-width:140px;">
  图片居中对齐
  </p>
<p style="text-align:right">
  <img src="02.jpg" style="max-width:140px;">
  图片右对齐
  </p>
</body>
</html>
```

浏览效果如图 10-4 所示,可以看到,网页上显示了三张图片,大小一样,但对齐方式分别是左对齐、居中对齐和右对齐。

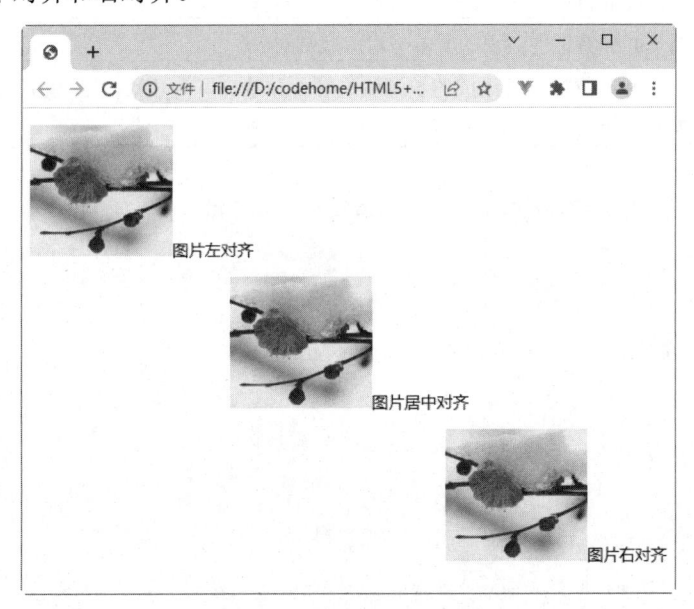

图 10-4 图片的横向对齐效果

10.2.2 设置图片纵向对齐

纵向对齐就是垂直对齐,即在垂直方向上与文字进行搭配使用。通过为图片设置纵向对齐方式,可以设定图片和文字的高度一致。在 CSS 3 中,对图片进行纵向设置时,通常使用 vertical-align 属性。

vertical-align 属性设置元素的垂直对齐方式,即定义行内元素的基线相对于该元素所在行的基线垂直对齐。允许指定负的长度值和百分比值,这会使元素降低而不是升高。在表中,这个属性可以设置单元格内容的对齐方式。其语法格式如下:

```
vertical-align: baseline | sub | super | top | text-top | middle
 | bottom | text-bottom | length
```

vertical-align 属性各参数的含义如表 10-1 所示。

表 10-1　vertical-align 属性

参　数	说　明
baseline	支持 valign 特性的对象的内容与基线对齐
sub	垂直对齐文本的下标
super	垂直对齐文本的上标
top	将支持 valign 特性的对象的内容与对象顶端对齐
text-top	将支持 valign 特性的对象的文本与对象顶端对齐
middle	将支持 valign 特性的对象的内容与对象中部对齐
bottom	将支持 valign 特性的对象的内容与对象底端对齐
text-bottom	将支持 valign 特性的对象的文本与对象底端对齐
length	由浮点数和单位标识符组成的长度值或者百分数。可为负数。定义由基线算起的偏移量。基线对于数值来说为 0，对于百分数来说就是 0%

实例 5　设置图片纵向对齐(案例文件：ch10\10.5.html)

```
<!DOCTYPE html>
<html>
<head>
<title>图片纵向对齐</title>
<style>
img{
  max-width:100px;
}
</style>
</head>
<body>
<p>纵向对齐方式:baseline<img src=02.jpg style="vertical-align:baseline"></p>
<p>纵向对齐方式:bottom<img src=02.jpg style="vertical-align:bottom"></p>
<p>纵向对齐方式:middle<img src=02.jpg style="vertical-align:middle"></p>
<p>纵向对齐方式:sub<img src=02.jpg style="vertical-align:sub"></p>
<p>纵向对齐方式:super<img src=02.jpg style="vertical-align:super"></p>
<p>纵向对齐方式:数值定义<img src=02.jpg style="vertical-align:20px"></p>
</body>
</html>
```

浏览效果如图 10-5 所示。可以看到，网页显示 6 张图片，垂直方向上分别是 baseline、bottom、middle、sub、super 和数值对齐。

> 提示　读者仔细观察图片和文字的不同对齐方式，即可深刻理解各种纵向对齐方式的不同之处。

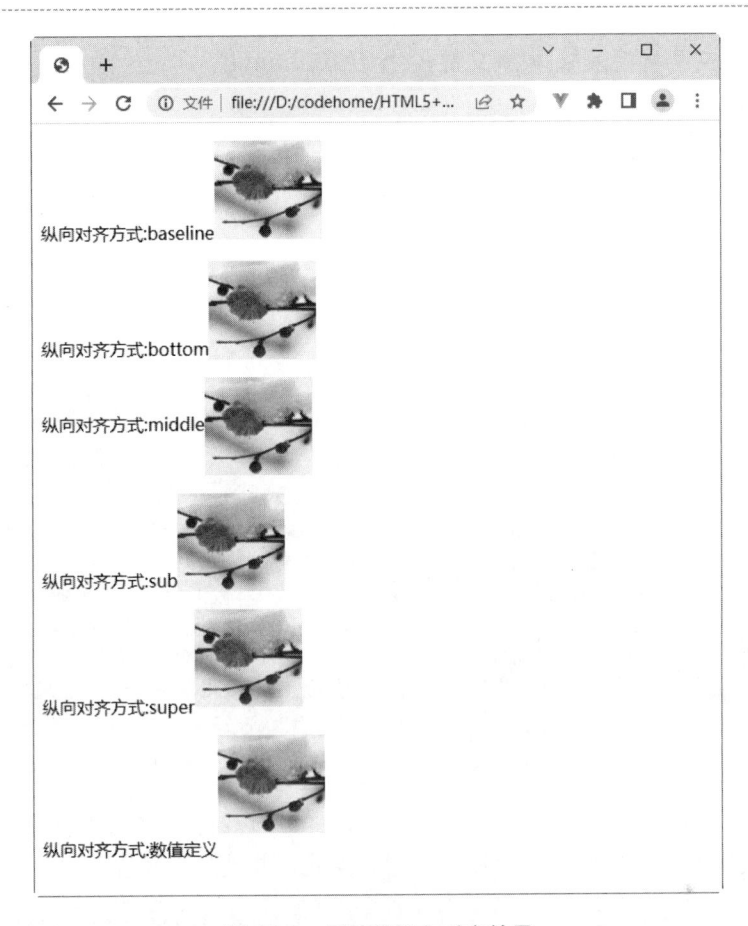

图 10-5 图片的纵向对齐效果

10.3 图文混排

  一个普通的网页，最常见的排版方式就是图文混排：文字说明主题，图像显示新闻情境，二者结合起来相得益彰。本节将介绍图片和文字的混合排版方式。

10.3.1 设置文字环绕效果

  在对网页内容进行排版时，可以将文字设置成环绕图片的形式，即文字环绕。文字环绕应用非常广泛，如果再配合背景，可以实现绚丽的效果。
  在 CSS 3 中，可以使用 float 属性定义元素在哪个方向浮动。一般情况下，这个属性总是应用于图像，使文本围绕在图像周围，有时也可以定义其他元素浮动。
  float 属性的语法格式如下：

```
float: none | left | right
```

  none 表示默认值，即对象不漂浮；left 表示文本流向对象的右边；right 表示文本流向对象的左边。

实例 6 设置文字环绕效果(案例文件：ch10\10.6.html)

```html
<!DOCTYPE html>
<html>
<head>
<title>文字环绕</title>
<style>
img{
  max-width:120px;
  float:left;
}
</style>
</head>
<body>
<p>
可爱的向日葵。
<img src="03.jpg">
向日葵，别名太阳花，是菊科、向日葵属的植物，因花序随太阳转动而得名。向日葵属于 1 年生草本植物，高 1~3.5 米，其杂交品种也有半米高的。茎直立，粗壮，圆形多棱角，为白色粗硬毛。叶通常互生，心状卵形或卵圆形，先端锐突或渐尖，有基出 3 脉，边缘具粗锯齿，两面粗糙，被毛，有长柄。头状花序，极大，直径 10~30 厘米，单生于茎顶或枝端，常下倾。总苞片多层，叶质，覆瓦状排列，被长硬毛，夏季开花，花序边缘生黄色的舌状花，不结实。花序中部为两性的管状花，棕色或紫色，结实。瘦果，倒卵形或卵状长圆形，稍扁压，果皮木质化，灰色或黑色，俗称葵花籽。性喜温暖，耐旱。
</p>
</body>
</html>
```

浏览效果如图 10-6 所示，可以看到，图片被文字所环绕，并在文字的左侧显示。如果将 float 属性的值设置为 right，则图片会在文字的右侧显示并被文字环绕。

图 10-6 文字环绕的效果

10.3.2 设置图片与文字的间距

如果需要设置图片和文字之间的距离，而不是紧紧地环绕，可以使用 CSS 3 中的 padding 属性来设置。

padding 属性主要用来设置所有内边距属性，即可以设置元素所有内边距的宽度，或者设置各边上内边距的宽度。如果一个元素既有内边距又有背景，从视觉上看可能会延伸到其他行，有可能还会与其他内容重叠。元素的背景会延伸穿过内边距。不允许指定负边距值。

padding 属性的语法格式如下：

```
padding: padding-top | padding-right | padding-bottom | padding-left
```

参数值 padding-top 用来设置距离顶端的内边距；padding-right 用来设置距离右边的内边距；padding-bottom 用来设置距离底端的内边距；padding-left 用来设置距离左边的内边距。

实例 7　设置图片与文字的间距(案例文件：ch10\10.7.html)

```html
<!DOCTYPE html>
<html>
<head>
<title>文字环绕</title>
<style>
img{
  max-width:120px;
  float:left;
  padding-top:10px;
  padding-right:50px;
  padding-bottom:10px;
}
</style>
</head>
<body>
<p>
可爱的向日葵。
<img src="03.jpg">
向日葵，别名太阳花，是菊科、向日葵属的植物，因花序随太阳转动而得名。向日葵属于 1 年生草本植物，高 1~3.5 米，其杂交品种也有半米高的。茎直立、粗壮，圆形多棱角，为白色粗硬毛。叶通常互生，心状卵形或卵圆形，先端锐突或渐尖，有基出 3 脉，边缘具粗锯齿，两面粗糙，被毛，有长柄。头状花序，极大，直径 10~30 厘米，单生于茎顶或枝端，常下倾。总苞片多层，叶质，覆瓦状排列，被长硬毛，夏季开花，花序边缘生黄色的舌状花，不结实。花序中部为两性的管状花，棕色或紫色，结实。瘦果，倒卵形或卵状长圆形，稍扁压，果皮木质化，灰色或黑色，俗称葵花籽。性喜温暖，耐旱。
</p>
</body>
</html>
```

浏览效果如图 10-7 所示，可以看到，图片被文字所环绕，并且文字和图片右边的间距为 50 像素，上下各为 10 像素。

图 10-7　设置图片与文字的间距

10.4 疑难解惑

疑问 1：网页进行图文排版时，哪些是必须要做的？

在进行图文排版时，通常有如下 5 个方面需要网页设计者考虑。

(1) 首行缩进：段落的开头应该空两格，在 HTML 中，空格键不起作用。当然，可以用 来代替一个空格，但这不是理想的方式。可以用 CSS 3 中的首行缩进，大小为 2em。
(2) 图文混排：在 CSS 3 中，可以用 float 让文字显示在图片以外的空白处。
(3) 设置背景色：设置网页背景，增加效果。此内容会在后面介绍。
(4) 文字居中：可以通过 CSS 的 text-align 属性设置文字居中。
(5) 显示边框：通过 border 为图片添加一个边框。

疑问 2：设置文字环绕时，float 元素为什么会失去作用？

很多浏览器在显示未指定 width 属性的 float 元素时会有错误。所以不管 float 元素的内容如何，一定要为其指定 width 属性。

10.5 跟我学上机

上机练习 1：制作学校宣传页

制作一个学校宣传页，从而巩固图文混排的相关 CSS 知识。本例包含两个部分，一部分是图片信息，介绍学校场景；另一部分是段落信息，介绍学校的历史和理念。这两部分都放在一个 div 中。完成后，效果如图 10-8 所示。

图 10-8 宣传页面的效果

上机练习 2：制作简单的图文混排网页

创建图片与文字的简单混排效果。具体要求如下：在网页的最上方显示标题，标题下方是正文，在正文部分显示图片。在设计这个网页标题时，其方法与前面的例子相同。上述要求使用 CSS 样式属性实现。效果如图 10-9 所示。

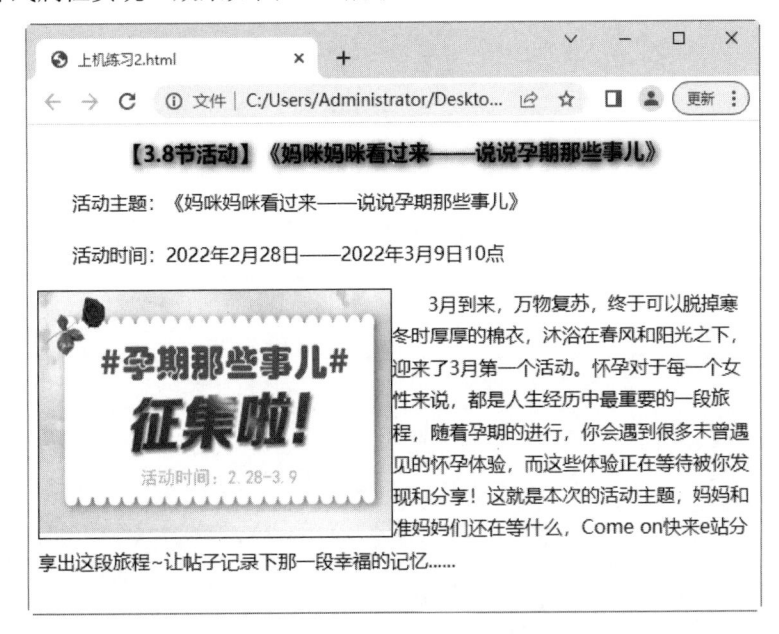

图 10-9　图文混排显示效果

第 11 章
使用 CSS 3 美化网页背景与边框

　　任何一个页面，首先映入眼帘的就是网页的背景色和基调，不同类型的网站有不同的背景和基调。因此设计页面中的背景通常是网站设计中一个重要的步骤。对于单个 HTML 元素，可以通过 CSS 3 属性设置元素边框的样式，包括宽度、风格和颜色等。本章将重点介绍网页背景设置和 HTML 元素边框样式。

重点案例效果

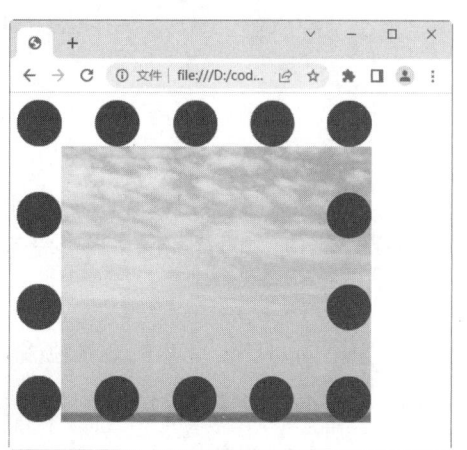

11.1 使用 CSS 3 美化背景

背景是网页设计中的重要因素之一，一个背景优美的网页，总能吸引不少访问者。CSS 的强大表现功能在背景设置方面同样发挥得淋漓尽致。

11.1.1 设置背景颜色

background-color 属性用于设定网页的背景色，与设置前景色的 color 属性一样，可接受任何有效的颜色值，而对于没有设定背景色的标记，默认背景色为透明(transparent)。

background-color 属性的语法格式如下：

```
{background-color: transparent | color}
```

关键字 transparent 是默认值，表示透明。背景颜色 color 的设定方法可以采用英文单词、十六进制值、RGB、HSL、HSLA 和 GRBA。

实例 1 设置背景颜色(案例文件：ch11\11.1.html)

```
<!DOCTYPE html>
<html>
<head>
<title>背景色设置</title>
</head>
<body style="background-color:PaleGreen; color:Blue">
  <p>
    background-color 属性设置背景色，color 属性设置字体颜色。
  </p>
</body>
</html>
```

浏览效果如图 11-1 所示，可以看到，网页的背景色显示为浅绿色，而字体颜色为蓝色。

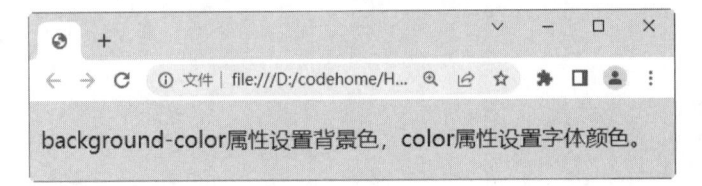

图 11-1 设置背景色

注意，在设计网页时，其背景色不要使用太艳的颜色，否则会给人喧宾夺主的感觉。

background-color 属性不仅可以设置整个网页的背景颜色，还可以设置指定 HTML 元素的背景色，例如设置 h1 标题的背景色，设置段落 p 的背景色。在一个网页中，可以根据需要，设置不同 HTML 元素的背景色。

实例 2 设置不同 HTML 元素的背景色(案例文件：ch11\11.2.html)

```
<!DOCTYPE html>
<html>
<head>
```

第 11 章 使用 CSS 3 美化网页背景与边框

```
<title>背景色设置</title>
<style>
h1 {
    background-color:red;
    color:black;
    text-align:center;
}
p{
    background-color:gray;
    color:blue;
    text-indent:2em;
}
</style>
</head>
<body>
    <h1>颜色设置</h1>
    <p>background-color 属性设置背景色，color 属性设置字体颜色。</p>
</body>
</html>
```

浏览效果如图 11-2 所示，可以看到，网页中，标题区域背景色为红色，段落区域背景色为灰色，并且分别为字体设置了不同的前景色。

图 11-2 设置 HTML 元素的背景色

11.1.2 设置背景图片

不但可以使用背景色来填充网页背景，而且还可以使用背景图片来填充网页。通过 CSS 3 属性，可以对背景图片进行精确定位。background-image 属性用于设置标记的背景图片，通常情况下，在标记<body>中应用，将图片用于整个主体。

background-image 属性的语法格式如下：

```
background-image: none | url(url)
```

其默认属性是无背景图，当需要使用背景图时，可以用 url 进行导入，url 可以使用绝对路径，也可以使用相对路径。

实例 3 设置背景图片(案例文件：ch11\11.3.html)

```
<!DOCTYPE html>
<html>
<head>
<title>背景色设置</title>
<style>
body{
    background-image:url(01.jpg)
```

```
}
</style>
</head>
<body>
<p>夕阳无限好，只是近黄昏！</p>
</body>
</html>
```

浏览效果如图 11-3 所示，可以看到，网页中显示了背景图，但如果图片大小小于整个网页的大小，则为了填充网页背景色，图片会重复出现，并铺满整个网页。

图 11-3　设置背景图片

在设置背景图片时，最好同时也设置背景色，这样，当背景图片因某种原因无法正常显示时，可以使用背景色来代替。当然，如果正常显示，背景图片会覆盖背景色。

11.1.3　设置背景图片重复

在进行网页设计时，通常都是一个网页使用一张背景图片，如果图片的大小小于网页大小，图片会直接重复铺满整个网页，但这种方式不适用于大多数页面。

在 CSS 3 中，可以通过 background-repeat 属性来设置图片的重复方式，包括水平重复、垂直重复和不重复等。

background-repeat 属性用于设置背景图片是否重复平铺，其属性值如表 11-1 所示。

表 11-1　background-repeat 属性

属 性 值	描　　述
repeat	背景图片在水平和垂直方向都重复平铺
repeat-x	背景图片在水平方向重复平铺
repeat-y	背景图片在垂直方向重复平铺
no-repeat	背景图片不重复平铺

background-repeat 属性设置背景图片是从元素的左上角开始重复平铺，直到水平、垂直或全部页面都被背景图片覆盖。

第 11 章　使用 CSS 3 美化网页背景与边框

实例 4　设置背景图片重复(案例文件：ch11\11.4.html)

```
<!DOCTYPE html>
<html>
<head>
<title>背景图片重复</title>
<style>
body{
    background-image:url(01.jpg);
    background-repeat:no-repeat;
}
</style>
</head>
<body>
<p>夕阳无限好，只是近黄昏！</p>
</body>
</html>
```

浏览效果如图 11-4 所示，可以看到，网页中显示了背景图，但图片以默认大小显示，而且没有对整个网页背景进行填充。这是因为代码中设置了背景图不重复平铺。

图 11-4　背景图不重复

同样可以在上面代码中，设置 background-repeat 属性的值为其他值，例如可以设置值为 repeat-x，表示图片在水平方向平铺。此时，预览效果如图 11-5 所示。

图 11-5　背景图片水平方向平铺

11.1.4 设置背景图片显示

对于一个文本较多，一屏显示不了的页面来说，如果使用的背景图片不足以覆盖整个页面，而且只将背景图片应用在页面的某个位置，那么在浏览页面时，肯定会出现看不到背景图片的情况；再者，还可能出现背景图片初始可见，而随着页面的滚动又不可见的情况。也就是说，背景图片不能时刻随着页面的滚动而显示。

要解决上述问题，就要使用 background-attachment 属性，该属性用来设置背景图片是否随文档一起滚动。其包含两个属性值：scroll 和 fixed，并适用于所有元素，如表 11-2 所示。

表 11-2 background-attachment 属性

属 性 值	描 述
scroll	默认值，当页面滚动时，背景图片随页面一起滚动
fixed	背景图片固定在页面的可见区域内

使用 background-attachment 属性，可以使背景图片始终处于视野范围内，以避免出现因页面滚动而消失的情况。

实例 5 设置背景图片显示(案例文件：ch11\11.5.html)

```
<!DOCTYPE html>
<html>
<head>
<title>背景显示方式</title>
<style>
body{
    background-image:url(01.jpg);
    background-repeat:no-repeat;
    background-attachment:fixed;
}
p{
    text-indent:2em;
    line-height:30px;
}
h1{
    text-align:center;
}
</style>
</head>
<body>
<h1>兰亭序</h1>
<p>
永和九年，岁在癸(guǐ)丑，暮春之初，会于会稽(kuài jī)山阴之兰亭，修禊(xì)事也。群贤毕至，少长咸集。此地有崇山峻岭，茂林修竹，又有清流激湍(tuān)，映带左右。引以为流觞(shāng)曲(qū)水，列坐其次，虽无丝竹管弦之盛，一觞(shāng)一咏，亦足以畅叙幽情。</p>
<p>是日也，天朗气清，惠风和畅。仰观宇宙之大，俯察品类之盛，所以游目骋(chěng)怀，足以极视听之娱，信可乐也。</p>
<p> 夫人之相与，俯仰一世。或取诸怀抱，悟言一室之内；或因寄所托，放浪形骸(hái)之外。虽趣(qǔ)舍万殊，静躁不同，当其欣于所遇，暂得于己，快然自足，不知老之将至。及其所之既倦，情随事迁，感慨系(xì)之矣。向之所欣，俯仰之间，已为陈迹，犹不能不以之兴怀。况修短随化，终期于尽。古人云："死生亦大矣。"岂不痛哉！</p>
```

```
<p>每览昔人兴感之由，若合一契，未尝不临文嗟(jiē)悼，不能喻之于怀。固知一死生为虚诞，齐彭殇(shāng)为妄作。后之视今，亦犹今之视昔，悲夫！故列叙时人，录其所述。虽世殊事异，所以兴怀，其致一也。后之览者，亦将有感于斯文。</p>
</body>
</html>
```

浏览效果如图 11-6 所示，可以看到，background-attachment 属性的值为 fixed 时，背景图片的位置固定，但不是相对于页面，而是相对于页面的可视范围。

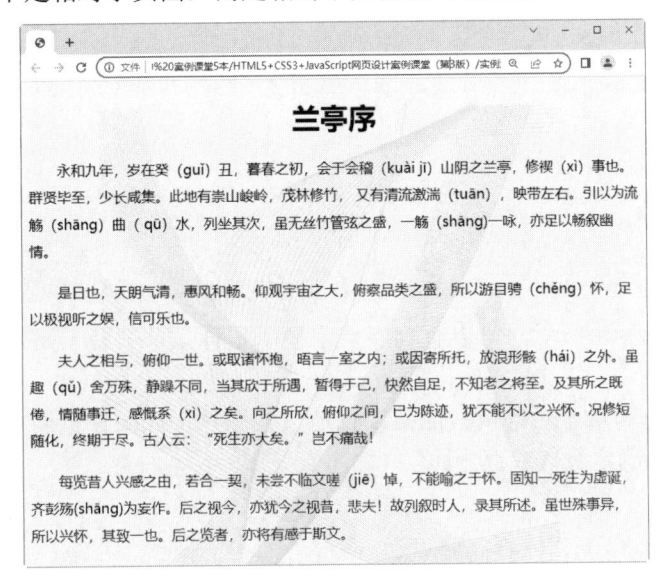

图 11-6 背景图片显示效果

11.1.5 设置背景图片的位置

背景图片都是从设置了 background 属性的标记(例如 body 标记)的左上角开始出现，但在实际网页设计中，可以根据需要，直接指定背景图片出现的位置。在 CSS 3 中，可以通过 background-position 属性轻松地调整背景图片的位置。

background-position 属性用于指定背景图片在页面中所处的位置。该属性值可以分为 4 类：绝对定义位置(length)、百分比定义位置(percentage)、垂直对齐值和水平对齐值。其中垂直对齐值包括 top、center 和 bottom，水平对齐值包括 left、center 和 right，如表 11-3 所示。

表 11-3　background-position 属性

属 性 值	描　　述
length	设置图片与边框之间水平和垂直方向的距离，后跟长度单位(cm、mm、px 等)
percentage	以页面元素框的宽度或高度的百分比放置图片
top	背景图片顶端居中显示
center	背景图片居中显示
bottom	背景图片底端居中显示
left	背景图片左侧居中显示
right	背景图片右侧居中显示

垂直对齐值还可以与水平对齐值一起使用，从而决定图片的垂直位置和水平位置。

实例6 设置背景图片的位置(案例文件：ch11\11.6.html)

```
<!DOCTYPE html>
<html>
<head>
<title>背景位置设定</title>
<style>
body{
    background-image:url(01.jpg);
    background-repeat:no-repeat;
    background-position:top right;
}
</style>
</head>
<body>
</body>
</html>
```

浏览效果如图 11-7 所示，可以看到网页中显示了背景，其背景是从顶端和右侧开始出现的。

使用垂直对齐值和水平对齐值只能格式化地放置图片，如果在页面中要自由地定义图片的位置，则需要使用确定数值或百分比。

在上面的代码中，将：

```
background-position:top right;
```

语句修改为：

```
background-position:20px 30px
```

浏览效果如图 11-8 所示，可以看到网页中显示了背景，其背景是从左上角开始的，但并不是从(0,0)坐标位置开始，而是从(20,30)坐标位置开始。

图 11-7 设置背景的位置　　　　　　图 11-8 指定背景的位置

11.1.6 设置背景图片的大小

在以前的网页设计中，背景图片的大小是不可以控制的，如果想让图片填充整个背景，需要事先设计一个较大的背景图片，否则只能让背景图片以平铺的方式来填充页面元素。在 CSS 3 中，新增了一个 background-size 属性，用来控制背景图片的大小，从而降低网页设计的开发成本。

background-size 属性的语法格式如下：

```
background-size: [<length> | <percentage> | auto]{1,2} | cover | contain
```

其参数值的含义如表 11-4 所示。

表 11-4　background-size 属性

参　数　值	说　　明
<length>	由浮点数和单位标识符组成的长度值。不可为负值
<percentage>	取值为 0%到 100%。不可为负值
cover	保持背景图像本身的宽高比例，将图片缩放到正好完全覆盖所定义的背景区域
contain	保持图像本身的宽高比，将图片缩放到宽度或高度正好适应所定义的背景区域

实例 7　设置背景图片的大小(案例文件：ch11\11.7.html)

```
<!DOCTYPE html>
<html>
<head>
<title>背景大小设定</title>
<style>
body{
    background-image:url(01.jpg);
    background-repeat:no-repeat;
    background-size:cover;
}
</style>
</head>
<body>
</body>
</html>
```

浏览效果如图 11-9 所示，可以看到，背景图片填充了整个页面。

图 11-9　设定背景图片大小

同样，也可以用像素或百分比指定背景图片的大小。当指定为百分比时，图片大小会由所在区域的宽度、高度以及 background-origin 设置的位置决定。使用示例如下：

```
background-size:900 800;
```

background-size 属性可以设置一个或两个值，一个为必填，一个为选填。其中，第一个值用于指定图片的宽度，第二个值用于指定图片的高度，如果只设定一个值，则第二个值默认为 auto。

11.1.7　设置背景图片的显示区域

在网页设计中，如果能改善背景图片的定位方式，使设计师能够更灵活地决定背景图显示的位置，会大大减少设计成本。在 CSS 3 中，新增了一个 background-origin 属性，用来完成背景图片的定位。

默认情况下，background-position 属性总是以元素左上角原点作为背景图像定位点，而使用 background-origin 属性可以改变这种定位方式。background-position 属性的语法格式如下：

```
background-origin: border-box | padding-box | content-box
```

其参数含义如表 11-5 所示。

表 11-5　background-origin 属性

参 数 值	说　　明
border-box	从边框区域开始显示背景
padding-box	从衬距区域开始显示背景
content-box	从内容区域开始显示背景

实例 8　设置背景图片的显示区域(案例文件：ch11\11.8.html)

```
<!DOCTYPE html>
<html>
<head>
<title>背景显示区域设定</title>
<style>
div{
    text-align:center;
    height:500px;
    width:416px;
    border:solid 1px red;
    padding:32px 2em 0;
    background-image:url(02.jpg);
    background-origin:padding-box;
}
div h1{
    font-size:18px;
    font-family:"幼圆";
}
div p{
    text-indent:2em;
    line-height:2em;
```

第 11 章　使用 CSS 3 美化网页背景与边框

```
    font-family:"楷体";
}
</style>
</head>
<body>
<div>
<h1>神笔马良的故事</h1>
<p>从前，有个孩子名字叫马良。父亲母亲早就死了，靠他自己打柴、割草过日子。他从小喜欢学画，可是，他连一支笔也没有啊！</p>
<p>一天，他走过一个学馆门口，看见学馆里的教师，拿着一支笔，正在画画。他不自觉地走了进去，对教师说："我很想学画，借给我一支笔可以吗？"教师瞪了他一眼，"呸！"一口唾沫啐在他脸上，骂道："穷娃子想拿笔，还想学画？做梦啦！"说完，就将他撵出大门来。马良是个有志气的孩子，他说："偏不相信，怎么穷孩子连画也不能学了！"。</p>
</div>
</body>
</html>
```

浏览效果如图 11-10 所示，可以看到，背景图片以指定大小在网页的左侧显示，在背景图片上显示了相应的段落信息。

图 11-10　设置背景的显示区域

11.1.8　设置背景图片的裁剪区域

在 CSS 3 中，新增了一个 background-clip 属性，用来定义背景图片的裁剪区域。

background-clip 属性与 background-origin 属性有几分相似，通俗地说，background-clip 属性用来判断背景是否包含边框区域，而 background-origin 属性用来决定 background-position 属性定位的参考位置。

background-clip 属性的语法格式如下：

```
background-clip: border-box | padding-box | content-box | no-clip
```

191

其参数值的含义如表11-6所示。

表11-6 background-clip 属性

参 数 值	说 明
border-box	从边框区域开始显示背景图片
padding-box	从衬距区域开始显示背景图片
content-box	从内容区域开始显示背景图片
no-clip	从边框区域外裁剪背景图片

实例9 设置背景图片的裁剪区域(案例文件：ch11\11.9.html)

```
<!DOCTYPE html>
<html>
<head>
<title>
背景裁剪
</title>
<style>
div{
    height:150px;
    width:200px;
    border:dotted 50px red;
    padding:50px;
    background-image:url(02.jpg);
    background-repeat:no-repeat;
    background-clip:content-box;
}
</style>
</head>
<body>
<div>
</div>
</body>
</html>
```

浏览效果如图11-11所示，可以看到，背景图片仅在内容区域显示。

图11-11 以内容边缘裁剪背景图片

11.1.9 设置背景图片的复合属性

在 CSS 3 中，background 属性依然保持了以前的用法，即综合了以上所有与背景图片有关的属性(即以 background-开头的属性)，可以一次性地设定背景样式。语法格式如下：

```
background:[background-color] [background-image] [background-repeat]
  [background-attachment] [background-position]
  [background-size] [background-clip] [background-origin]
```

其中的属性顺序可以自由调换，并且可以选择设定。对于没有设定的属性，系统会自行为该属性添加默认值。

实例 10 设置背景图片的复合属性(案例文件：ch11\11.10.html)

```
<!DOCTYPE html>
<html>
<head>
<title>背景的复合属性</title>
<style>
body
{
   background-color:Black;
   background-image:url(01.jpg);
   background-position:center;
   background-repeat:repeat-x;
   background-attachment:fixed;
   background-size:900 800;
   background-origin:padding;
   background-clip:content;
}
</style>
</head>
<body>
</body>
</html>
```

浏览效果如图 11-12 所示，可以看到，网页中背景图片以复合方式显示。

图 11-12 设置背景图片的复合属性

11.2 使用 CSS 3 美化边框

边框就是将元素内容包含在其中的边线，类似于表格的外边线。每一个页面元素的边框可以从三个方面来描述：宽度、样式和颜色，这三个方面决定了边框所显示的外观。CSS 3 中分别使用 border-style、border-width 和 border-color 这三个属性来设置边框。

11.2.1 设置边框的样式

border-style 属性用于设置边框的样式，也就是风格。设置边框格式是边框最重要的部分，border-style 主要用于为页面元素添加边框。

border-style 属性的语法格式如下：

```
border-style: none | hidden | dotted | dashed | solid | double | groove
 | ridge | inset | outset
```

CSS 3 设置了 10 种边框样式，如表 11-7 所示。

表 11-7　border-style 属性

属 性 值	描　　述
none	无边框，无论边框宽度设置多大
dotted	点线式边框
dashed	破折线式边框
solid	直线式边框
double	双线式边框
groove	槽线式边框
ridge	脊线式边框
inset	内嵌效果的边框
outset	突起效果的边框
hidden	与 none 相同。不过应用于表时除外，对于表，hidden 用于解决边框冲突

实例 11 设置边框的样式(案例文件：ch11\11.11.html)

```
<!DOCTYPE html>
<html>
<head>
<title>边框样式</title>
<style>
h1 {
    border-style:dotted;
    color:black;
    text-align:center;
}
p{
    border-style:double;
    text-indent:2em;
```

```
}
</style>
</head>

<body>
    <h1>带有边框的标题</h1>
    <p>带有边框的段落</p>
</body>

</html>
```

浏览效果如图 11-13 所示，可以看到，网页中标题 h1 显示的时候带有边框，其边框样式为点线式边框；同样，段落也带有边框，其边框样式为双线式边框。

图 11-13　设置边框

> **提示**　在没有设置边框颜色的情况下，groove、ridge、inset 和 outset 边框默认的颜色是灰色。dotted、dashed、solid 和 double 这 4 种边框的颜色基于页面元素的 color 值。

其实，这几种边框样式还可以同时定义在一个边框中，从上边框开始，按照顺时针的方向，分别定义上、右、下、左边框样式，从而形成多样式边框。

例如，有下面一条样式规则：

```
p{border-style:dotted solid dashed groove}
```

另外，如果需要单独定义边框一条边的样式，可以使用如表 11-8 所列的属性。

表 11-8　边框样式属性

属　性	描　述
border-top-style	设置上边框的样式
border-right-style	设置右边框的样式
border-bottom-style	设置下边框的样式
border-left-style	设置左边框的样式

11.2.2　设置边框的颜色

border-color 属性用于设置边框的颜色，如果不想与页面元素的颜色相同，则可以使用该属性为边框定义其他颜色。border-color 属性的语法格式如下：

```
border-color: color
```

color 表示指定颜色,通过十六进制数和 RGB 等方式获取。与边框样式属性一样,border-color 属性既可以为整个边框设置一种颜色,也可以分别设置 4 个边的颜色。

实例 12 设置边框的颜色(案例文件：ch11\11.12.html)

```html
<!DOCTYPE html>
<html>
<head>
<title>设置边框颜色</title>
<style>
p{
   border-style:double;
   border-color:red;
   text-indent:2em;
}
</style>
</head>
<body>
    <p>边框颜色设置</p>
    <p style="border-style:solid; border-color:red blue yellow green">
    分别定义边框颜色</p>
</body>
</html>
```

浏览效果如图 11-14 所示,可以看到,第一个段落的边框颜色设置为红色,第二个段落的边框颜色分别设置为红、蓝、黄和绿。

图 11-14 设置边框颜色

除了上面设置 4 个边框颜色的方法外,还可以使用如表 11-9 所示的属性单独为相应的边框设置颜色。

表 11-9 边框颜色属性

属　　性	描　　述
border-top-color	设置上边框颜色
border-right-color	设置右边框颜色
border-bottom-color	设置下边框颜色
border-left-color	设置左边框颜色

11.2.3 设置边框的线宽

在 CSS 3 中,可以通过设置边框的宽度来增强边框的效果。border-width 属性就是用来设置边框宽度的,其语法格式如下：

```
border-width: medium | thin | thick | width
```

其中预设有三种属性值：medium、thin 和 thick，另外，还可以自行设置宽度(width)，如表 11-10 所示。

表 11-10　border-width 属性

属 性 值	描　　述
medium	默认值，中等宽度
thin	比 medium 细
thick	比 medium 粗
width	自定义宽度

实例 13　设置边框的宽度(案例文件：ch11\11.13.html)

```
<!DOCTYPE html>
<html>
<head>
<title>设置边框的宽度</title>
</head>
<body>
    <p style="border-style:dotted; border-width:medium;">设置边框宽度medium </p>
    <p style="border-style:dashed;border-width:thin;">设置边框宽度thin</p>
    <p style="border-style:solid; border-width:12px;"> 自定义边框宽度</p>
</body>
</html>
```

浏览效果如图 11-15 所示，可以看到，三个段落边框以不同的粗细显示。

图 11-15　设置边框的宽度

border-width 属性其实是 border-top-width、border-right-width、border-bottom-width 和 border-left-width 4 个属性的综合属性，这 4 个属性分别用于设置上边框、右边框、下边框、左边框的宽度。

实例 14　分别设置上、右、下、左边框的宽度(案例文件：ch11\11.14.html)

```
<!DOCTYPE html>
<html>
<head>
<title>边框宽度设置</title>
<style>
p{
```

```
        border-style:solid;
        border-color:#ff00ee;
        border-top-width:medium;
        border-right-width:thin;
        border-bottom-width:20px;
        border-left-width:15px;
    }
    </style>
</head>
<body>
        <p>边框宽度设置</p>
</body>
</html>
```

浏览效果如图 11-16 所示，可以看到，边框的上、右、下、左以不同的宽度显示。

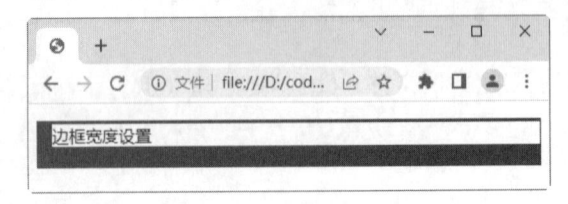

图 11-16　分别设置 4 个边框的宽度

11.2.4　设置边框的复合属性

border 属性集合了上面所介绍的三种属性，可为页面元素设置边框的宽度、样式和颜色。语法格式如下：

```
border: border-width | border-style | border-color
```

其中，三个属性的顺序可以自由调换。

实例 15　设置边框的复合属性(案例文件：ch11\11.15.html)

```
<!DOCTYPE html>
<html>
<head>
<title>边框复合属性设置</title>
</head>
<body>
    <p style="border:dashed red 12px">边框复合属性设置</p>
</body>
</html>
```

浏览效果如图 11-17 所示，可以看到，段落边框以破折线显示，颜色为红色、宽度为 12 像素。

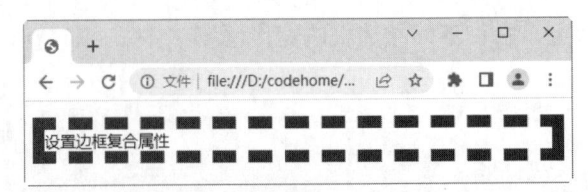

图 11-17　设置边框的复合属性

11.3 设置边框的圆角效果

在 CSS 3 标准没有制定之前，如果想要实现圆角效果，需要花费很大的精力，但在 CSS 3 标准推出之后，网页设计者可以使用 border-radius 轻松地实现圆角效果。

11.3.1 设置圆角边框

在 CSS 3 中，可以使用 border-radius 属性定义边框的圆角效果，从而大大降低了圆角效果的开发成本。border-radius 的语法格式如下：

```
border-radius: none | <length>{1,4} [ / <length>{1,4} ]?
```

其中，none 为默认值，表示元素没有圆角。<length>表示由浮点数和单位标识符组成的长度值，不可为负值。

实例 16 设置圆角边框(案例文件：ch11\11.16.html)

```
<!DOCTYPE html>
<html>
<head>
<title>圆角边框设置</title>
<style>
p{
    text-align:center;
    border:15px solid red;
    width:100px;
    height:50px;
    border-radius:10px;
}
</style>
</head>
<body>
    <p>这是一个圆角边框</p>
</body>
</html>
```

浏览效果如图 11-18 所示，可以看到，段落边框以圆角显示，其半径为 10 像素。

图 11-18 设置圆角边框

11.3.2 指定两个圆角半径

border-radius 属性可以包含两个参数值：第一个参数表示圆角的水平半径，第二个参数表示圆角的垂直半径，两个参数通过斜线(/)隔开。

如果仅含一个参数值，则第二个值与第一个值相同，表示一个 1/4 的圆。如果参数值中包含 0，则表示是矩形，不会显示为圆角。

实例 17 指定两个圆角半径(案例文件：ch11\11.17.html)

```html
<!DOCTYPE html>
<html>
<head>
<title>圆角边框设置</title>
<style>
.p1{
    text-align:center;
    border:15px solid red;
    width:100px;
    height:50px;
    border-radius:5px/50px;
}
.p2{
    text-align:center;
    border:15px solid red;
    width:100px;
    height:50px;
    border-radius:50px/5px;
}
</style>
</head>
<body>
    <p class=p1>这是一个圆角边框A</p>
    <p class=p2>这也是一个圆角边框B</p>
</body>
</html>
```

浏览效果如图 11-19 所示，可以看到，网页中显示了两个圆角边框，第一个段落圆角半径为 5px/50px，第二个段落圆角半径为 50px/5px。

图 11-19 定义不同圆角半径的边框

11.3.3 绘制四个不同角的圆角边框

在 CSS 3 中，要实现四个不同角的圆角边框，其方法有两种：一种是使用 border-radius 属性，另一种是使用 border-radius 衍生属性。

1. 使用 border-radius 属性

利用 border-radius 属性可以绘制四个不同角的圆角边框，如果直接给 border-radius 属性赋四个值，这四个值将按照 top-left、top-right、bottom-right、bottom-left 的顺序来设置。

实例 18 使用 border-radius 属性(案例文件：ch11\11.18.html)

```
<!DOCTYPE html>
<html>
<head>
<title>设置圆角边框</title>
<style>
.div1{
    border:15px solid blue;
    height:100px;
    border-radius:10px 30px 50px 70px;
}
.div2{
    border:15px solid blue;
    height:100px;
    border-radius:10px 50px 70px;
}
.div3{
    border:15px solid blue;
    height:100px;
    border-radius:10px 50px;
}
</style>
</head>
<body>
<div class=div1></div><br>
<div class=div2></div><br>
<div class=div3></div>
</body>
</html>
```

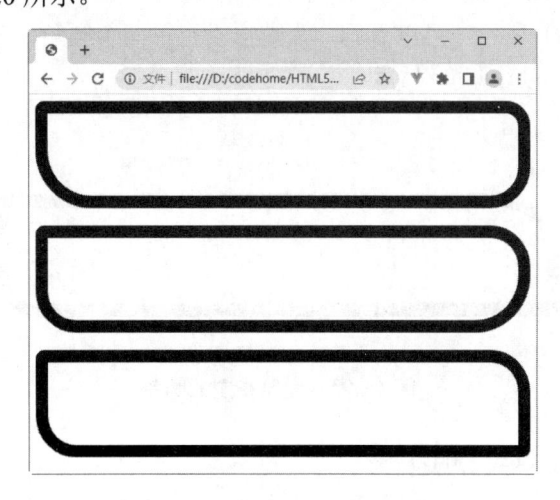

浏览效果如图 11-20 所示。

图 11-20 设置不同角的圆角边框

可以看到，第一个 div 层设置了四个不同角的圆角边框，第二个 div 层设置了三个不同角的圆角边框，第三个 div 层设置了两个不同角的圆角边框。

2. 使用 border-radius 衍生属性

除了上面设置圆角边框的方法外，还可以使用如表 11-11 所示的属性，单独为相应的边框设置圆角。

表 11-11 定义不同角的属性

属　性	描　述
border-top-right-radius	定义右上角的圆角
border-bottom-right-radius	定义右下角的圆角
border-bottom-left-radius	定义左下角的圆角
border-top-left-radius	定义左上角的圆角

实例 19 使用 border-radius 衍生属性(案例文件：ch11\11.19.html)

```
<!DOCTYPE html>
<html>
<head>
<title>圆角边框设置</title>
<style>
.div{
    border:15px solid blue;
    height:100px;
    border-top-left-radius:70px;
    border-bottom-right-radius:40px;
}
</style>
</head>
<body>
<div class=div></div><br>
</body>
</html>
```

浏览效果如图 11-21 所示，可以看到，为边框设置了两个圆角，分别使用 border-top-left-radius 和 border-bottom-right-radius 指定。

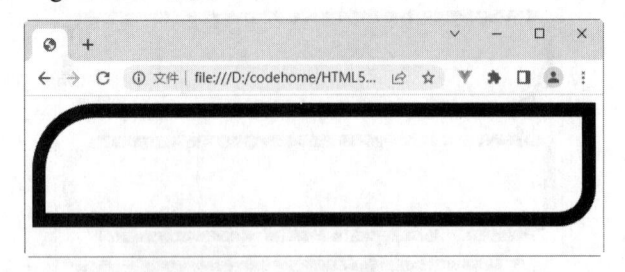

图 11-21 绘制指定的圆角

11.3.4 绘制不同种类的边框

border-radius 属性可以设置不同的半径值来绘制不同的圆角边框。同样也可以利用 border-radius 来定义边框内部的圆角，即内圆角。需要注意的是，外部圆角边框的半径称为外半径，内边半径等于外边半径减去对应边的宽度，即把边框内部的圆的半径称为内半径。

通过外半径和边框宽度的不同设置，可以绘制出不同形状的内边框。例如绘制内直角、小内圆角、大内圆角和圆。

实例 20 绘制不同种类的边框(案例文件：ch11\11.20.html)

```html
<!DOCTYPE html>
<html>
<head>
<title>圆角边框设置</title>
<style>
.div1{
    border:70px solid blue;
    height:50px;
    border-radius:40px;
}
.div2{
    border:30px solid blue;
    height:50px;
    border-radius:40px;
}
.div3{
    border:10px solid blue;
    height:50px;
    border-radius:60px;
}
.div4{
    border:1px solid blue;
    height:100px;
    width:100px;
    border-radius:50px;
}
</style>
</head>
<body>
<div class=div1></div><br>
<div class=div2></div><br>
<div class=div3></div><br>
<div class=div4></div><br>
</body>
</html>
```

浏览效果如图 11-22 所示，可以看到，第一个边框内角为直角，第二个边框内角为小圆角，第三个边框内角为大圆角，第四个边框为圆。

> **提示** 当边框宽度设置大于圆角外半径时，即内半径为 0，则会显示内直角，而不是圆直角，所以内外边曲线的圆心必然是一致的，见例 20 中第一种边框的设置。如果边框宽度小于圆角半径，即内半径小于 0，则会显示小幅圆角效果，见例 20 中第二个边框设置。如果边框宽度设置远远小于圆角半径，即内半径远远大于 0，则会显示大幅圆角效果，见例 20 中第三个边框设置。如果设置高度与宽度元素值相同，同时设置圆角半径为元素大小的一半，则会显示圆，见例 20 中的第四个边框设置。

图 11-22　绘制不同种类的边框

11.4　疑难解惑

疑问 1：背景图片为什么不显示？是不是路径有问题呢？

在一般情况下，设置图片路径的代码如下：

```
background-image:url(logo.jpg);
background-image:url(../logo.jpg);
background-image:url(../images/logo.jpg);
```

对于第一种情况 url(logo.jpg)，要看此图片是不是与 CSS 文件在同一目录中。

对于第二和第三种情况，则不推荐使用，因为网页文件可能存在于多级目录中，不同级目录的文件位置注定了相对路径是不一样的。而这样就让问题复杂化了，很可能图片在这个文件中显示正常，而换了一级目录，图片就找不到影子了。

有一种方法可以轻松解决这一问题，即建立一个公共文件目录，例如 image，用来存放一些公用的图片文件，然后在 CSS 文件中，可以使用下列方式调用：

```
url(images/logo.jpg)
```

疑问 2：能用小图片进行背景平铺吗？

不要使用过小的图片做背景平铺。这是因为若用宽高为 1px 的图片平铺出一个宽高为 200px 的区域，需要计算 200×200=40000 次，占用 CPU 资源过多。

疑问 3：边框样式 border:0 会占用资源吗？

推荐的写法是 border:none，虽然 border:0 只是定义边框宽度为 0，但边框样式、颜色还是会被浏览器解析的，并占用资源。

11.5　跟我学上机

上机练习 1：制作商业网站主页面

一个简单的商业网站主页面包括三个部分：一部分是网站 Logo，一部分是导航栏，另外一部分是主页的显示内容。此处使用一个背景图来代替网站 Logo，导航栏使用表格来实现，内容列表使用无序列表来实现。完成后的效果如图 11-23 所示。

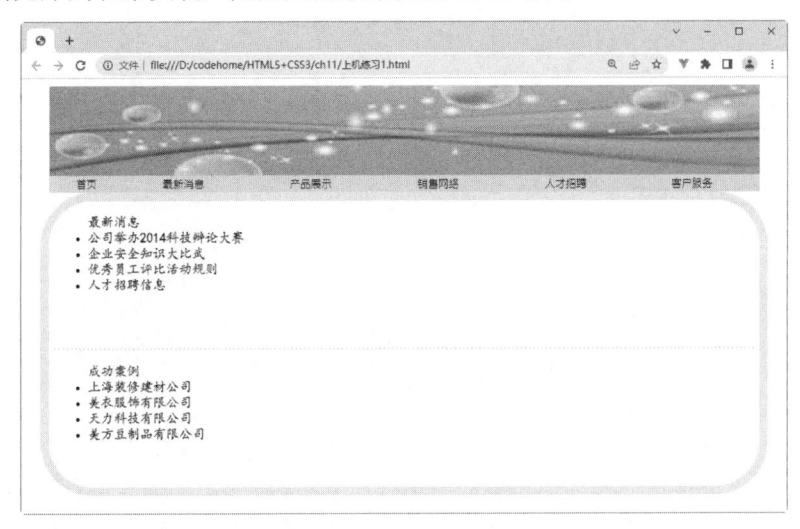

图 11-23　商业网站的主页

上机练习 2：制作简单的生活资讯主页

本练习来制作一个简单的生活资讯主页，预览效果如图 11-24 所示。

图 11-24　生活资讯主页

第 12 章
使用 CSS 3 美化超级链接和鼠标

超链接是网页的灵魂，网页之间都是通过超链接进行访问的，超链接可以实现页面跳转。通过 CSS 3 属性定义，可以设置出美观大方、具有不同外观和样式的超链接，从而增强网页样式特效。

重点案例效果

12.1 使用 CSS 3 美化超链接

一般情况下,超级链接是用<a></a>标记设置的,文字或图片均可设置超链接。添加了超级链接的文字具有自己的样式,从而与其他文字有区别,其中默认的链接样式为蓝色文字、有下划线。通过 CSS 3 属性可以修饰超级链接,从而实现美观的效果。

12.1.1 改变超级链接的基本样式

通过 CSS 3 的伪类,可以改变超级链接的基本样式,使用伪类,可以很方便地为超级链接定义在不同状态下的样式效果,伪类是 CSS 本身定义的一种类。

超级链接伪类介绍如表 12-1 所示。

表 12-1 超级链接伪类

伪 类	用 途
a:link	定义 a 对象在未被访问前的样式
a:hover	定义 a 对象在鼠标悬停时的样式
a:active	定义 a 对象被用户激活时的样式(在鼠标单击与释放之间发生的事件)
a:visited	定义 a 对象在链接地址被访问过时的样式

实例 1 改变超级链接的基本样式(案例文件:ch12\12.1.html)

```
<!DOCTYPE html>
<html>
<head>
<title>超级链接样式</title>
<style>
a{
    color:#545454;
    text-decoration:none;
}
a:link{
    color:#545454;
    text-decoration:none;
}
a:hover{
    color:#f60;
    text-decoration:underline;
}
a:active{
    color:#FF6633;
    text-decoration:none;
}
</style>
</head>
<body>
<center>
<a href=#>返回首页</a>|<a href=#>成功案例</a>
<center>
```

```
</body>
</html>
```

浏览效果如图 12-1 所示，可以看到，对于这两个超级链接，当鼠标停留在第一个超级链接上方时，显示颜色为黄色，并带有下划线，另一个超级链接没有被访问时不带有下划线，颜色显示为灰色。

图 12-1　用伪类修饰超级链接

> **提示**　从上面的介绍可以知道，伪类只是提供一种途径来修饰超级链接，而对超级链接真正起作用的，其实还是文本、背景和边框等属性。

12.1.2　设置带有提示信息的超级链接

在网页显示的时候，有时一个超级链接并不能说明这个链接所代表的含义，通常还要为这个链接加上一些介绍性的信息，即提示信息。此时可以通过超级链接<a>提供描述标记 title 达到这个效果。title 属性的值即为提示内容，当浏览器的光标停留在超级链接上方时，会出现提示内容，并且不会影响页面版式的整洁。

实例2　设置带有提示信息的超级链接（案例文件：ch12\12.2.html）

```
<!DOCTYPE html>
<html>
<head>
<title>超级链接样式</title>
<style>
a{
    color:#005799;
    text-decoration:none;
}
a:link{
    color:#545454;
    text-decoration:none;
}
a:hover{
    color:#f60;
    text-decoration:underline;
}
a:active{
    color:#FF6633;
    text-decoration:none;
}
</style>
</head>
```

```
<body>
<a href="" title="这是一个优秀的团队">了解我们</a>
</body>
</html>
```

浏览效果如图 12-2 所示,可以看到,当鼠标停留在超级链接上方时,显示颜色为黄色,带有下划线,并且有一个提示信息"这是一个优秀的团队"。

图 12-2 超级链接的提示信息

12.1.3 设置超级链接的背景图

一个普通超级链接,要么是文本,要么是图片,显示方式很单一。若将图片作为背景图添加到超级链接里,可以使超级链接具有更加精美的效果。超级链接如果要添加背景图片,通常使用 background-image 来完成。

实例3 设置超级链接的背景图(案例文件:ch12\12.3.html)

```
<!DOCTYPE html>
<html>
<head>
<title>设置超级链接的背景图</title>
<style>
a{
    background-image:url(01.jpg);
    width:90px;
    height:30px;
    color:#005799;
    text-decoration:none;
}
a:hover{
    background-image:url(02.jpg);
    color:#006600;
    text-decoration:underline;
}
</style>
</head>
<body>
<a href="#">品牌特卖</a>
<a href="#">服饰精选</a>
<a href="#">食品保健</a>
</body>
</html>
```

浏览效果如图 12-3 所示,可以看到,显示了三个超级链接。当鼠标停留在一个超级链接上时,其背景图就会显示为亮黄色并带有下划线;而当鼠标不在超级链接上时,背景图显示为暗黄色,并且不带下划线。

第 12 章 使用 CSS 3 美化超级链接和鼠标

图 12-3 为超级链接设置背景图

> **提示** 在上面的代码中，使用 background-image 引入背景图，text-decoration 设置超级链接是否具有下划线。

12.1.4 设置超级链接的按钮效果

有时为了增强超级链接的效果，会将超级链接模拟成表单按钮，即当鼠标指针移到一个超级链接上的时候，超级链接的文字或图片就会像被按下一样，有一种凹陷的效果。其实现方式通常是利用 CSS 中的 a:hover，即当鼠标经过链接时，将链接向下、向右各移一个像素，这时候，显示效果就像按钮被按下了一样。

实例 4 设置超级链接的按钮效果（案例文件：ch12\12.4.html）

```
<!DOCTYPE html>
<html>
<head>
<title>设置超级链接的按钮效果</title>
<style>
a{
    font-family:"幼圆";
    font-size:2em;
    text-align:center;
    margin:3px;
}
a:link,a:visited{
    color:#ac2300;
    padding:4px 10px 4px 10px;
    background-color:#ccd8db;
    text-decoration:none;
    border-top:1px solid #EEEEEE;
    border-left:1px solid #EEEEEE;
    border-bottom:1px solid #717171;
    border-right:1px solid #717171;
}
a:hover{
    color:#821818;
    padding:5px 8px 3px 12px;
    background-color:#e2c4c9;
    border-top:1px solid #717171;
    border-left:1px solid #717171;
    border-bottom:1px solid #EEEEEE;
    border-right:1px solid #EEEEEE;
}
</style>
</head>
<body>
```

```
<a href="#">首页</a>
<a href="#">团购</a>
<a href="#">品牌特卖</a>
<a href="#">服饰精选</a>
<a href="#">食品保健</a>
</body>
</html>
```

浏览效果如图 12-4 所示，可以看到显示了 5 个超级链接。当鼠标停留在一个超级链接上时，其背景色显示为浅红色并具有凹陷的感觉；而当鼠标不在超级链接上时，背景图显示为浅灰色。

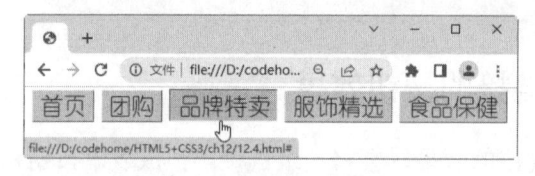

图 12-4　超级链接按钮的效果

上面的 CSS 代码中，需要对 a 标记进行整体控制，同时加入了 CSS 的两个伪类属性。对于普通超链接和单击过的超链接采用了同样的样式，并且边框的样式模拟按钮效果。而对于鼠标指针经过时的超级链接，相应地改变文本颜色、背景色、位置和边框，从而模拟出按钮被按下的效果。

12.2　使用 CSS 3 美化鼠标特效

对于经常操作计算机的人来说，当鼠标指针移动到不同地方或执行不同操作时，鼠标样式是不同的，这些就是鼠标特效。例如，当需要缩放窗口时，将鼠标指针放置在窗口边框处，鼠标指针会变成双向箭头状；当系统繁忙时，鼠标指针会变成漏斗状。如果要在网页中实现这种效果，可以使用 CSS 属性。

12.2.1　使用 CSS 3 控制鼠标箭头

在 CSS 3 中，鼠标的箭头样式可以通过 cursor 属性来实现。cursor 属性包含 17 个属性值，对应鼠标的 17 个样式，如表 12-2 所示。

表 12-2　鼠标样式(cursor 属性)

属　性　值	说　明
auto	自动，按照默认状态自行改变
crosshair	精确定位十字
default	默认鼠标指针
hand	手形
move	移动
help	帮助

续表

属性值	说明
wait	等待
text	文本
n-resize	箭头朝上双向
s-resize	箭头朝下双向
w-resize	箭头朝左双向
e-resize	箭头朝右双向
ne-resize	箭头右上双向
se-resize	箭头右下双向
nw-resize	箭头左上双向
sw-resize	箭头左下双向
pointer	指示
url (url)	自定义鼠标指针

实例 5 使用 CSS 3 控制鼠标箭头(案例文件：ch12\12.5.html)

```html
<!DOCTYPE html>
<html>
<head>
<title>鼠标特效</title>
</head>
<body>
<h2>用 CSS 控制鼠标箭头</h2>
<div style="font-size:10pt;color:DarkBlue">
<p style="cursor:hand">手形</p>
<p style="cursor:move">移动</p>
<p style="cursor:help">帮助</p>
<p style="cursor:n-resize">箭头朝上双向</p>
<p style="cursor:ne-resize">箭头右上双向</p>
<p style="cursor:wait">等待</p>
</div>
</body>
</html>
```

浏览效果如图 12-5 所示，可以看到多个鼠标样式提示信息，当鼠标指针放在一个帮助文字上时，鼠标指针会以问号"?"显示，从而起到提示作用。读者可以将鼠标指针放在不同的文字上，查看不同的鼠标样式。

12.2.2 设置鼠标变换式超链接

知道了如何控制鼠标样式，就可以轻松地制作出鼠标指针样式变换的超级链接效果，即鼠标

图 12-5 鼠标样式

指针放到超级链接上时,可以看到超级链接的颜色和背景图片发生了变化,并且鼠标样式也发生了变化。

实例6 设置鼠标变换式超链接(案例文件:ch12\12.6.html)

```html
<!DOCTYPE html>
<html>
<head>
<title>鼠标手势</title>
<style>
a{
    display:block;
    background-image:url(03.jpg);
    background-repeat:no-repeat;
    width:100px;
    height:30px;
    line-height:30px;
    text-align:center;
    color:#FFFFFF;
    text-decoration:none;
}
a:hover{
    background-image:url(02.jpg);
    color:#FF0000;
    text-decoration:none;
}
.help{
    cursor:help;
}
.text{cursor:text;}
</style>
</head>
<body>
<a href="#" class="help">帮助我们</a>
<a href="#" class="text">招聘信息</a>
</body>
</html>
```

浏览效果如图 12-6 所示,可以看到,当鼠标指针放在"帮助我们"文字上时,鼠标样式中出现问号,字体颜色显示为红色,背景色为黄色。当鼠标指针不放在文字上时,背景图片为绿色,字体颜色为白色。

图 12-6 鼠标指针变幻效果

12.3 设计一个简单的导航栏

网站的每个页面中基本都有一个导航栏,作为浏览者跳转的入口。导航栏一般是由超级链接组成的,对于导航栏的样式,可以采用 CSS 来设置。导航栏的样式主要是在文字、背景图片和边框方面的变化。

结合前面学习的知识,创建一个实用导航栏,具体步骤如下。

01 分析需求。

导航栏中通常需要创建一些超级链接,然后对这些超级链接进行修饰。这些超级链接可以横排,也可以竖排。链接上可以导入背景图片,文字可以添加下划线等。

02 构建 HTML,创建超级链接:

```
<!DOCTYPE html>
<html>
<head>
<title>制作导航栏</title>
</head>
<body>
    <a href="#">最新消息</a>
    <a href="#">产品展示</a>
    <a href="#">客户中心</a>
    <a href="#">联系我们</a>
</body>
</html>
```

浏览效果如图 12-7 所示,可以看到,页面中创建了 4 个超级链接,其排列方式是横排。

图 12-7 创建超级链接

03 添加 CSS 代码,修饰超级链接的基本样式:

```
<style type="text/css">
<!--
a, a:visited {
    display: block;
    font-size: 16px;
    height: 50px;
    width: 80px;
    text-align: center;
    line-height: 40px;
    color: #000000;
    background-image: url(20.jpg);
    background-repeat: no-repeat;
    text-decoration: none;
}
-->
</style>
```

浏览效果如图 12-8 所示，可以看到，页面中 4 个超级链接的排列方式变为竖排，并且每个链接都导入了一个背景图片，超级链接的高度为 50 像素、宽度为 80 像素，字体颜色为黑色，不带下划线。

04 添加 CSS 代码，修饰链接的鼠标悬浮样式：

```
a:hover {
font-weight: bolder;
color: #FFFFFF;
text-decoration: underline;
background-image: url(hover.gif);
}
```

浏览效果如图 12-9 所示，可以看到，当鼠标指针放在导航栏中的一个超级链接上时，鼠标样式发生了变化，文字下方出现下划线。

图 12-8　设置链接的基本样式　　　　图 12-9　设置鼠标悬浮样式

12.4　疑　难　解　惑

疑问 1：丢失标记中的结尾斜线，会造成什么后果呢？

会造成页面排版效果丢失。结尾斜线也是造成页面效果失效比较常见的原因。我们会很容易地忽略结尾斜线之类的东西，特别是在 image 标记等元素中。

疑问 2：设置了超级链接的激活状态，怎么看不到结果呢？

当前激活状态 a:active 一般被显示的情况非常少，因此很少使用。因为当用户单击一个超级链接之后，焦点很容易就会从这个链接转移到其他地方，例如新打开的窗口等。此时该超级链接就不再是"当前激活"状态了。

12.5　跟我学上机

上机练习 1：制作图片版本的超级链接

结合前面学习的知识，创建一个页面，包含两个部分：一个是图片，一个是文字。图片作为超级链接，单击可以进入下一个页面；文字主要用于介绍物品。完成后，浏览效果如

图 12-10 所示。

图 12-10　图片版本的超级链接

上机练习 2：制作鼠标特效和自定义鼠标

通过样式呈现鼠标特效并自定义一个鼠标。本例将创建 3 个超级链接，并设定它们的样式。浏览效果如图 12-11 和图 12-12 所示。

图 12-11　鼠标特效　　　　　　　　图 12-12　自定义鼠标特效

第 13 章

使用 CSS 3 美化表格和表单的样式

　　表格和表单是网页中常见的元素，表格通常用来显示二维关系数据和辅助排版，从而实现整齐和美观的页面效果。而表单作为客户端与服务器交流的窗口，可以获取客户端信息，并反馈服务器端信息。本章将介绍如何使用 CSS 3 来美化表格和表单。

重点案例效果

13.1 美化表格的样式

在传统的网页设计中，表格一直占有比较重要的地位，使用表格排版，可以使网页更美观、条理更清晰，更易于维护和更新。

13.1.1 设置表格边框的样式

在显示表格数据时，通常都带有表格边框，用来界定不同单元格的数据。当 table 表格的描述标记 border 值大于 0 时，显示边框；如果 border 的值为 0，则不显示边框。边框显示之后，可以使用 CSS 3 的 border-collapse 属性对边框进行修饰。其语法格式如下：

```
border-collapse: separate | collapse
```

其中，separate 是默认值，表示边框会被分开，不会忽略 border-spacing 和 empty-cells 属性。而 collapse 属性表示边框会合并为一个单一的边框，会忽略 border-spacing 和 empty-cells 属性。

实例 1 设置表格边框的样式(案例文件：ch13\13.1.html)

```
<!DOCTYPE html>
<html>
<head>
<title>家庭季度支出表</title>
<style>
<!--
.tabelist{
    border:1px solid #429fff;      /* 表格边框 */
    font-family:"楷体";
    border-collapse:collapse;      /* 边框重叠 */
}
.tabelist caption{
    padding-top:3px;
    padding-bottom:2px;
    font-weight:bolder;
    font-size:15px;
    font-family:"幼圆";
    border:2px solid #429fff;      /* 表格标题边框 */
}
.tabelist th{
    font-weight:bold;
    text-align:center;
}
.tabelist td{
    border:1px solid #429fff;      /* 单元格边框 */
    text-align:right;
    padding:4px;
}
-->
</style>
</head>
<body>
```

```html
<table class="tabelist">
<caption class="tabelist">2022季度 07-09</caption>
<tr>
    <th>月份</th>
    <th>07 月</th>
    <th>08 月</th>
    <th>09 月</th>
</tr>
<tr>
    <td>收入</td>
    <td>8000</td>
    <td>9000</td>
    <td>7500</td>
</tr>
<tr>
    <td>吃饭</td>
    <td>600</td>
    <td>570</td>
    <td>650</td>
</tr>
<tr>
    <td>购物</td>
    <td>1000</td>
    <td>800</td>
    <td>900</td>
</tr>
<tr>
    <td>买衣服</td>
    <td>300</td>
    <td>500</td>
    <td>200</td>
</tr>
<tr>
    <td>看电影</td>
    <td>85</td>
    <td>100</td>
    <td>120</td>
</tr>
<tr>
    <td>买书</td>
    <td>120</td>
    <td>67</td>
    <td>90</td>
</tr>
</table>
</body>
</html>
```

浏览效果如图 13-1 所示，可以看到表格显示有边框，边框宽度为 1 像素的直线，并且边框进行了合并。表格标题"2022 季度 07-09"也带有边框，字体大小为 15 像素，字体是幼圆并加粗显示。表格中的每个单元格都以 1 像素、直线的方式显示边框，并将显示对象右对齐。

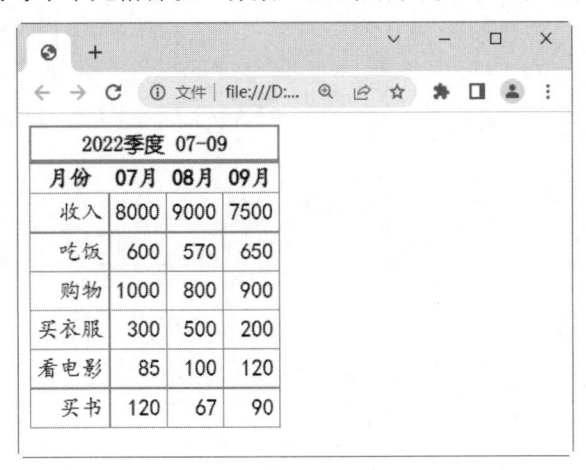

图 13-1　表格样式的修饰

13.1.2　设置表格边框的宽度

在 CSS 3 中，用户可以使用 border-width 属性来设置表格边框的宽度。如果需要单独设置某一个边框的宽度，可以使用 border-width 的衍生属性，例如 border-top-width 和 border-left-width 等。

实例2 设置表格边框的宽度(案例文件：ch13\13.2.html)

```html
<!DOCTYPE html>
<html>
<head>
<title>表格边框宽度</title>
<style>
table{
  text-align:center;
  width:500px;
  border-width:6px;
  border-style:double;
  color:blue;
}
td{
  border-width:3px;
  border-style:dashed;
}
</style>
</head>
<body>
<table border=1 cellspacing="3" cellpadding="0">
  <tr>
    <td>姓名</td>
    <td class=tds>性别</td>
    <td>年龄</td>
  </tr>
  <tr>
    <td>张三</td>
    <td>男</td>
    <td>31</td>
  </tr>
  <tr>
    <td>李四 </td>
    <td>男</td>
    <td>18</td>
  </tr>
</table>
</body>
</html>
```

浏览效果如图 13-2 所示，可以看到，表格的边框宽度为 6 像素，双线式，表格中的字体颜色为蓝色。单元格边框宽度为 3 像素，显示样式是虚线。

图 13-2 设置表格边框的宽度

13.1.3 设置表格边框的颜色

表格颜色的设置非常简单，通常使用 CSS 3 中的 color 属性来设置表格中文本的颜色，使用 background-color 属性设置表格的背景色。如果要突出表格中的某一个单元格，还可以使用 background-color 属性为其设置背景。

实例 3 设置表格边框的颜色(案例文件：ch13\13.3.html)

```
<!DOCTYPE html>
<html>
<head>
<title>设置表格边框颜色</title>
<style>
*{
    padding:0px;
    margin:0px;
}
body{
    font-family:"黑体";
    font-size:20px;
}
table{
    background-color:yellow;
    text-align:center;
    width:500px;
    border:1px solid green;
}
td{
    border:1px solid green;
    height:30px;
    line-height:30px;
}
.tds{
    background-color:blue;
}
</style>
</head>
<body>
<table cellspacing="3" cellpadding="0">
  <tr>
    <td>姓名</td>
    <td class=tds>性别</td>
    <td>年龄</td>
  </tr>
  <tr>
    <td>张三</td>
    <td>男</td>
    <td>32</td>
  </tr>
  <tr>
    <td>小丽</td>
    <td>女</td>
    <td>28</td>
  </tr>
</table>
```

```
</body>
</html>
```

浏览效果如图 13-3 所示,可以看到,表格带有边框,边框显示为绿色,表格背景色为黄色,其中一个单元格的背景色为蓝色。

图 13-3 设置表格边框的背景色

13.2 美化表单样式

表单可以用来向 Web 服务器发送数据,经常出现在主页页面——用户输入信息然后发送到服务器。实际用在 HTML 中的标记有 form、input、textarea、select 和 option。

13.2.1 美化表单中的元素

在网页中,表单元素的背景色默认都是白色的,这样的背景色不能美化网页,所以可以使用颜色属性来定义表单元素的背景色。表单元素的背景色可以使用 background-color 属性来定义,使用示例如下:

```
input{background-color: #ADD8E6;}
```

上面的代码设置了 input 表单元素的背景色。

实例 4 美化表单中的元素(案例文件:ch13\13.4.html)

```
<!DOCTYPE html>
<HTML>
<head>
<style>
<!--
input{                      /* 所有 input 标记 */
    color: #cad9ea;
}
input.txt{                  /* 文本框单独设置 */
    border: 1px inset #cad9ea;
    background-color: #ADD8E6;
}
input.btn{                  /* 按钮单独设置 */
    color: #00008B;
    background-color: #ADD8E6;
    border: 1px outset #cad9ea;
    padding: 1px 2px 1px 2px;
}
select{
```

```
        width: 80px;
        color: #00008B;
        background-color: #ADD8E6;
        border: 1px solid #cad9ea;
}
textarea{
        width: 200px;
        height: 40px;
        color: #00008B;
        background-color: #ADD8E6;
        border: 1px inset #cad9ea;
}
-->
</style>
</head>
<BODY>
<h3>注册页面</h3>
<table border="1" width="45%">
<form method="post">
    <tr>
        <td width="30%">昵称:</td>
        <td><input class=txt>1~20 个字符<div id="qq"></div></td>
    </tr>
    <tr>
        <td>密码:</td>
        <td><input type="password" >长度为 6~16 位</td>
    </tr>
    <tr>
        <td>确认密码:</td>
        <td><input type="password" ></td>
    </tr>
    <tr>
        <td>真实姓名: </td>
        <td><input name="username1"></td>
    </tr>
    <tr>
        <td>性别:</td>
        <td><select><option>男</option><option>女</option></select></td>
    </tr>
    <tr>
        <td>E-mail 地址:</td>
        <td><input value="sohu@sohu.com"></td>
    </tr>
    <tr>
        <td>备注:</td>
        <td><textarea cols=35 rows=10></textarea></td>
    </tr>
    <tr>
        <td><input type="button" value="提交" class=btn /></td>
        <td><input type="reset" value="重填"/></td>
    </tr>
</form>
</table>
</BODY>
</HTML>
```

浏览效果如图 13-4 所示,可以看到,表单中的"昵称"文本框、"性别"下拉框和"备注"文本框中都显示了指定的背景颜色。

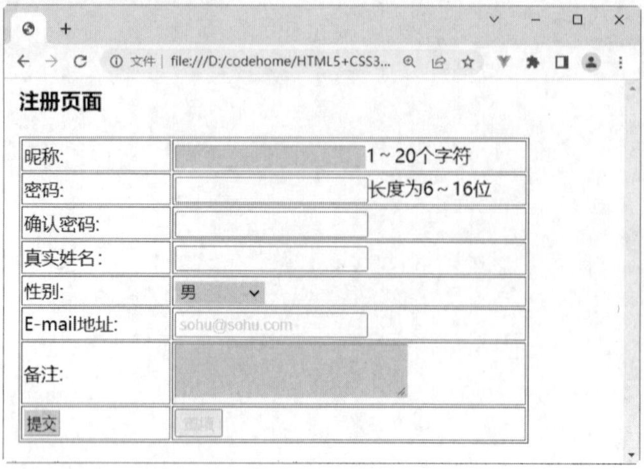

图 13-4 美化表单元素

在上面的代码中，首先使用 input 标记选择符定义了 input 表单元素的字体颜色，然后分别定义了两个类：txt 和 btn。txt 用来修饰文本框的样式，btn 用来修饰按钮的样式。最后分别定义了 select 和 textarea 的样式，其样式定义主要涉及边框和背景色。

13.2.2 美化提交按钮

通过为表单元素设置背景色，可以在一定程度上起到美化提交按钮的效果。例如可以将 background-color 属性值设置为 transparent(透明色)，就是最常见的一种美化提交按钮的方式。使用示例如下：

```
background-color:transparent;         /* 背景色透明 */
```

实例 5 美化提交按钮(案例文件：ch13\13.5.html)

```
<!DOCTYPE html>
<html>
<head>
<title>美化提交按钮</title>
<style>
<!--
form{
    margin:0px;
    padding:0px;
    font-size:14px;
}
input{font-size:14px; font-family:"幼圆";}
.t{
    border-bottom:1px solid #005aa7;      /* 下划线效果 */
    color:#005aa7;
    border-top:0px; border-left:0px;
    border-right:0px;
    background-color:transparent;         /* 背景色透明 */
}
```

```
.n{
    background-color:transparent;       /* 背景色透明 */
    border:0px;                         /* 边框取消 */
}
-->
</style>
</head>
<body>
<center>
    <h1>签名页</h1>
    <form method="post">
        值班主任: <input id="name" class="t">
        <input type="submit" value="提交上一级签名>>" class="n">
    </form>
</center>
</body>
</html>
```

浏览效果如图 13-5 所示，可以看到，文本框只显示一个下边框，其他边框被去掉了，提交按钮只显示文字，而常见的矩形形式被去掉了。

图 13-5　表单元素边框的设置

13.2.3　美化下拉菜单

在网页设计中，有时为了突出效果，会对文字进行加粗、添加颜色等设置。同样也可以对表单元素中的文字这样进行修饰。使用 CSS 3 中的 font 相关属性，就可以美化下拉菜单文字，例如 font-size、font-weight 等。对于颜色，可以采用 color 和 background-color 属性进行设置。

实例6　美化下拉菜单(案例文件：ch13\13.6.html)

```
<!DOCTYPE html>
<html>
<head>
<title>美化下拉菜单</title>
<style>
<!--
.blue{
    background-color:#7598FB;
    color:#000000;
    font-size:15px;
    font-weight:bolder;
    font-family:"幼圆";
}
```

```css
.red{
    background-color:#E20A0A;
    color:#ffffff;
    font-size:15px;
    font-weight:bolder;
    font-family:"幼圆";
}
.yellow{
    background-color:#FFFF6F;
    color:#000000;
    font-size:15px;
    font-weight:bolder;
    font-family:"幼圆";
}
.orange{
    background-color:orange;
    color:#000000;
    font-size:15px;
    font-weight:bolder;
    font-family:"幼圆";
}
-->
</style>
</head>
<body>
<form method="post">
    <p>
    <label for="color">选择暴雪预警信号级别:</label>
    <select name="color" id="color">
        <option value="">请选择</option>
        <option value="blue" class="blue">暴雪蓝色预警信号</option>
        <option value="yellow" class="yellow">暴雪黄色预警信号</option>
        <option value="orange" class="orange">暴雪橙色预警信号</option>
        <option value="red" class="red">暴雪红色预警信号</option>
    </select>
    </p>
    <p><input type="submit" value="提交"></p>
</form>
</body>
</html>
```

浏览效果如图 13-6 所示，可以看到下拉菜单中的每个菜单项显示了不同的背景色，可以与其他菜单项区分。

图 13-6 设置下拉菜单的样式

13.3 疑难解惑

疑问 1：构建一个表格时需要注意哪些方面？

在 HTML 页面中构建表格框架时，应该尽量遵循表格的标准标记，养成良好的编写习惯，并适当地利用 Tab、空格和空行来提高代码的可读性，从而降低后期维护成本。特别是使用 table 表格来布局一个较大的页面时，需要在关键位置加上注释。

疑问 2：在使用表格时，会发生一些变形，这是什么原因引起的呢？

其中一个原因是表格排列的设置在不同的显示分辨率下所出现的错位。例如在 800 像素×600 像素分辨率下，一切正常，而到了 1024 像素×800 像素的分辨率时，则出现了多个表格或者有的居中，有的却左排列或右排列的情况。

表格有左、中、右三种排列方式，如果没有特别进行设置，则默认为居左排列。在 800 像素×600 像素的分辨率下，表格恰好就有编辑区域那么宽，不容易察觉，而到了 1024 像素×800 像素的时候，就出现了问题。解决办法比较简单，即都设置为居中、居左或居右排列。

13.4 跟我学上机

上机练习 1：制作用户登录页面

结合前面学习的知识，创建一个简单的登录表单，需要包含三种表单元素：一个名称文本框、一个密码文本框和两个按钮。然后添加一些 CSS 代码，对表单元素进行修饰即可。完成后，浏览效果如图 13-7 所示。

图 13-7　登录表单

上机练习 2：制作网站的注册页面

使用表单的各种元素开发一个网站的注册页面，并用 CSS 样式美化页面的效果。注册表单非常简单，通常包含三个部分：需要在页面上方给出标题，标题下方是正文部分，即表单元素，最下方是表单元素提交按钮。在设计这个页面时，需要把"用户注册"标题设置成 h1 大小，完成后，浏览效果如图 13-8 所示。

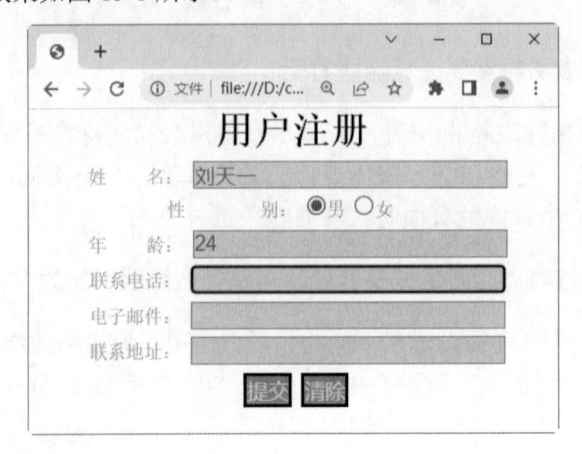

图 13-8　注册页面

第 14 章
使用 CSS 3 美化网页菜单

网页菜单是网站必不可少的元素之一，通过网页菜单，可以在页面上自由跳转。网页菜单的风格往往影响网站的整体风格，所以网页设计者会花费大量的时间和精力去制作各式各样的网页菜单来吸引浏览者。利用 CSS 3 的属性和项目列表，可以制作出美观大方的网页菜单。

重点案例效果

14.1 使用 CSS 3 美化项目列表

在 HTML 5 语言中，项目列表用来罗列显示一系列相关的文本信息，包括有序、无序和自定义列表等，当引入 CSS 3 后，就可以使用 CSS 3 来美化项目列表了。

14.1.1 美化无序列表

无序列表<ul>是网页中常见的元素之一，使用<li>标记罗列各个项目，并且每个项目前面都带有特殊符号，例如黑色实心圆等。在 CSS 3 中，可以通过 list-style-type 属性来定义无序列表前面的项目符号。

对于无序列表，list-style-type 的语法格式如下：

```
list-style-type: disc | circle | square | none
```

list-style-type 参数的含义如表 14-1 所示。

表 14-1　list-style-type 属性(无序列表的常用符号)

参　　数	说　　明
disc	实心圆
circle	空心圆
square	实心方块
none	不使用任何符号

实例 1　美化无序列表(案例文件：ch14\14.1.html)

```
<!DOCTYPE html>
<html>
<head>
<title>美化无序列表</title>
<style>
* {
    margin:0px;
    padding:0px;
    font-size:12px;
}
p {
    margin:5px 0 0 5px;
    color:#3333FF;
    font-size:14px;
    font-family:"幼圆";
}
div{
    width:300px;
    margin:10px 0 0 10px;
    border:1px #FF0000 dashed;
}
div ul {
```

```
        margin-left:40px;
        list-style-type: disc;
}
div li {
        margin:5px 0 5px 0;
        color:blue;
        text-decoration:underline;
}
</style>
</head>
<body>
<div class="big01">
  <p>最新课程</p>
  <ul>
    <li>网络安全培训班 </li>
    <li>网站开发培训班</li>
    <li>艺术设计培训班</li>
    <li>办公技能培训班</li>
    <li>动画摄影培训班</li>
  </ul>
</div>
</body>
</html>
```

浏览效果如图 14-1 所示，可以看到显示了一个导航栏，导航栏中有多条导航信息，每条导航信息前面都有实心圆。

> **提示** 实例 1 所示的代码中，使用 list-style-type 设置了无序列表的特殊符号为实心圆，用 border 设置层 div 的边框为红色、虚线显示，宽度为 1 像素。

图 14-1 用无序列表制作导航菜单

14.1.2 美化有序列表

有序列表标记<ol>可以创建具有顺序的列表，例如每条信息前面加上 1、2、3、4 等。如果要改变有序列表前面的符号，同样需要利用 list-style-type 属性，只不过属性值不同。

对于有序列表，list-style-type 的语法格式如下：

```
list-style-type: decimal | lower-roman | upper-roman | lower-alpha
| upper-alpha | none
```

list-style-type 参数的含义如表 14-2 所示。

> **注意** 除了列表里的这些常用符号外，list-style-type 还有很多不同的参数。由于不经常使用，这里不再罗列。

表 14-2 list-style-type 属性(有序列表的常用符号)

参 数	说 明
decimal	阿拉伯数字并带圆点
lower-roman	小写罗马数字
upper-roman	大写罗马数字
lower-alpha	小写英文字母
upper-alpha	大写英文字母
none	不使用项目符号

实例 2 美化有序列表(案例文件：ch14\14.2.html)

```
<!DOCTYPE html>
<html>
<head>
<title>美化有序列表</title>
<style>
* {
   margin:0px;
   padding:0px;
   font-size:12px;
}
p {
   margin:5px 0 0 5px;
   color:#3333FF;
   font-size:14px;
   font-family:"幼圆";
   border-bottom-width:1px;
   border-bottom-style:solid;
}
div{
   width:300px;
   margin:10px 0 0 10px;
   border:1px #F9B1C9 solid;
}
div ol {
   margin-left:40px;
   list-style-type: decimal;
}
div li {
   margin:5px 0 5px 0;
   color:blue;
}
</style>
</head>
<body>
<div class="big">
  <p>最新课程</p>
  <ol>
    <li>网络安全培训班 </li>
    <li>网站开发培训班</li>
    <li>艺术设计培训班</li>
    <li>办公技能培训班</li>
```

```
        <li>动画摄影培训班</li>
    </ol>
</div>
</body>
</html>
```

浏览效果如图 14-2 所示，可以看到，显示了一个导航栏，导航信息前面都带有相应的数字，表示其顺序。导航栏具有红色边框，并用一条蓝色线将题目和内容分开。

> **注意** 实例 2 所示的代码中，使用 list-style-type: decimal 语句定义了有序列表前面的符号。严格来说，无论是<ul>标记还是<ol>标记，都可以使用相同的属性值，而且效果完全相同，即二者通过 list-style-type 属性可以通用。

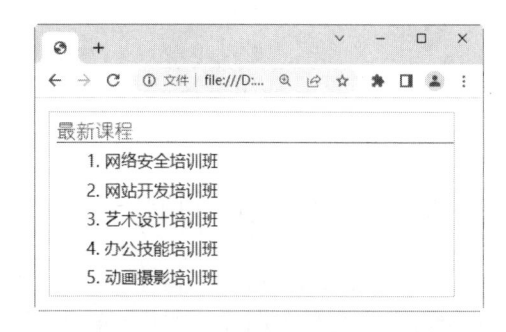

图 14-2 用有序列表制作菜单

14.1.3 美化自定义列表

自定义列表是列表项目中比较特殊的一个列表，相对于无序和有序列表，使用次数很少。引入 CSS 3 的一些相关属性，可以改变自定义列表的显示样式。

实例3 美化自定义列表(案例文件：ch14\14.3.html)

```
<!DOCTYPE html>
<html>
<head>
<style>
*{margin:0; padding:0;}
body{font-size:12px; line-height:1.8; padding:10px;}
dl{clear:both; margin-bottom:5px;float:left;}
dt,dd{padding:2px 5px;float:left; border:1px solid #3366FF;width:120px;}
dd{position:absolute; right:5px;}
h1{clear:both;font-size:14px;}
</style>
</head>
<body>
<h1>日志列表</h1>
<div>
<dl> <dt><a href="#">我多久没有笑了</a></dt> <dd>(0/11)</dd> </dl>
  <dl> <dt><a href="#">12 道营养健康菜谱</a></dt> <dd>(0/8)</dd> </dl>
  <dl> <dt><a href="#">太有才了</a></dt> <dd>(0/6)</dd> </dl>
  <dl> <dt><a href="#">怀念童年</a></dt> <dd>(2/11)</dd> </dl>
  <dl> <dt><a href="#">三字经</a></dt> <dd>(0/9)</dd> </dl>
  <dl> <dt><a href="#">我的小小心愿</a></dt> <dd>(0/2)</dd> </dl>
  <dl> <dt><a href="#">想念你，你可知道</a></dt> <dd>(0/1)</dd>
</dl>
</div>
</body>
</html>
```

浏览效果如图 14-3 所示，可以看到一个日志导航菜单，每个选项都有蓝色边框，并且后面带有浏览次数等。

> **提示** 在实例 3 所示的代码中，使用 border 属性设置边框的相关属性，用 font 相关属性设置文本大小、颜色等。

14.1.4 制作图片列表

使用 list-style-image 属性可以将列表前面的项目符号替换为任意图片。图片相对于列表项内容的放置位置通常使用 list-style-position 属性控制。其语法格式如下：

图 14-3 用自定义列表制作导航菜单

```
list-style-image: none | url(url)
```

其中，none 表示不指定图片，url(url)表示使用绝对路径和相对路径指定背景图片。

实例 4 制作图片列表(案例文件：ch14\14.4.html)

```html
<!DOCTYPE html>
<html>
<head>
<title>图片符号</title>
<style>
<!--
ul{
    font-family:Arial;
    font-size:20px;
    color:#00458c;
    list-style-type:none;                    /* 不显示项目符号 */
}
li{
    list-style-image:url(01.jpg);
    padding-left:25px;                       /* 设置图标与文字的间隔 */
    width:350px;
}
-->
</style>
</head>
<body>
  <p>最新课程</p>
    <ul>
       <li>网络安全培训班 </li>
       <li>网站开发培训班</li>
       <li>艺术设计培训班</li>
       <li>办公技能培训班</li>
       <li>动画摄影培训班</li>
    </ul>
</body>
</html>
```

浏览效果如图 14-4 所示，可以看到一个导航栏，每个导航菜单前面都有一个小图标。

> **提示**　在实例 4 所示的代码中，用 list-style-image:url(01.jpg)语句定义列表前显示的图片，实际上，还可以用 background:url(01.jpg) no-repeat 语句完成这个效果，只不过 background 对图片大小要求比较苛刻。

图 14-4　制作图片导航栏

14.1.5　缩进图片列表

使用图片作为列表符号时，图片通常显示在列表的外部，实际上，还可以将图片与列表中的文本信息对齐，从而显示另外一种效果。在 CSS 3 中，可以通过 list-style-position 来设置显示图片的位置。list-style-position 属性的语法格式如下：

```
list-style-position: outside | inside
```

其属性值的含义如表 14-3 所示。

表 14-3　list-style-position 属性(列表缩进属性)

属 性 值	说　　明
outside	列表项目标记放置在文本以外，且环绕文本不根据标记对齐
inside	列表项目标记放置在文本以内，且环绕文本根据标记对齐

实例 5　缩进图片列表(案例文件：ch14\14.5.html)

```
<!DOCTYPE html>
<html>
<head>
<title>图片位置</title>
<style>
.list1{list-style-position:inside;}
.list2{list-style-position:outside;}
.content{
    list-style-image:url(01.jpg);
    list-style-type:none;
    font-size:20px;
}
</style>
</head>
<body>
<ul class=content>
<li class=list1>君不见，黄河之水天上来，奔流到海不复回。</li>
<li class=list2>君不见，高堂明镜悲白发，朝如青丝暮成雪。</li>
</ul>
</body>
</html>
```

浏览效果如图 14-5 所示，可以看到一个图片列表。第一个图片列表选项中的图片与文字对齐，即放在文本信息以内；第二个图片列表选项没有与文字对齐，而是放在文本信息以外。

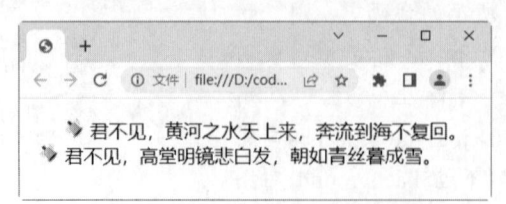

图 14-5　图片缩进效果

14.1.6　设置列表的复合属性

在前面的小节中，分别使用 list-style-type 定义了列表的项目符号，使用 list-style-image 定义了列表的图片符号选项，使用 list-style-position 定义了图片的显示位置。实际上，在对项目列表操作时，可以直接使用一个复合属性 list-style，将前面的三个属性放在一起设置。

list-style 属性的语法格式如下：

```
{list-style: style}
```

其中，style 用于指定或接收值(任意次序，最多三个)，如表 14-4 所示。

表 14-4　list-style 属性

属 性 值	说　　明
图像	可供 list-style-image 属性使用的图像值的任意范围
位置	可供 list-style-position 属性使用的位置值的任意范围
类型	可供 list-style-type 属性使用的类型值的任意范围

实例 6　设置列表的复合属性(案例文件：ch14\14.6.html)

```html
<!DOCTYPE html>
<html>
<head>
<title>复合属性</title>
<style>
#test1{list-style:square inside url("01.jpg");}
#test2{list-style:none;}
</style>
</head>
<body>
<ul>
<li id=test1>天生我材必有用，千金散尽还复来。</li>
<li id=test2>天生我材必有用，千金散尽还复来。</li>
</ul>
</body>
</html>
```

浏览效果如图 14-6 所示，可以看到两个列表选项，一个列表选项中带有图片，一个列表选项中没有符号和图片。

图 14-6　用复合属性指定列表

list-style 属性是复合属性。在指定类型和图像值时，除非将图像值设置为 none 或无法显示 URL 所指向的图像，否则图像值的优先级较高。例如实例 6 中，类 test1 同时设置了符号为方块符号和图片，但只显示了图片。

14.2　使用 CSS 3 制作网页菜单

使用 CSS 3 除了可以美化项目列表外，还可以制作网页中不同显示效果的菜单。

14.2.1　制作无序表格的菜单

在使用 CSS 3 制作导航条和菜单之前，需要将 list-style-type 的属性值设置为 none，即去掉列表前的项目符号。下面通过一个示例，介绍如何实现一个菜单导航条，具体的操作步骤如下。

01 首先创建 HTML 文档，并实现一个无序列表，列表中的选项表示各个菜单。具体代码如下：

```html
<!DOCTYPE html>
<html>
<head>
<title>无序表格菜单</title>
</head>
<body>
<div>
    <ul>
        <li><a href="#">网站首页</a></li>
        <li><a href="#">产品大全</a></li>
        <li><a href="#">下载专区</a></li>
        <li><a href="#">购买服务</a></li>
        <li><a href="#">服务类型</a></li>
    </ul>
</div>
</body>
</html>
```

上面的代码中，创建了一个 div 层，在层中放置了一个 ul 无序列表，列表中的各个选项就是要使用的菜单。浏览效果如图 14-7 所示，可以看到，显示了一个无序列表，每个选项前都带有一个实心圆。

02 利用 CSS 相关属性，对 HTML 中的元素进行修饰，例如 div 层、ul 列表和 body 页面。代码如下：

```
<style>
<!--
body{
    background-color:#84BAE8;
}
div{
    width:200px;
    font-family:"黑体";
}
div ul{
    list-style-type:none;
    margin:0px;
    padding:0px;
}
-->
</style>
```

上面的代码设置了网页背景色、层大小和文字字体，最重要的就是设置了列表<ul>的属性，将项目符号设置为不显示。

浏览效果如图 14-8 所示，可以看到，项目列表变成一个普通的超级链接列表，无项目符号，并带有下划线。

图 14-7　显示项目列表　　　　　　　　图 14-8　修饰链接列表

03 使用 CSS 3 对列表中的各个选项进行修饰，例如去掉超级链接的下划线，并为 li 标记添加边框线，从而增强菜单的表现效果。

```
div li{
    border-bottom:1px solid #ED9F9F;
}
div li a{
    display:block;
    padding:5px 5px 5px 0.5em;
    text-decoration:none;
    border-left:12px solid #6EC61C;
    border-right:1px solid #6EC61C;
}
```

浏览效果如图 14-9 所示，可以看到，每个超级链接的左侧和右侧显示了绿色条，每个链接下方显示了一个粉红色边框。

04 使用 CSS 3 设置动态菜单效果，即当鼠标指针悬浮在导航菜单上时，显示另外一种样式，具体的代码如下：

```css
div li a:link, div li a:visited{
    background-color:#F0F0F0;
    color:#461737;
}
div li a:hover{
    background-color:#7C7C7C;
    color:#ffff00;
}
```

上面的代码设置了链接样式、访问后的链接样式和鼠标指针悬浮时的链接样式。浏览效果如图 14-10 所示，可以看到，鼠标指针悬浮在菜单上时，会显示灰色。

图 14-9　修饰导航菜单　　　　图 14-10　设置动态导航菜单

14.2.2　制作水平和垂直菜单

在实际网页设计中，根据题材或业务需求不同，导航菜单既可以垂直显示，也可以水平显示。通过 CSS 属性，不但可以创建垂直导航菜单，还可以创建水平导航菜单。

具体的操作步骤如下。

01 建立 HTML 项目列表结构，将要创建的菜单项都以列表选项的形式显示，具体的代码如下：

```html
<!DOCTYPE html>
<html>
<head>
<title>制作水平和垂直菜单</title>
<style>
<!--
body{
    background-color:#84BAE8;
}
div {
    font-family:"幼圆";
}
div ul {
    list-style-type:none;
    margin:0px;
    padding:0px;
}
</style>
</head>
<body>
<div id="navigation">
```

```
<ul>
    <li><a href="#">网站首页</a></li>
    <li><a href="#">产品大全</a></li>
    <li><a href="#">下载专区</a></li>
    <li><a href="#">购买服务</a></li>
    <li><a href="#">服务类型</a></li>
</ul>
</div>
</body>
</html>
```

浏览效果如图 14-11 所示,可以看到,显示的是一个普通的超级链接列表,与上一个例子中显示的基本一样。

图 14-11 垂直显示的链接列表

02 上面是垂直显示导航菜单,现需要利用 CSS 的 float 属性将其设置为水平显示,并设置选项 li 和超级链接的基本样式,代码如下:

```
div li {
    border-bottom:1px solid #ED9F9F;
    float:left;
    width:150px;
}
div li a{
    display:block;
    padding:5px 5px 5px 0.5em;
    text-decoration:none;
    border-left:12px solid #EBEBEB;
    border-right:1px solid #EBEBEB;
}
```

当 float 的属性值为 left 时,导航栏为水平显示。其他设置基本与上一个例子相同。浏览效果如图 14-12 所示。

可以看到,各个链接选项水平地排列在当前页面上。

图 14-12 链接列表水平显示

03 设置超级链接<a>的样式,与前面一样,也是设置鼠标动态效果。

代码如下：

```
div li a:link, div li a:visited{
    background-color:#F0F0F0;
    color:#461737;
}
div li a:hover{
    background-color:#7C7C7C;
    color:#ffff00;
}
```

浏览效果如图 14-13 所示，可以看到，当鼠标指针悬浮在菜单上时，会变换为另一种样式。

图 14-13　显示动态导航菜单效果

14.3　疑　难　解　惑

疑问 1：与用 table 表格制作菜单相比，项目列表有哪些优势呢？

采用项目列表制作水平菜单时，如果没有设置<ul>标记的 width 属性，那么当浏览器的宽度缩小时，菜单会自动换行。这是采用<table>标记制作的菜单所无法实现的。所以项目列表的应用广泛，可实现各种变换效果。

疑问 2：使用 url 引入图像时，加引号好，还是不加引号好？

不加引号好。需要将带有引号的修改为不带引号的。例如：

`background:url("xxx.gif")` 改为 `background:url(xxx.gif)`

因为对部分浏览器来说，加引号反而会引起错误。

14.4　跟我学上机

上机练习 1：模拟搜搜导航栏

结合本章学习的制作菜单的知识，实现搜搜导航栏，需要包含三个部分：第一个部分是 soso 图标；第二个部分是水平菜单导航栏，这也是本例的重点；第三个部分是表单部分，包含一个输入框和一个按钮。最终预览效果如图 14-14 所示。

图 14-14　模拟搜搜导航栏

上机练习 2：将段落转变成列表

CSS 的功能非常强大，可以变换不同的样式。可以让列表代替表格，同样也可以让一个段落模拟项目列表。

利用前面介绍的 CSS 知识，将段落变换为一个列表。浏览效果如图 14-15 所示，可以看到，其字体颜色发生了变化，并带有下划线。

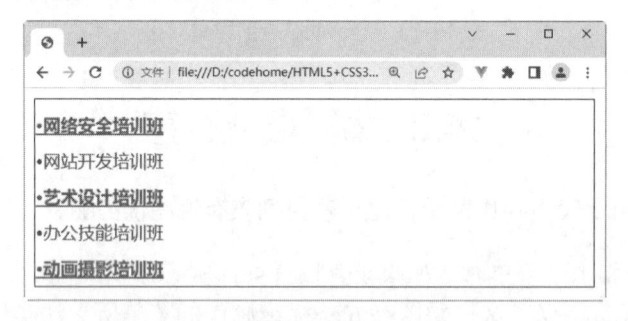

图 14-15　将段落转变成列表

第15章
使用滤镜美化网页元素

随着网页设计技术的发展，人们已经不满足于单调地展示页面布局并显示文本，而是希望在页面中能够加入一些多媒体特效。使用滤镜能够产生各种各样的图片特效，从而大大地提高页面的吸引力。

重点案例效果

高斯模糊效果：

添加阴影效果：

15.1 滤镜概述

CSS3 中的 Filter(滤镜)属性提供了模糊和改变元素颜色的功能。特别是对于图像,能产生很多绚丽的效果。CSS3 中的 Fitler 常用于调整图像的渲染、背景或边框显示效果,例如灰度、模糊度、饱和度、老照片等。图 15-1 所示为通过 CSS3 滤镜产生的各种绚丽的效果。

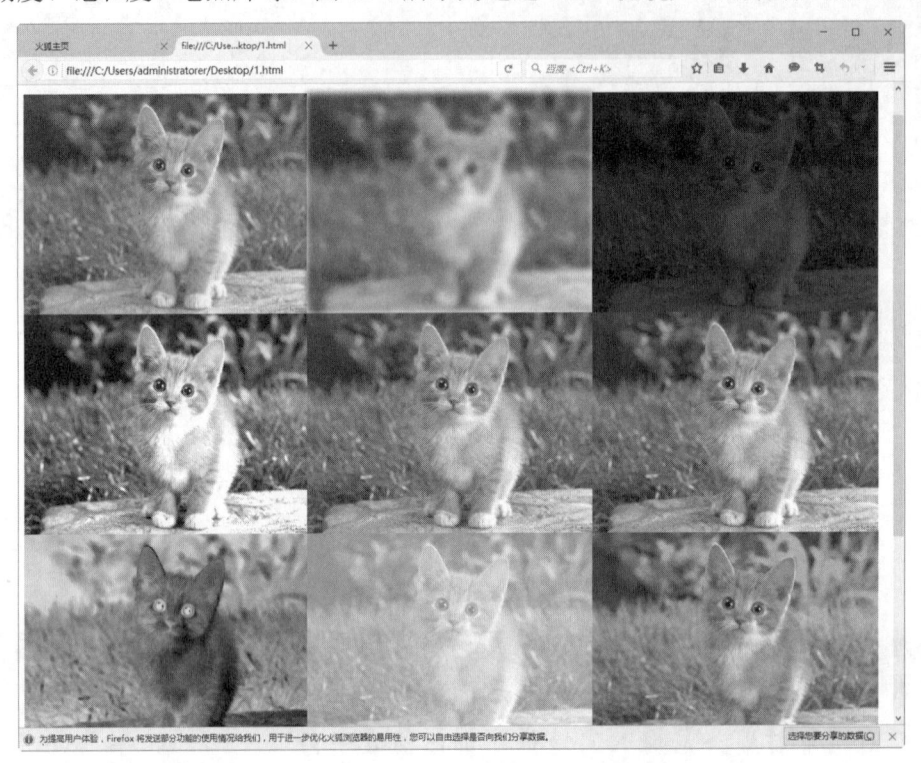

图 15-1 使用 CSS3 滤镜产生的各种效果

目前,并不是所有的浏览器都支持 CSS3 的滤镜,具体支持情况如表 15-1 所示。

表 15-1 常见浏览器对 CSS3 滤镜的支持情况

名 称	图 标	支持滤镜的情况
Chrome 浏览器		18.0 及以上版本支持 CSS3 滤镜
IE 浏览器		不支持 CSS3 滤镜
Mozilla Firefox 浏览器		35.0 及以上版本支持 CSS3 滤镜
Opera 浏览器		15.0 及以上版本支持 CSS3 滤镜
Safari 浏览器		6.0 及以上版本支持 CSS3 滤镜

使用 CSS3 滤镜的语法格式如下:

```
filter: none | blur() | brightness() | contrast() | drop-shadow() |
grayscale() | hue-rotate() | invert() | opacity() | saturate() ;
```

如果想一次添加多个滤镜效果，可以使用空格分隔多个滤镜。上述各个滤镜参数的含义如表 15-2 所示。

表 15-2　CSS 滤镜参数的含义

参数名称	效　　果
blur()	设置图像的高斯模糊效果
brightness()	设置图形的明暗度效果
contrast()	设置图像的对比度
drop-shadow()	设置图像的阴影效果
grayscale()	将图像转换为灰度图像
hue-rotate()	给图像应用色相旋转
invert()	反转输入图像
opacity()	设置图像的透明程度
saturate()	设置图像的饱和度

15.2　设置基本滤镜效果

本节将学习常用滤镜的设置方法和技巧。读者需要特别注意不同滤镜的参数含义的区别。

15.2.1　高斯模糊(blur)滤镜

blur 滤镜用于设置图像的高斯模糊效果。blur 滤镜的语法格式如下：

```
filter:blur (px)
```

其中，px 值越大，图像越模糊。

实例 1　高斯模糊滤镜的应用(案例文件：ch15\15.1.html)

```
<!DOCTYPE html>
<html>
<head>
<style>
img {
    width: 40%;
    height: auto;
}
.blur {
-webkit-filter: blur(4px);filter: blur(4px);
}
</style>
</head>
<body>
原始图：
<img src="1.jpg" alt="原始图" width="300" height="300">
高斯模糊效果：
<img class="blur" src="1.jpg" alt="高斯模糊图" width="300" height="300">
```

```
</body>
</html>
```

浏览效果如图 15-2 所示，可以看到右侧的图片很模糊。

图 15-2 高斯模糊效果

15.2.2 明暗度(brightness)滤镜

brightness 滤镜用于设置图像的明暗度效果。brightness 滤镜的语法格式如下：

```
filter:brightness(%)
```

如果参数值是 0%，图像全黑；如果参数值是 100%，图像无变化；如果参数值超过 100%，图像会比原来更亮。

实例 2 设置图像不同的明暗度(案例文件：ch15\15.2.html)

```
<!DOCTYPE html>
<html>
<head>
<style>
img {
    width: 40%;
    height: auto;
}
.aa{
-webkit-filter: brightness(200%);filter: brightness(200%);
}
.bb{
-webkit-filter: brightness(30%);filter: brightness(30%);
}
</style>
</head>
<body>
图像变亮效果：
<img class="aa" src="2.jpg" alt="变亮图" width="300" height="300">
图像变暗效果：
<img class="bb" src="2.jpg" alt="变暗图" width="300" height="300">
</body>
</html>
```

浏览效果如图 15-3 所示，可以看到左侧图像变亮，右侧图像变暗。

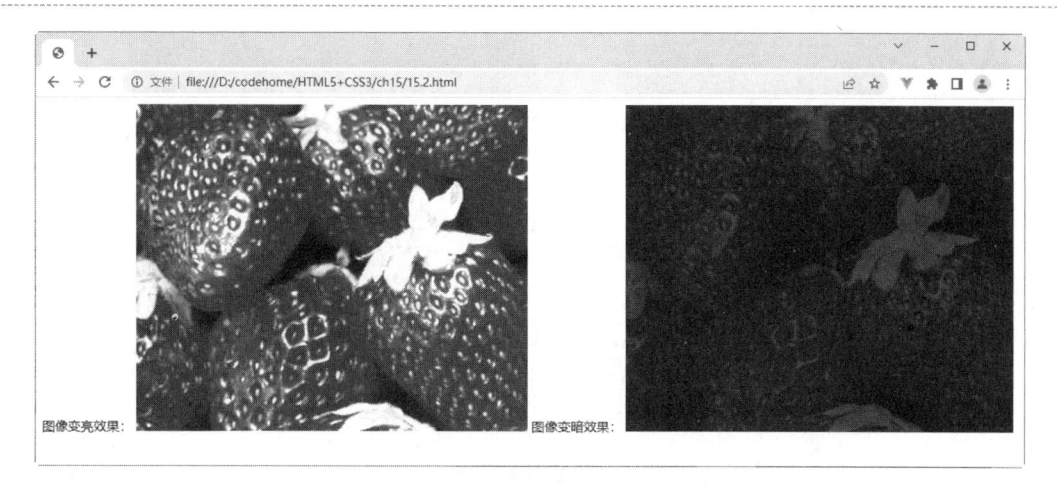

图 15-3　调整图像明亮度效果

15.2.3　对比度(contrast)滤镜

contrast 滤镜用于设置图像的对比度效果。contrast 滤镜的语法格式如下：

`filter:contrast (%)`

如果参数值是 0%，图像全黑；如果参数值是 100%，图像效果不变；如果参数值大于100%，图像对比度增强，显示曝光效果。

实例3　设置图像不同的对比度(案例文件：ch15\15.3.html)

```
<!DOCTYPE html>
<html>
<head>
<style>
img {
    width: 40%;
    height: auto;
}
.aa{
-webkit-filter: contrast(200%);filter: contrast(200%);
}
.bb{
-webkit-filter: contrast(30%);filter: contrast(30%);
}
</style>
</head>
<body>
增加对比度效果：
<img class="aa" src="3.jpg" alt="变亮图" width="300" height="300">
减少对比度效果：
<img class="bb" src="3.jpg" alt="变暗图" width="300" height="300">
</body>
</html>
```

浏览效果如图 15-4 所示，可以看到左侧图像对比度增加，右侧图像对比度减少。

图 15-4 调整图像的对比度效果

15.2.4 阴影(drop-shadow)滤镜

drop-shadow 滤镜用于设置图像的阴影效果，使元素内容在页面上产生投影，从而实现立体的效果。drop-shadow 滤镜的语法格式如下：

```
filter:drop-shadow(h-shadow v-shadow blur spread color)
```

其中，参数 h-shadow 和 v-shadow 用于设置水平和垂直方向的偏移量；blur 用于设置阴影的模糊度；spread 用于设置阴影的大小，正值会使阴影变大，负值会使阴影缩小；color 用于设置阴影的颜色。

实例 4 为图像添加不同的阴影效果(案例文件：ch15\15.4.html)

```
<!DOCTYPE html>
<html>
<head>
<style>
img {
    width: 40%;
    height: auto;
}
.aa{
-webkit-filter:drop-shadow(15px 15px 20px red);filter:drop-shadow(15px 15px 20px red);
}
.bb{
-webkit-filter:drop-shadow(30px 30px 10px blue);filter:drop-shadow(30px 30px 10px blue);
}
</style>
</head>
<body>
添加阴影效果：
<img class="aa" src="4.jpg" alt="红色阴影图" width="300" height="300">
<img class="bb" src="4.jpg" alt="蓝色阴影图" width="300" height="300">
</body>
</html>
```

浏览效果如图 15-5 所示，可以看到左侧图像添加了红色阴影效果，右侧图像添加了蓝色阴影效果。

图 15-5　为图像添加阴影效果

15.2.5　灰度(grayscale)滤镜

grayscale 滤镜能够轻松地将彩色图片变为黑白图片。grayscale 滤镜的语法格式如下：

`filter:grayscale(%)`

参数值定义转换的比例。如果参数值为 0%，则图片无变化；如果参数值为 100%，则完全转换为灰度图片。

实例5　为图片添加不同的灰度效果(案例文件：ch15\15.5.html)

```
<!DOCTYPE html>
<html>
<head>
<style>
img {
    width: 40%;
    height: auto;
}
.aa{
-webkit-filter:grayscale(100%);filter:grayscale(100%);
}
.bb{
-webkit-filter:grayscale(30%);filter:grayscale(30%);
}
</style>
</head>
<body>
不同的灰度效果：
<img class="aa" src="5.jpg" width="300" height="300">
<img class="bb" src="5.jpg" width="300" height="300">
</body>
</html>
```

浏览效果如图 15-6 所示，可以看到左侧图片完全转换为灰度图，右侧图片 30%转换为灰度图。

图 15-6 为图片添加灰度效果

15.2.6 反相(invert)滤镜

invert 滤镜可以把对象的可视化属性全部翻转，包括色彩、饱和度和亮度值，使图片产生一种"底片"或负片的效果。语法格式如下：

```
filter:invert(%)
```

参数值定义反相的比例。如果参数值为 100%，则图片完全反相；如果参数值为 0%，则图片无变化。

实例 6 为图片添加不同的反相效果(案例文件：ch15\15.6.html)

```
<!DOCTYPE html>
<html>
<head>
<style>
img {
    width: 40%;
    height: auto;
}
.aa{
-webkit-filter:invert(100%);filter: invert(100%);
}
.bb{
-webkit-filter:grayscale(50%);filter:grayscale(50%);
}
</style>
</head>
<body>
不同的反相效果：
<img class="aa" src="2.jpg" width="300" height="300">
<img class="bb" src="2.jpg" width="300" height="300">
</body>
</html>
```

浏览效果如图 15-7 所示，可以看到左侧图片完全反相，右侧图像 50%反相。

图 15-7 为图片添加反相效果

15.2.7 透明度(opacity)滤镜

opacity 滤镜用于设置图片的透明度效果。其语法格式如下：

```
filter:opacity (%)
```

参数值定义透明度的比例。如果参数值为 100%，则图片无变化；如果参数值为 0%，则图片完全透明。

实例 7 为图片设置不同的透明度(案例文件：ch15\15.7.html)

```
<!DOCTYPE html>
<html>
<head>
<style>
img {
    width: 40%;
    height: auto;
}
.aa{
-webkit-filter:opacity(30%);filter:opacity(30%);
}
.bb{
-webkit-filter:opacity(80%);filter:opacity(80%);
}
</style>
</head>
<body>
不同的透明度效果：
<img class="aa" src="1.jpg" width="300" height="300">
<img class="bb" src="1.jpg" width="300" height="300">
</body>
</html>
```

浏览效果如图 15-8 所示，可以看到左侧图片的透明度为 30%，右侧图片的透明度为 80%。

图 15-8　设置图片的不同透明度效果

15.2.8　饱和度(saturate)滤镜

saturate 滤镜用于设置图片的饱和度效果。其语法格式如下：

```
filter:saturate(%)
```

参数值定义饱和度的比例。如果参数值为 100%，则图片无变化；如果参数值为 0%，则图片完全不饱和。

实例 8　为图片设置不同的饱和度(案例文件：ch15\15.8.html)

```html
<!DOCTYPE html>
<html>
<head>
<style>
img {
    width: 40%;
    height: auto;
}
.aa{
-webkit-filter:saturate(30%);filter:saturate(30%);
}
.bb{
-webkit-filter:saturate (80%);filter:saturate(80%);
}
</style>
</head>
<body>
不同的饱和度效果：
<img class="aa" src="2.jpg" width="300" height="300">
<img class="bb" src="2.jpg" width="300" height="300">
</body>
</html>
```

浏览效果如图 15-9 所示，可以看到左侧图片的饱和度为 30%，右侧图片的饱和度为 80%。

图 15-9 设置图片不同的饱和度效果

15.3 使用滤镜制作动画效果

通过综合使用滤镜，可以产生一些奇特的动画效果。这里将制作一个电闪雷鸣的动画效果。此案例中使用了明暗度滤镜、对比度滤镜和深褐色滤镜。

实例 9 使用滤镜制作电闪雷鸣的动画效果(案例文件：ch15\15.9.html)

```
<!DOCTYPE html>
<html>
<head>
<style>
body {
  text-align: center;
}
img {
  max-width: 100%;
  width: 610px;
}
img {
  -webkit-animation: haunted 4s infinite;
  animation: haunted 4s infinite;
}
@keyframes haunted {
  0% {
    -webkit-filter: brightness(20%);
    filter: brightness(20%);
  }
  48% {
    -webkit-filter: brightness(20%);
    filter: brightness(20%);
  }
  50% {
    -webkit-filter: sepia(1) contrast(2) brightness(200%);
    filter: sepia(1) contrast(2) brightness(200%);
  }
  60% {
    -webkit-filter: sepia(1) contrast(2) brightness(200%);
    filter: sepia(1) contrast(2) brightness(200%);
  }
  62% {
    -webkit-filter: brightness(20%);
```

```
      filter: brightness(20%);
    }
    96% {
      -webkit-filter: brightness(20%);
      filter: brightness(20%);
    }
    96% {
      -webkit-filter: brightness(400%);
      filter: brightness(400%);
    }
}
</style>
</head>
<body>
使用滤镜产生动画效果：
<img src="6.jpg">
</body>
</html>
```

在上述代码中，@keyframes 主要用于制定动画的规则。浏览效果如图 15-10 所示，可以看到不同的明暗度效果。

图 15-10 电闪雷鸣动画效果

15.4 疑 难 解 惑

疑问 1：如何为一个 html 对象添加多个滤镜效果？

若使用多个滤镜，则每个滤镜之间用空格分隔；一个滤镜中的若干个参数用逗号分隔；filter 属性和其他样式属性并用时以分号分隔。

疑问 2：如何实现图像的光照效果？

Light 滤镜是一个高级滤镜，需要结合 JavaScript 使用。该滤镜用来产生类似于光照灯的

第 15 章 使用滤镜美化网页元素

效果，并且可以调节亮度以及颜色。其语法格式如下：

```
{filter:Light(enabled=bEnabled)}
```

15.5 跟我学上机

上机练习 1：添加不同的饱和度和对比度复合滤镜效果

添加饱和度和对比度复合滤镜效果，要将各个滤镜参数用空格分隔。其中需要注意的是：滤镜参数的顺序非常重要，不同的顺序最终将产生不同的效果。浏览效果如图 15-11 所示，可以看到不同的添加顺序，结果并不一样。

图 15-11　滤镜参数顺序不同的复合滤镜效果

上机练习 2：制作色相旋转(hue-rotate)滤镜

hue-rotate 滤镜可以控制颜色的变化，给图像应用色相旋转的效果。其语法格式如下：

```
filter: hue-rotate(angle)
```

参数 angle 用于设定图像会被调整的色环角度值。若值为 0deg，则图像无变化；若值未设置，默认值是 0deg。该值虽然没有最大值，但超过 360deg 的值相当于又绕一圈。

为图像添加色相旋转效果，浏览效果如图 15-12 所示。

图 15-12　不同的色相旋转效果

257

第16章

CSS 3 中的动画效果

在 CSS 3 出现之前，用户如果想在网页中实现图像过渡和动画效果，只有使用 Flash 或者 JavaScript 脚本。在 CSS 3 中，用户可以轻松地通过新增的属性实现图像的过渡和动画效果。同时，还可以通过改变网页元素的形状、大小和位置等，产生2D 或 3D 的效果。在 CSS 3 转换效果中，用户通过可以移动、反转、旋转和拉伸网页元素，产生各种各样绚丽的效果，丰富网页的特效。

重点案例效果

16.1 了解过渡效果

过渡效果主要是指网页元素从一种样式逐渐改变为另一种样式的效果。在 CSS 3 中能实现过渡效果的属性如下。

(1) transition：过渡属性的简写版，可以在其中设置下面四个过渡属性。
(2) transition-delay：用于规定过渡效果何时开始。
(3) transition-duration：用于规定过渡效果花费的时间。
(4) transition-property：用于规定过渡效果的 CSS 属性的名称。
(5) transition-timing-function：用于规定过渡效果的速度曲线。

CSS3 中过渡效果的属性，在浏览器中的支持情况如表 16-1 所示。

表 16-1 常见浏览器对过渡属性的支持情况

名 称	图 标	支持情况
Chrome 浏览器		26.0 及以上版本
IE 浏览器		IE 10.0 及以上版本
Mozilla Firefox 浏览器		16.0 及以上版本
Opera 浏览器		15.0 及以上版本
Safari 浏览器		6.1 及以上版本

16.2 添加过渡效果

要实现过渡效果，不仅要添加效果的 CSS 属性，还需要指定过渡效果的持续时间。下面通过一个案例来学习如何添加过渡效果。

实例 1 添加过渡效果(案例文件：ch16\16.1.html)

```
<!DOCTYPE html>
<html>
<head>
<title>过渡效果</title>
<style>
div
{
    width:100px;
    height:100px;
    background:blue;
    transition:width,height 3s;
    -webkit-transition:width,height 3s; /* Safari */
}
div:hover
{
    width:300px;
    height:200px;
```

```
}
</style>
</head>
<body>
<p><b>鼠标移动到 div 元素上，查看过渡效果。</b></p>
<div></div>
</body>
</html>
```

过渡前的浏览效果如图 16-1 所示。将鼠标指针放置在 div 块上，div 块的高度和宽度都发生了变化，过渡后的效果如图 16-2 所示。

图 16-1　过渡前的效果　　　　　　　　图 16-2　过渡后的效果

上面的案例使用了简写的 transition 属性，用户也可以使用所有的属性，将上面的代码修改如下：

```
<!DOCTYPE html>
<html>
<head>
<title>过渡效果</title>
<style>
div
{
   width:100px;
   height:100px;
   background:blue;
   transition-property:width,height;
   transition-duration:3s;
   transition-timing-function:linear;
   transition-delay:0s;
   /* Safari */
   -webkit-transition-property:width,height;
   -webkit-transition-duration:3s;
   -webkit-transition-timing-function:linear;
   -webkit-transition-delay:0s;
}
div:hover
{
   width:300px;
   height:200px;
}
</style>
</head>
<body>
```

```
<p><b>鼠标移动到 div 元素上，查看过渡效果。</b></p>
<div></div>
</body>
</html>
```

代码修改后的运行结果和上面的例子结果一样，只是它们的写法不同。

16.3 了解动画效果

通过 CSS 3 提供的动画功能，用户可以制作很多具有动感效果的网页，从而取代网页动画图像。

在添加动画效果之前，用户需要了解有关动画的属性。

(1) @keyframes：制定动画的规则。CSS 样式和动画将逐步从当前的样式更改为新的样式。

(2) animation：除了 animation-play-state 属性以外，其他所有动画属性的简写。

(3) animation-name：定义 @keyframes 动画的名称。

(4) animation-duration：规定动画完成一个周期所花费的时间，以秒或毫秒计，默认值是 0。

(5) animation-timing-function：规定动画的速度曲线，默认值是 ease。

(6) animation-delay：规定动画何时开始，默认值是 0。

(7) animation-iteration-count：规定动画播放的次数，默认值是 1。

(8) animation-direction：规定动画是否在下一周期逆向播放，默认值是 normal。

(9) animation-play-state：规定动画是否运行或暂停，默认值是 running。

在 CSS 3 中，动画效果其实就是使元素从一种样式逐渐变化为另一种样式的效果。在创建动画时，首先需要创建动画规则 @keyframes，然后将 @keyframes 绑定到指定的选择器上。

> **提示**　创建动画规则，至少需要规定动画的名称和持续的时间，然后将动画规则绑定到选择器上，否则动画不会有任何效果。

在制定动画规则时，可使用关键字 from 和 to 来规定动画的初始时间和结束时间，也可以使用百分比来规定动画发生的时间，0%表示动画开始，100%表示动画完成。

例如下面定义一个动画规则，实现网页背景从蓝色转换为红色的动画效果，代码如下：

```
@keyframes colorchange
{
    from {background:blue;}
    to {background: red;}
}

@-webkit-keyframes colorchange /* Safari 与 Chrome */
{
    from {background:blue;}
    to {background: red;}
}
```

动画规则定义完成后，就可以将其规则绑定到指定的选择器上，然后指定动画持续的时间即可。例如将 colorchange 动画捆绑到 div 元素，动画持续时间设置为 10s，代码如下：

```
div
{
    animation:colorchange 10s;
    -webkit-animation:colorchange 10s; /* Safari 与 Chrome */
}
```

> **注意** 这里需要注意的是，必须指定动画持续的时间，否则将无动画效果，因为动画默认的持续时间为 0。

16.4 添加动画效果

下面的案例将添加一个改变背景色和位置的动画效果。这里定义了 0%、50%、100%三个时间上的样式和位置。

实例 2 添加动画效果(案例文件：ch16\16.2.html)

```html
<!DOCTYPE html>
<html>
<head>
<title>过渡效果</title>
<style>
div
{
    width:100px;
    height:100px;
    background:blue;
    position:relative;
    animation:mydht 10s;
    -webkit-animation:mydh 10s; /* Safari 与 Chrome */
}
@keyframes mydh
{
    0%   {background: red; left:0px; top:0px;}
    50%  {background: blue; left:100px; top:200px;}
    100% {background: red; left:200px; top:0px;}
}
@-webkit-keyframes mydh /* Safari 与 Chrome */
{
    0%   {background: red; left:0px; top:0px;}
    50%  {background: blue; left:100px; top:200px;}
    100% {background: red; left:200px; top:0px;}
}
</style>
</head>
<body>
<p><b>查看动画效果</b></p>
<div> </div>
</body>
</html>
```

浏览效果如图 16-3 所示，动画过渡中的效果如图 16-4 所示，动画过渡后的效果如图 16-5 所示。

图 16-3　过渡前的效果　　　　　　　图 16-4　过渡中的效果

图 16-5　过渡后的效果

16.5　了解 2D 转换效果

在 CSS 3 中，2D 转换效果主要指网页元素的形状、大小和位置从一种状态转换为另外一种状态。其中 2D 转换中的属性如下。

(1) transform：用于指定转换元素的方法。

(2) transform-origin：用于更改转换元素的位置。

CSS 3 中 2D 转换效果的属性，在浏览器中的支持情况如表 16-2 所示。

表 16-2　常见浏览器对 2D 转换属性的支持情况

名　　称	图　标	支持情况
Chrome 浏览器		36.0 及以上版本
IE 浏览器		IE 10.0 及以上版本
Mozilla Firefox 浏览器		16.0 及以上版本
Opera 浏览器		23.0 及以上版本
Safari 浏览器		3.2 及以上版本

2D 转换中的方法含义如下。
(1) translate()：定义 2D 移动效果，沿着 X 轴或 Y 轴移动元素。
(2) rotate()：定义 2D 旋转效果，在参数中规定角度。
(3) scale()：定义 2D 缩放转换效果，改变元素的宽度和高度。
(4) skew()：定义 2D 倾斜效果，沿着 X 轴或 Y 轴倾斜元素。
(5) matrix()：定义 2D 转换效果，包含 6 个参数，可以一次性定义旋转、缩放、移动和倾斜效果。

16.6 添加 2D 转换效果

下面讲述如何添加不同类型的 2D 转换效果，主要包括移动、旋转、缩放和倾斜等。

16.6.1 添加移动效果

使用 translate()方法定义 X 轴、Y 轴和 Z 轴的参数，可以将当前元素移动到指定的位置。例如将指定元素沿着 X 轴移动 30 个像素，然后沿着 Y 轴移动 60 个像素。代码如下：

```
translate(30px,60px)
```

下面通过案例来对比移动转换前后的效果。

实例 3 添加移动转换效果(案例文件：ch16\16.3.html)

```
<!DOCTYPE html>
<html>
<head>
<title>2D 移动效果</title>
<style>
div
{
width:140px;
height:100px;
background-color:#FFB5B5;
border:1px solid black;
}
div#div2
{
transform:translate(150px,50px);
-ms-transform:translate(150px,50px); /* IE 9 */
-webkit-transform:translate(150px,50px); /* Safari 与 Chrome */
}
</style>
</head>
<body>
<div>自在飞花轻似梦，无边丝雨细如愁。</div>
<div id="div2">自在飞花轻似梦，无边丝雨细如愁。</div>
</body>
</html>
```

浏览效果如图 16-6 所示，可以看出移动前和移动后的不同效果。

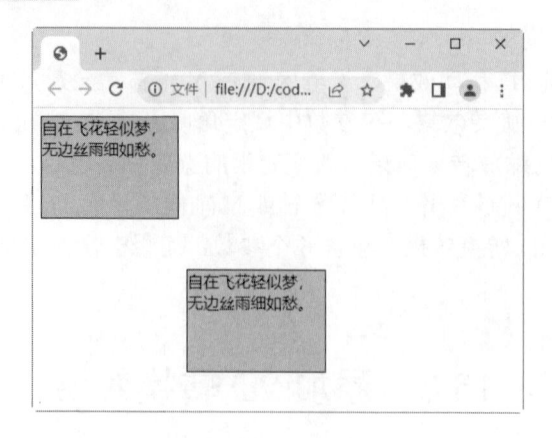

图 16-6 2D 移动效果

16.6.2 添加旋转效果

使用 rotate()方法，可以将一个网页元素按指定的角度添加旋转效果。如果指定的角度是正值，则网页元素按顺时针旋转；如果指定的角度为负值，则网页元素按逆时针旋转。

例如将网页元素顺时针旋转 60°，代码如下：

```
rotate(60deg)
```

实例 4　添加旋转效果(案例文件：ch16\16.4.html)

```html
<!DOCTYPE html>
<html>
<head>
<title>2D 旋转效果</title>
<style>
div
{
    width:100px;
    height:75px;
    background-color: #FFB5B5;
    border:1px solid black;
}
div#div2
{
    transform:rotate(45deg);
    -ms-transform:rotate(45deg); /* IE 9 */
    -webkit-transform:rotate(45deg); /* Safari and Chrome */
}
</style>
</head>
<body>
<div>侯门一入深如海，从此萧郎是路人。</div>
<div id="div2">侯门一入深如海，从此萧郎是路人。</div>
</body>
</html>
```

浏览效果如图 16-7 所示，可以看出旋转前和旋转后的不同效果。

图 16-7　2D 旋转效果

16.6.3　添加缩放效果

使用 scale()方法，可以将一个网页元素按指定的参数进行缩放，缩放后的大小取决于指定的宽度和高度。

例如将指定元素的宽度增加为原来的 4 倍，高度增加为原来的 3 倍，代码如下：

```
scale(4,3)
```

实例 5　添加缩放效果(案例文件：ch16\16.5.html)

```
<!DOCTYPE html>
<html>
<head>
<title>2D 缩放效果</title>
<style>
div {
    margin: 50px;
    width: 100px;
    height: 100px;
    background-color:#FFB5B5;
    border: 1px solid black;
    border: 1px solid black;
}
div#div2
{
    -ms-transform: scale(2,2); /* IE 9 */
    -webkit-transform: scale(2,2); /* Safari */
    transform: scale(2,2); /* 标准语法 */
}

</style>
</head>
<body>
<div>春云吹散湘帘雨，絮黏蝴蝶飞还住。</div>
缩放后的效果：
<div id="div2">春云吹散湘帘雨，絮黏蝴蝶飞还住。</div>
</body>
</html>
```

浏览效果如图 16-8 所示，可以看出缩放前和缩放后的不同效果。

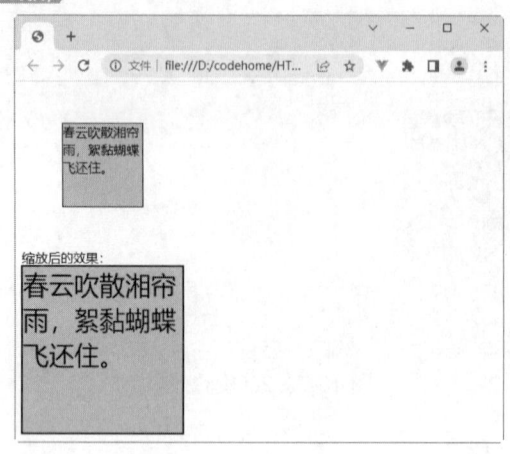

图 16-8　2D 缩放效果

16.6.4　添加倾斜效果

使用 skew()方法可以为网页元素添加倾斜效果，语法格式如下：

```
transform:skew(<angle> [,<angle>]);
```

这里包含两个角度值，分别表示 X 轴和 Y 轴倾斜的角度。如果第二个参数为空，则默认值为 0，参数为负表示向相反方向倾斜。

例如，将网页元素围绕 X 轴翻转 30°，围绕 Y 轴翻转 40°。代码如下：

```
skew(30deg,40deg)
```

如果只在 X 轴(水平方向)倾斜，代码如下：

```
skewX(<angle>);
```

如果只在 Y 轴(垂直方向)倾斜，代码如下：

```
skewY(<angle>);
```

实例 6　添加倾斜效果(案例文件：ch16\16.6.html)

```
<!DOCTYPE html>
<html>
<head>
<title>2D 倾斜效果</title>
<style>
div {
    margin: 50px;
    width: 100px;
    height: 100px;
    background-color:#FFB5B5;
    border: 1px solid black;
    border: 1px solid black;
}
div#div2
{
    transform:skew(30deg,150deg);
    -ms-transform:skew(30deg,15deg); /* IE 9 */
```

```
    -moz-transform:skew(30deg,15deg); /* Firefox */
    -webkit-transform:skew(30deg,15deg); /* Safari 与 Chrome */
    -o-transform:skew(30deg,40deg); /* Opera */
}
</style>
</head>
<body>
<div>窗含西岭千秋雪，门泊东吴万里船。</div>
倾斜后的效果：
<div id="div2">窗含西岭千秋雪，门泊东吴万里船。</div>
</body>
</html>
```

浏览效果如图 16-9 所示，可以看出倾斜前和倾斜后的不同效果。

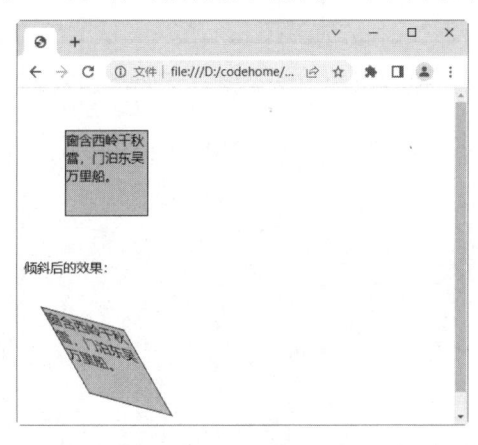

图 16-9　2D 倾斜效果

16.7　添加 3D 转换效果

在 CSS 3 中，3D 转换效果主要是指网页元素在三维空间进行转换的效果。3D 转换中的属性如下。

(1) transform：用于指定转换元素的方法。

(2) transform-origin：用于更改转换元素的位置。

(3) transform-style：规定嵌套元素如何在 3D 空间显示。

(4) perspective：规定 3D 元素的透视效果。

(5) perspective-origin：规定 3D 元素的位置。

(6) backface-visibility：定义元素在不面向屏幕时是否可见。如果在旋转元素后，又不希望看到其背面时，该属性很有用。

CSS 3 中 3D 转换效果的属性，在浏览器中的支持情况如表 16-3 所示。

3D 转换中的方法含义如下。

(1) translate3d(x,y,z)：定义 3D 元素移动效果，沿着 X 轴、Y 轴或 Z 轴移动元素。

(2) rotate3d(x,y,z,angle)：定义 3D 元素旋转效果，在参数中规定角度。

(3) scale3d(x,y,z)：定义 3D 元素缩放效果。

(4) perspective(n)：定义 3D 元素的透视效果。

(5) matrix3d()：定义 3D 元素转换效果，包含 6 个参数，可以定义旋转、缩放、移动和倾斜等综合效果。

表 16-3　常见浏览器对 3D 转换属性的支持情况

名　　称	图　　标	支持情况
Chrome 浏览器		36.0 及以上版本
IE 浏览器		IE 10.0 及以上版本
Mozilla Firefox 浏览器		16.0 及以上版本
Opera 浏览器		23.0 及以上版本
Safari 浏览器		4.0 及以上版本

添加 3D 转换效果与 2D 转换效果的方法类似，下面以 3D 旋转效果为例进行讲解。

实例 7　设置沿 Z 轴旋转效果(案例文件：ch16\16.7.html)

```
<!DOCTYPE html>
<html>
<head>
<title>3D 旋转效果</title>
<style>
div
{
   width:100px;
   height:75px;
   background-color: #FFB5B5;
   border:1px solid black;
}
div#div2
{
   transform:rotateZ(70deg);
   -webkit-transform:rotateZ(70deg); /* Safari 与 Chrome */}
</style>
</head>
<body>
<div>侯门一入深如海，从此萧郎是路人。</div>
<div id="div2">侯门一入深如海，从此萧郎是路人。</div>
</body>
</html>
```

浏览效果如图 16-10 所示，可以看出旋转前和旋转后的不同效果。

图 16-10　沿 Z 轴旋转效果

实例 8 设置沿 Y 轴旋转效果(案例文件：ch16\16.8.html)

```html
<!DOCTYPE html>
<html>
<head>
<title>3D 旋转效果</title>
<style>
div
{
    width:100px;
    height:75px;
    background-color: #FFB5B5;
    border:1px solid black;
}
div#div2
{
    transform:rotateY(60deg);
    -webkit-transform:rotateY(60deg); /* Safari 与 Chrome */}
</style>
</head>
<body>
<div>侯门一入深如海，从此萧郎是路人。</div>
<div id="div2">侯门一入深如海，从此萧郎是路人。</div>
</body>
</html>
```

浏览效果如图 16-11 所示，可以看出旋转前和旋转后的不同效果。

图 16-11 沿 Y 轴旋转效果

16.8 疑难解惑

疑问 1：添加动画效果后，为什么在 IE 浏览器中没有效果？

首先需要仔细检查代码，在设置参数时有没有多余的空格。确认代码无误后，可以查看 IE 浏览器的版本，如果浏览器的版本为 IE 9.0 或者更低的版本，则需要升级到 IE 10.0 及其以上的版本，才能查看添加的动画效果。

疑问 2：定义动画的时间用百分比还是用关键字 from 和 to？

一般情况下，使用百分比和使用关键字 from 和 to 的效果是一样的，但是以下两种情况，用户需要考虑使用百分比来定义时间。

(1) 定义两种以上的动画状态时,需要使用百分比来定义动画时间。
(2) 在多种浏览器上查看动画效果时,使用百分比的方式会获得更好的兼容效果。

疑问 3：如何实现 3D 网页对象沿 Z 轴旋转？

使用 translateZ(n)方法可以将网页对象沿着 Z 轴做 3D 旋转。例如，将网页对象沿着 Z 轴做 60°旋转，代码如下：

```
transform:rotateZ(60deg)
```

16.9 跟我学上机

上机练习 1：添加综合过渡效果

一次性添加多个样式的变换效果，添加的属性之间用逗号分隔。浏览效果如图 16-12 所示。将鼠标指针放置在 div 块上，div 块的高度和宽度都发生了变化，背景颜色由浅蓝色变为浅红色，而且进行了 180°的旋转操作，过渡后的效果如图 16-13 所示。

图 16-12 过渡前的效果　　　图 16-13 过渡后的效果

上机练习 2：添加综合变换效果

使用 matrix()方法可以为网页元素添加移动、旋转、缩放和倾斜效果，语法格式如下：

```
transform: matrix(n,n,n,n,n,n)
```

这里包含 6 个参数值，使用这 6 个值可以添加不同的 2D 转换效果。

下面通过 matrix()方法添加综合变换效果，浏览效果如图 16-14 所示，可以看出倾斜前和倾斜后的不同效果。

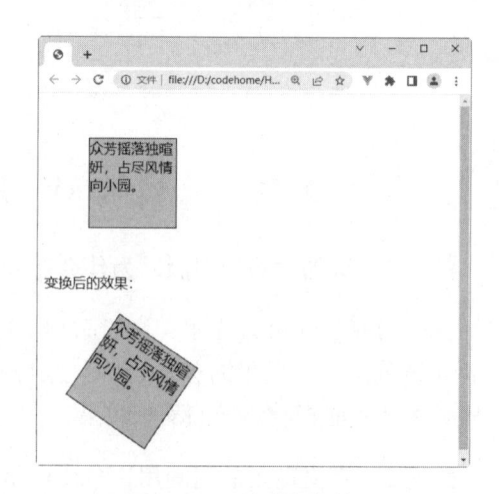

图 16-14 综合变换效果

第17章

HTML 5中的文件与拖放

在 HTML 5 中，专门提供了一个页面层调用的 API 文件，通过调用这个 API 文件中的对象、方法和接口，可以很方便地访问文件的属性或读取文件内容。另外，在 HTML 5 中，还可以将文件进行拖放，即抓取对象以后拖到另一个位置。任何元素都能够被拖放，常见的拖放元素为图片、文字等。

重点案例效果

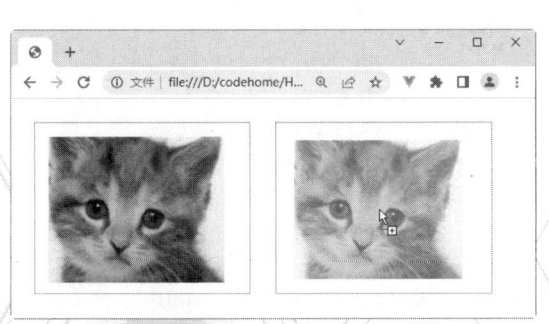

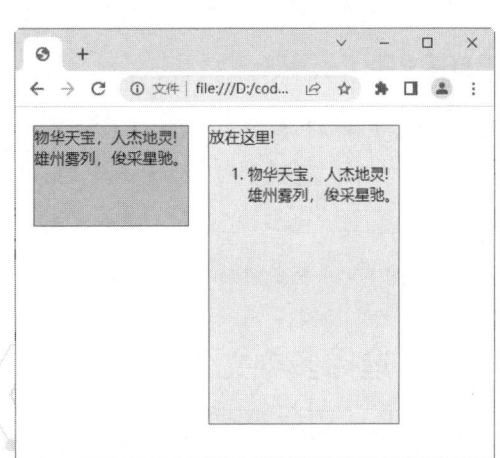

17.1 选择文件

在 HTML 5 中，可以创建一个 file 类型的<input>元素实现文件的上传功能，并且该类型的<input>元素新添加了一个 multiple 属性，如果将该属性的值设置为 true，则可以在一个元素中实现多个文件的上传。

17.1.1 选择单个文件

在 HTML 5 中，当需要创建一个 file 类型的<input>元素上传文件时，可以定义只选择一个文件。

实例 1 通过 file 对象选择单个文件(案例文件：ch17\17.1.html)

```html
<!DOCTYPE html>
<html>
<head>
<title>文件</title>
</head>
<body>
    <form>
    <h3>请选择文件：</h3>
    <input type="file" id="fileload" /><!--单个文件进行上传-->
    </form>
</body>
</html>
```

预览效果如图 17-1 所示，单击"选择文件"按钮，在打开的对话框中只能选择一个要加载的文件，如图 17-2 所示。

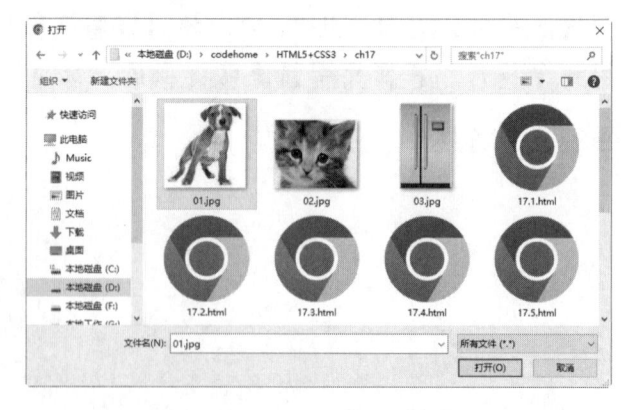

图 17-1 预览效果　　　　　　图 17-2 选择一个要加载的文件

17.1.2 选择多个文件

在 HTML 5 中，除了可以选择单个文件外，还可以通过添加元素的 multiple 属性，实现选择多个文件的功能。

实例 2　通过 file 对象选择多个文件(案例文件：ch17\17.2.html)

```
<!DOCTYPE HTML>
<html>
<body>
<form>
    选择文件：<input type="file" multiple="multiple" />
</form>
<p>在浏览文件时可以选取多个文件。</p>
</body>
</html>
```

预览效果如图 17-3 所示，单击"选择文件"按钮，在打开的对话框中可以选择多个要加载的文件，如图 17-4 所示。

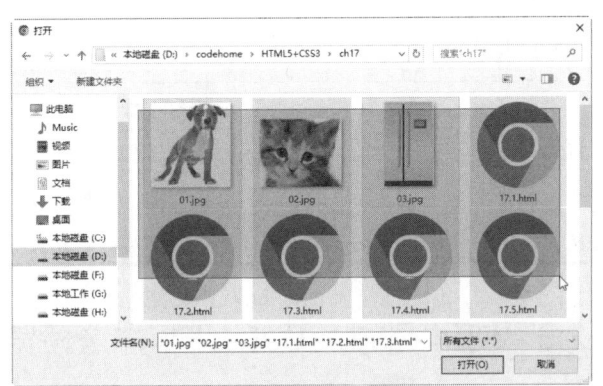

图 17-3　预览效果　　　　　　　　　图 17-4　选择多个要加载的文件

17.2　使用 FileReader 接口读取文件

使用 Blob 接口可以获取文件的相关信息，如文件名称、大小、类型等，但如果想要读取或浏览文件，则需要通过 FileReader 接口。该接口不仅可以读取图片文件，还可以读取文本或二进制文件；同时，根据该接口提供的事件与方法，可以动态侦察读取文件时的详细状态。

17.2.1　检测浏览器是否支持 FileReader 接口

FileReader 接口主要用于把文件读入到内存，并且读取文件中的数据。FileReader 接口提供了一个异步 API，使用该 API 可以在浏览器主线程中异步访问文件系统，读取文件中的数据。到目前为止，并不是所有浏览器都实现了 FileReader 接口。这里提供一种方法可以检查浏览器是否提供对 FileReader 接口的支持，具体的代码如下。

```
if(typeof FileReader == 'undefined'){
    result.InnerHTML="<p>您的浏览器不支持FileReader接口！</p>";
    //使选择控件不可操作
    file.setAttribute("disabled","disabled");
}
```

17.2.2 FileReader 接口的方法

FileReader 接口有 4 个方法，其中 3 个用来读取文件，另一个用来中断读取。无论读取成功或失败，方法并不会返回读取结果，这一结果存储在 result 属性中。FileReader 接口的方法及描述如表 17-1 所示。

表 17-1 FileReader 接口的方法及描述

方法名	参数	描述
readAsText	File, [encoding]	以文本方式读取文件，读取的结果即是这个文本文件中的内容
readAsBinaryString	File	将文件读取为二进制字符串，通常我们将它送到后端，后端可以通过这段字符串存储文件
readAsDataUrl	File	将文件读取为一串 Data Url 字符串，该方法事实上是将小文件以一种特殊格式的 URL 地址形式直接读入页面。这里的小文件通常是指图像与 html 等格式的文件
abort	(none)	终端读取操作

17.2.3 使用 readAsDataURL 方法预览图片

通过 FileReader 接口中的 readAsDataURL()方法，可以获取 API 异步读取的文件数据，另存为数据 URL，将该 URL 与<img>元素的 src 属性值绑定，就可以实现预览图片文件的效果。如果读取的不是图片文件，将给出相应的提示信息。

实例 3 使用 readAsDataURL 方法预览图片(案例文件：ch17\17.3.html)

```
<!DOCTYPE html>
<html>
<head>
<title>使用 readAsDataURL 方法预览图片</title>
</head>
<body>
<script type="text/javascript">
    var result=document.getElementById("result");
    var file=document.getElementById("file");

    //判断浏览器是否支持 FileReader 接口
    if(typeof FileReader == 'undefined'){
        result.InnerHTML="<p>您的浏览器不支持 FileReader 接口! </p>";
        //使选择控件不可操作
        file.setAttribute("disabled","disabled");
    }

    function readAsDataURL(){
        //检验是否为图像文件
        var file = document.getElementById("file").files[0];
        if(!/image\/\w+/.test(file.type)){
            alert("这个不是图片文件，请重新选择! ");
```

```
            return false;
        }
        var reader = new FileReader();
        //将文件以 Data URL 形式读入页面
        reader.readAsDataURL(file);
        reader.onload=function(e){
            var result=document.getElementById("result");
            //显示文件
            result.innerHTML='<img src="' + this.result +'" alt="" />';
        }
    }
</script>
<p>
    <label>请选择一个文件：</label>
    <input type="file" id="file" />
    <input type="button" value="读取图像" onclick="readAsDataURL()" />
</p>
<div id="result" name="result"></div>
</body>
</html>
```

预览效果如图 17-5 所示，单击"选择文件"按钮，在打开的对话框中选择需要预览的图片文件，如图 17-6 所示。

图 17-5　预览效果

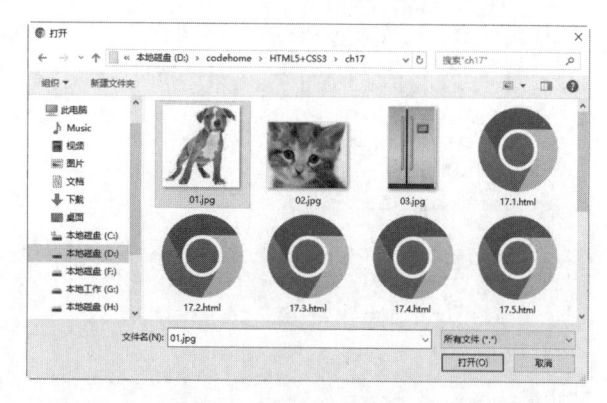

图 17-6　选择要加载的文件

选择完毕后，单击"打开"按钮，返回到浏览器窗口中，然后单击"读取图像"按钮，即可在页面的下方显示添加的图片，如图 17-7 所示。

如果选择的不是图片文件，在浏览器窗口中单击"读取图像"按钮后，就会给出相应的提示信息，如图 17-8 所示。

图 17-7　显示图片

图 17-8　信息提示框

17.2.4 使用 readAsText 方法读取文本文件

使用 FileReader 接口中的 readAsText()方法，可以将文件以文本编码的方式进行读取，即可以读取上传文本文件的内容；其实现的方法与读取图片基本相似，只是读取文件的方式不一样。

实例 4 使用 readAsText 方法读取文本文件(案例文件：ch17\17.4.html)

```html
<!DOCTYPE html>
<html>
<head>
<title>使用 readAsText 方法读取文本文件</title>
</head>
<body>
<script type="text/javascript">
var result=document.getElementById("result");
var file=document.getElementById("file");

//判断浏览器是否支持 FileReader 接口
if(typeof FileReader == 'undefined'){
    result.InnerHTML="<p>您的浏览器不支持 FileReader 接口！</p>";
    //使选择控件不可操作
    file.setAttribute("disabled","disabled");
}
function readAsText(){
    var file = document.getElementById("file").files[0];
    var reader = new FileReader();
    //将文件以文本形式读入页面
    reader.readAsText(file,"gb2312");
    reader.onload=function(f){
        var result=document.getElementById("result");
        //显示文件
        result.innerHTML=this.result;
    }
}
</script>
<p>
    <label>请选择一个文件：</label>
    <input type="file" id="file" />
    <input type="button" value="读取文本文件" onclick="readAsText()" />
</p>
<div id="result" name="result"></div>
</body>
</html>
```

预览效果如图 17-9 所示，单击"选择文件"按钮，在打开的对话框中选择需要读取的文件，如图 17-10 所示。

选择完毕后，单击"打开"按钮，返回到浏览器窗口中，然后单击"读取文本文件"按钮，即可在页面的下方读取文本文件中的信息，如图 17-11 所示。

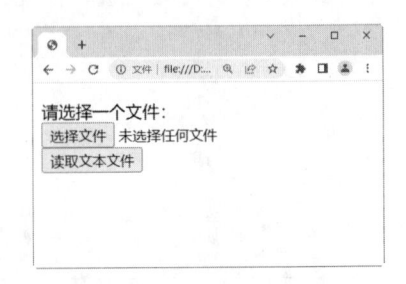

图 17-9 预览效果

图 17-10　选择要读取的文本　　　　　图 17-11　读取文本信息

17.3　使用 HTML 5 实现文件的拖放

使用 HTML 5 实现拖放效果，常用的实现方法是利用 HTML 5 新增加的事件 drag 和 drop。

17.3.1　认识文件拖放的过程

在 HTML 5 中实现文件的拖放主要有以下 4 个步骤。

01 设置元素为可拖放。

首先，为了使元素可拖动，把 draggable 属性设置为 true，具体代码如下：

```
<img draggable="true" />
```

02 设置拖动的元素。

实现拖放的第二步就是设置拖动的元素，常见的元素有图片、文字、动画等。实现拖放功能的是 ondragstart 和 setData()，即规定当元素被拖动时，会发生什么。

具体来讲，ondragstart 属性调用了一个函数 drag(event)，它规定了被拖动的数据。dataTransfer.setData()方法设置被拖动数据的数据类型和值，具体代码如下：

```
function drag(ev)
{
ev.dataTransfer.setData("Text",ev.target.id);
}
```

在上述代码中，数据类型是 Text，值是可拖动元素的 id。

03 设置拖动元素放置的位置。

实现拖放功能的第三步就是设置可拖放元素的放置位置，实现该功能的事件是 ondragover。在默认情况下，无法将数据/元素放置到其他元素中。如果需要设置允许放置，则必须阻止对元素的默认处理方式。这就需要调用 ondragover 事件的 event.preventDefault()方法，具体代码如下：

```
event.preventDefault()
```

04 放置拖动元素。

当放置被拖动的元素时，就会发生 drop 事件。ondrop 属性调用了一个函数 drop(event)，具体代码如下：

```
function drop(event)
{
    ev.preventDefault();
    var data=ev.dataTransfer.getData("Text");
    ev.target.appendChild(document.getElementById(data));
}
```

17.3.2 浏览器支持情况

不同的浏览器版本对拖放技术的支持情况是不同的，表 17-2 所示是常见浏览器对拖放技术的支持情况。

表 17-2 浏览器对拖放技术的支持情况

浏览器名称	支持 Web 存储技术的版本
Internet Explorer	Internet Explorer 9 及更高版本
Firefox	Firefox 3.6 及更高版本
Opera	Opera 12.0 及更高版本
Safari	Safari 5 及更高版本
Chrome	Chrome 5 及更高版本

17.3.3 在网页中拖放图片

下面给出一个简单的拖放实例，该实例主要实现的功能就是把一张图片拖放到一个矩形，具体实现代码如下。

实例 5 将图片拖放至矩形中(案例文件：ch17\17.5.html)

```
<!DOCTYPE HTML>
<html>
<head>
<style type="text/css">
#div1 {width:150px;height:150px;padding:10px;border:1px solid #aaaaaa;}
</style>
<script type="text/javascript">
    function allowDrop(ev)
    {
        ev.preventDefault();
    }
    function drag(ev)
    {
        ev.dataTransfer.setData("Text",ev.target.id);
    }
```

```
        function drop(ev)
        {
            ev.preventDefault();
            var data=ev.dataTransfer.getData("Text");
            ev.target.appendChild(document.getElementById(data));
        }
</script>
</head>
<body>
    <p>请把图片拖放到矩形中：</p>
    <div id="div1" ondrop="drop(event)" ondragover="allowDrop(event)"></div>
    <br />
    <img id="drag1" src="01.jpg" draggable="true" ondragstart="drag(event)" />
</body>
</html>
```

代码解释如下：

(1) 调用 preventDefault()来避免浏览器对数据的默认处理(drop 事件的默认行为是以链接形式打开)。

(2) 通过 dataTransfer.getData("Text")方法获得被拖动的数据。

(3) 被拖数据是被拖元素的 id。

(4) 把被拖元素追加到放置元素(目标元素)中。

将上述代码保存为.html 格式，预览效果如图 17-12 所示。当选中图片后，在不释放鼠标的情况下，可以将其拖放到矩形框中，如图 17-13 所示。

图 17-12　预览效果　　　　　　　　图 17-13　拖放图片

17.4　在网页中来回拖放图片

下面再给出一个具体实例，该实例所实现的效果就是可以在网页中来回拖放图片。

实例 6　在网页中来回拖放图片(案例文件：ch17\17.6.html)

```
<!DOCTYPE HTML>
<html>
<head>
<style type="text/css">
```

```
#div1, #div2
{float:left; width:100px; height:35px; margin:10px;padding:10px;border:1px
solid #aaaaaa;}
</style>
<script type="text/javascript">
    function allowDrop(ev)
    {
        ev.preventDefault();
    }
    function drag(ev)
    {
        ev.dataTransfer.setData("Text",ev.target.id);
    }
    function drop(ev)
    {
        ev.preventDefault();
        var data=ev.dataTransfer.getData("Text");
        ev.target.appendChild(document.getElementById(data));
    }
</script>
</head>
<body>
<div id="div1" ondrop="drop(event)" ondragover="allowDrop(event)">
  <img src="02.jpg" draggable="true" ondragstart="drag(event)" id="drag1" />
</div>
<div id="div2" ondrop="drop(event)" ondragover="allowDrop(event)"></div>
</body>
</html>
```

在记事本中输入这些代码，然后将其保存为 .html 格式，运行网页文件查看效果，选中网页中的图片，即可在两个矩形当中来回拖放，如图 17-14 所示。

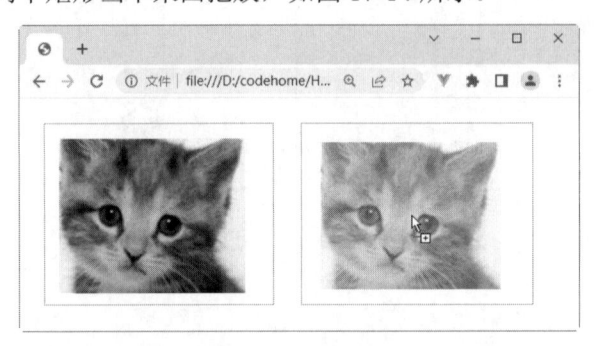

图 17-14 预览效果

17.5 在网页中拖放文字

了解了 HTML 5 的拖放技术后，下面给出一个具体实例，该实例所实现的效果就是在网页中拖放文字。

实例 7 在网页中拖放文字(案例文件：ch17\17.7.html)

```
<!DOCTYPE HTML>
<html>
<head>
```

```
<title>拖放文字</title>
<style>
body {
    font-family: 'Microsoft YaHei';
}
div.drag {
    background-color:#AACCFF;
    border:1px solid #666666;
    cursor:move;
    height:100px;
    width:100px;
    margin:10px;
    float:left;
}
div.drop {
    background-color:#EEEEEE;
    border:1px solid #666666;
    cursor: pointer;
    height:150px;
    width:150px;
    margin:10px;
    float:left;
}
</style>
</head>
<body>
<div draggable="true" class="drag"
    ondragstart="dragStartHandler(event)">Drag me!</div>
<div class="drop"
    ondragenter="dragEnterHandler(event)"
    ondragover="dragOverHandler(event)"
    ondrop="dropHandler(event)">Drop here!<ol /></div>
<script>
var internalDNDType = 'text';
function dragStartHandler(event) {
  event.dataTransfer.setData(internalDNDType,
                             event.target.textContent);
  event.effectAllowed = 'move';
}
// dragEnter 事件
function dragEnterHandler(event) {
  if (event.dataTransfer.types.contains(internalDNDType))
    if (event.preventDefault) event.preventDefault();}
// dragOver 事件
function dragOverHandler(event) {
  event.dataTransfer.dropEffect = 'copy';
  if (event.preventDefault) event.preventDefault();
}
function dropHandler(event) {
  var data = event.dataTransfer.getData(internalDNDType);
  var li = document.createElement('li');
  li.textContent = data;
  event.target.lastChild.appendChild(li);
}
</script>
</body>
</html>
```

下面介绍实现拖放的具体操作步骤。

01 将上述代码保存为.html 格式的文件，预览效果如图 17-15 所示。

02 选中左边矩形中的元素，将其拖曳到右边的矩形中，如图 17-16 所示。

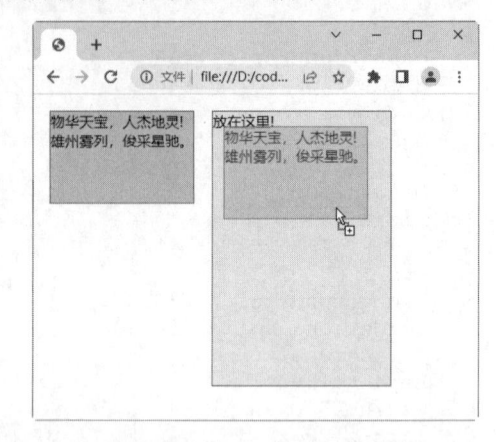

图 17-15　预览效果　　　　　　　　　图 17-16　拖放文字

03 释放鼠标，可以看到拖放之后的效果，如图 17-17 所示。

04 还可以多次拖放文字元素，效果如图 17-18 所示。

图 17-17　拖放一次的效果　　　　　　图 17-18　拖放多次的效果

17.6　疑 难 解 惑

疑问 1：在 HTML 5 中，实现拖放效果的方法是唯一的吗？

在 HTML 5 中，实现拖放效果的方法并不是唯一的。除了可以使用事件 drag 和 drop 外，还可以利用 canvas 标记来实现。

疑问 2：在 HTML 5 中，可拖放的对象只有文字和图像吗？

在默认情况下，图像、链接和文本是可以拖动的，也就是说，不用额外编写代码，用户就可以拖动它们。文本只有在被选中的情况下才能拖动，而图像和链接在任何时候都可以拖动。

如果想拖动其他元素也是可以的。HTML 5 为所有元素规定了一个 draggable 属性，用于设置元素是否可以拖动。图像和链接的 draggable 属性自动被设置成了 true，而其他元素这个属性的默认值都是 false。要想让其他元素可拖动，或者让图像或链接不能拖动，都可以设置这个属性。

疑问 3：在 HTML 5 中，读取记事本文件中的中文内容时显示乱码怎么办？

读者需要特别注意的是，如果读取文件内容时显示乱码，如图 17-19 所示。

图 17-19　读取文件内容时显示乱码

原因是在读取文件时，没有设置读取的编码方式。例如下面的代码：

```
reader.readAsText(file);
```

如果是中文内容，设置读取的格式如下：

```
reader.readAsText(file,"gb2312");
```

17.7　跟我学上机

上机练习 1：制作一个商品选择器

用所学的知识制作一个商品选择器，预览效果如图 17-20 所示。拖放商品的图片到右侧的框中，将提示信息"商品电冰箱已经被成功选取了！"，如图 17-21 所示。

图 17-20　商品选择器预览效果　　　　图 17-21　显示提示信息

上机练习 2：制作一个图片上传预览器

用所学的知识制作一个图片上传预览器，预览效果如图 17-22 所示。单击"选择文件"按钮，然后在打开的对话框中选择需要上传的图片，接着单击"上传文件"按钮和"显示图片"按钮，即可查看新上传的图片效果，重复操作，可以上传多张图片，如图 17-23 所示。

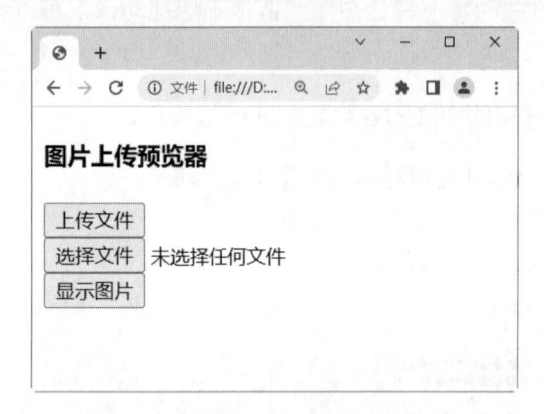

图 17-22　图片上传预览器　　　　　　图 17-23　图片的显示效果

第 18 章

JavaScript 编程基本知识

JavaScript 是一种脚本编程语言，被广泛用于开发支持用户交互并响应相应事件的动态网页。它还是一种通用的、跨平台的、基于对象和事件驱动并具有安全性的脚本语言。JavaScript 不需要进行编译，可以直接嵌入 HTML 页面中使用。本章将重点学习 JavaScript 的入门知识。

重点案例效果

18.1　JavaScript 入门

JavaScript 是一种由 Netscape 的 Live Script 发展而来的客户端脚本语言，旨在为客户提供更流畅的网页浏览效果。

18.1.1　JavaScript 能做什么

JavaScript 是一种解释性的、基于对象的脚本语言(Object-based Scripting Language)，主要是基于客户端运行的。几乎所有浏览器都支持 JavaScript，如 Internet Explorer(IE)、Firefox、Netscape、Mozilla、Opera 等。

使用 JavaScript 脚本实现的动态页面在网络中随处可见。下面就来介绍几种常见的 JavaScript 应用。

1．改善导航功能

JavaScript 最常见的应用就是生成网站导航系统，可以使用 JavaScript 创建一个导航工具。如用于选择下一个页面的下拉菜单，或者当鼠标指针移动到某导航链接上时所弹出的子菜单。图 18-1 所示为淘宝网页面的导航菜单，当鼠标指针放置在"男装/运动户外"上后，右侧会弹出相应的子菜单。

2．验证表单

验证表单是 JavaScript 的一个比较常用的功能。使用一个简单脚本就可以读取用户在表单中输入的信息，并确保输入格式的正确性。例如，要保证输入的表单信息正确，就要提醒用户一些注意事项，当输入信息后，还需要提示输入的信息是否正确，而不必等待服务器的响应。图 18-2 所示为一个网站的注册页面。

图 18-1　导航菜单　　　　　　　　　　图 18-2　注册页面

3．特殊效果

JavaScript 最早的应用就是创建引人注目的特殊效果，如在浏览器状态行显示滚动的信息，或者让网页背景颜色闪烁。图 18-3 所示为一个背景颜色选择器，只要单击颜色块中的颜色，就会显示一个对话框，在其中显示颜色值，而且网页的背景色也会发生改变。

图 18-3　背景颜色选择器

4. 动画效果

在浏览网页时，经常会看到一些动画效果，使页面更加生动。使用 JavaScript 脚本语言也可以实现动画效果。图 18-4 所示为在页面中实现的文字动画效果。

图 18-4　文字动画效果

5. 窗口的应用

网页中经常会出现一些浮动的广告窗口，这些窗口可以通过 JavaScript 脚本语言来实现。图 18-5 所示为一个企业的宣传网页，可以看到一个浮动广告窗口，用于显示广告信息。

图 18-5　浮动广告窗口

6. 应用 Ajax 技术

应用 Ajax 技术可以实现搜索自动提示功能。例如在百度首页的搜索文本框中输入要搜索的关键字时，下方会自动给出相关提示。如果给出的提示有符合要求的内容，就可以直接进行选择，提高了用户的使用效率。如图 18-6 所示，在搜索文本框中输入"长寿花"后，下面将显示相应的提示信息。

图 18-6　百度搜索提示信息

18.1.2　在网页中嵌入 JavaScript 代码

在 HTML 文档中可以使用<script>标记将 JavaScript 脚本嵌入其中，一个 HTML 文档中可以使用多个<script>标记，每个<script>标记中可以包含一行或多行 JavaScript 代码。

根据嵌入位置的不同，把 JavaScript 嵌入 HTML 中可以分为多种形式：在 HTML 网页头部<head>与</head>标记中嵌入、在 HTML 网页<body>与</body>标记中嵌入等。

1. 在 HTML 网页头部<head>与</head>标记中嵌入

JavaScript 脚本一般放在 HTML 网页头部的<head>与</head>标记内，使用格式如下：

```
<!DOCTYPE html>
<html>
<head>
<title>在 HTML 网页头部嵌入 JavaScript 代码<title>
<script language="JavaScript">
JavaScript 脚本内容
</script>
</head>
<body>
…
</body>
</html>
```

在<script>与</script>标记中添加 JavaScript 脚本，就可以直接在 HTML 文件中调用 JavaScript 代码，以实现相应的效果。

2. 在 HTML 网页<body>与</body>标记中嵌入

<script>标记可以放在<head>与</head>标记中，也可以放在<body>与</body>标记中。使用格式如下：

```
<html>
<head>
<title>在 HTML 网页中嵌入 JavaScript 代码<title>
</head>
<body>
<script language="JavaScript ">
JavaScript 脚本内容
</script>
</body>
</html>
```

JavaScript 代码可以在同一个 HTML 网页的<head>与<body>标记中同时嵌入，并且在同一个网页中可以多次嵌入 JavaScript 代码。

实例 1　在页面中输出由 "*" 组成的三角形(案例文件：ch18\18.1.html)

```html
<!DOCTYPE html>
<html>
<head>
    <meta charset="UTF-8">
    <title>输出"*"组成的三角形</title>
    <style type="text/css">
        body {
            background-color: #CCFFFF;
        }
    </style>
    <script type="text/javascript">
        document.write("   *"+"<br>");
        document.write("  * *"+"<br>");
    </script>
</head>
<body>
<script type="text/javascript">
    document.write(" * * *"+"<br>");
    document.write("* * * *"+"<br>");
</script>
</body>
</html>
```

运行程序，结果如图 18-7 所示。

图 18-7　输出由 "*" 组成的三角形

18.1.3　调用外部 JavaScript 文件

如果 JavaScript 程序较长，或者多个 HTML 网页中都调用相同的 JavaScript 程序，可以将较长的 JavaScript 或者通用的 JavaScript 程序写成独立的.js 文件，直接在 HTML 网页中调用。在 HTML 网页中链接外部 JavaScript 文件的语法格式如下：

```
<script type="text/javascript" src="javascript.js"></script>
```

> **注意**　如果外部 JavaScript 文件保存在本机中，那么 src 属性可以是绝对路径或者相对路径；如果外部 JavaScript 文件保存在其他服务器中，则 src 属性需要指定绝对路径。

实例 2　在对话框中输出 "Hello JavaScript"(案例文件：ch18\18.2.html 和 1.js)

18.2.html 文件的代码如下：

```
<!DOCTYPE html>
<html lang="en">
<head>
    <meta charset="UTF-8">
    <title>调用外部 JavaScript 文件</title>
</head>
<body>
<script type="text/javascript" src="1.js"></script>
</body>
</html>
```

1.js 文件的代码如下：

```
alert("Hello JavaScript");
```

运行程序 18.2.html，结果如图 18-8 所示。

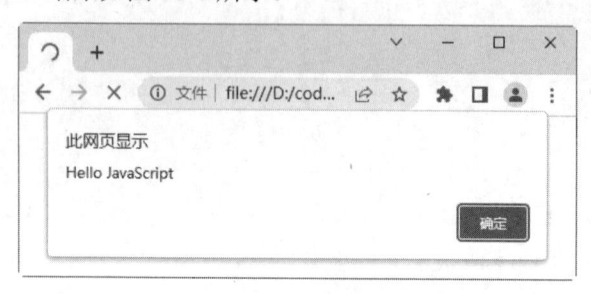

图 18-8　实例 2 的程序运行结果

18.1.4　JavaScript 的语法基础

与 C、Java 及其他语言一样，JavaScript 也有自己的语法，下面简单介绍 JavaScript 的一些基本语法。

1．代码执行顺序

JavaScript 程序按照在 HTML 文件中出现的顺序逐行执行。如果需要在整个 HTML 文件中执行，最好将其放在 HTML 文件的<head>…</head>标签中。某些代码，如函数体内的代码，不会被立即执行，只有当所在的函数被其他程序调用时，该代码才被执行。

2．区分大小写

JavaScript 对字母大小写敏感，也就是说在输入语言的关键字、函数、变量以及其他标识符时，一定要严格区分字母的大小写。例如，username 与 userName 是两个不同的变量。

3．代码的换行

当一段代码比较长时，用户可以在文本字符串中使用反斜杠对代码进行换行。下面的例子会正确地显示：

```
document.write("Hello \
World!");
```

不过，用户不能像这样换行：

```
document.write \
("Hello World!");
```

4．注释语句

与 C、C++、Java、PHP 相同，JavaScript 的注释分为两种，一种是单行注释，例如：

```
// 输出标题
document.getElementById("myH1").innerHTML="欢迎来到我的主页";
// 输出段落
document.getElementById("myP").innerHTML="这是我的第一个段落。";
```

一种是多行注释，例如：

```
/*
下面的这些代码会输出
一个标题和一个段落
并将代表主页的开始
*/
document.getElementById("myH1").innerHTML="欢迎来到我的主页";
document.getElementById("myP").innerHTML="这是我的第一个段落。";
```

18.1.5 数据类型

JavaScript 的数据类型可以分为基本数据类型和复合数据类型。基本数据类型包括数值型(Number)、字符串型(String)、布尔型(Boolean)、空类型(Null)与未定义类型(Undefined)。复合数据类型包括对象、数组和函数等，关于复合数据类型将在后面的章节中学习，本节来学习 JavaScript 的基本数据类型。

1．数值型

数值型(Number)是 JavaScript 中最基本的数据类型。JavaScript 不是类型语言，与许多其他编程语言的不同之处在于，它不区分整型数值和浮点型数值。在 JavaScript 中，所有的数值都由浮点型来表示。

JavaScript 采用 IEEE754 标准定义的 64 位浮点格式表示数字，它能表示的最大值为 1.7976931348623157e+308，最小值为 5e-324。在 JavaScript 中的数值有 3 种表示方式，分别为十进制、八进制和十六进制。

2．字符串型

字符串由 0 个或者多个字符构成，字符可以包括字母、数字、标点符号、空格或其他字符等，还可以包括汉字。在 JavaScript 中，字符串主要用来表示文本的数据类型。程序中的字符串型数据必须包含在单引号或双引号中，例如：

(1) 单引号括起来的字符串，代码如下：

```
'Hello JavaScript! '
'JavaScript@163.com'
'你好！JavaScript'
```

(2) 双引号括起来的字符串，代码如下：

```
"Hello JavaScript!"
"JavaScript@163.com"
"你好！"
```

3. 布尔型

在 JavaScript 中，布尔型数据类型只有两个值，一个是 true(真)，一个是 false(假)，用于说明某个事物是真还是假。通常，我们用 1 表示真，0 表示假。布尔值通常在 JavaScript 程序中用来表示比较所得的结果。例如：

```
n==10
```

这句代码的作用是判断变量 n 的值是否和数值 10 相等，如果相等，比较的结果就是布尔值 true，否则结果就是 false。

4. 未定义类型

Undefined 是未定义类型的变量，表示变量还没有赋值，如 var a;，或者赋予一个不存在的属性值，例如 var a=String.notProperty。

5. 空类型

JavaScript 中的关键字 null 是一个特殊的值，表示空值，用于定义空的或不存在的引用。不过，null 不等同于空的字符串或 0。由此可见，null 与 undefined 的区别是：null 表示一个变量被赋予了一个空值，而 undefined 则表示该变量还未被赋值。

18.2 JavaScript 的常量和变量

在 JavaScript 中，常量与变量是数据结构的重要组成部分。其中常量是指在程序运行过程中保持不变的数据。例如，123 是数值型常量，"Hello JavaScript！"是字符串常量；true 或 false 是布尔型常量。在 JavaScript 脚本编程中，这些数值是可以直接输入并使用的。

变量是相对于常量而言的。变量有两个基本特性：变量名和变量值。

在 JavaScript 中，变量的命名规则如下。

(1) 必须以字母或下划线开头，其他字符可以是数字、字母或下划线。例如，txtName 与 _txtName 都是合法的变量名，而 1txtName 和&txtName 都是非法的变量名。

(2) 变量名只能由字母、数字、下划线组成，不能包含空格、加号、减号等符号，不能用汉字做变量名。例如，txt%Name、名称文本、txt-Name 都是非法变量名。

(3) JavaScript 的变量名是区分大小写的。例如 Name 与 name 代表两个不同的变量。

(4) 不能使用 JavaScript 中的保留关键字作为变量名，例如 var、enum、const 都是非法变量名。JavaScript 中的保留关键字如表 18-1 所示。

尽管 JavaScript 是一种弱类型的脚本语言，变量可以在不声明的情况下直接使用，但在实际使用过程中，最好还是先使用 var 关键字对变量进行声明。语法格式如下：

```
var variablename
```

variablename 为变量名。例如，声明一个变量之后再对变量进行赋值，例如：

```
var username;              //声明变量
username="杜牧";           //对变量进行赋值
```

在声明变量的同时可以对变量赋值，这一过程也被称为变量初始化，例如：

```
var username="杜牧";       //声明变量并进行初始化赋值
var x=5,y=12;              //声明多个变量并进行初始化赋值
```

这里声明了 3 个变量 username、x 和 y，并分别对其进行了赋值。

表 18-1　JavaScript 中的保留关键字

abstract	arguments	boolean	break	byte	case
catch	char	class	const	continue	debugger
default	delete	do	double	else	enum
eval	export	extends	false	final	finally
float	for	function	goto	if	implements
import	in	instanceof	int	interface	let
long	native	new	null	package	private
protected	public	return	short	static	super
switch	synchronized	this	throw	throws	transient
true	try	typeof	var	void	volatile
while	with	yield			

变量的作用范围又称为作用域，是指某变量在程序中的有效范围。根据作用域的不同，变量可划分为全局变量和局部变量。

(1) 全局变量：全局变量的作用域是全局性的，即在整个 JavaScript 程序中，全局变量处处都存在。

(2) 局部变量：局部变量是函数内部声明的，只作用于函数内部，其作用域是局部性的；函数的参数也是局部性的，只在函数内部起作用。

在函数内部，局部变量的优先级高于同名的全局变量。也就是说，如果存在与全局变量名称相同的局部变量，或者在函数内部声明了与全局变量同名的参数，则该全局变量将不再起作用。

实例3 变量作用域的应用(案例文件：ch18\18.3.html)

定义一个全局变量与一个局部变量，然后输出变量的作用域类型。

```
<!DOCTYPE html>
<html>
<head>
    <meta charset="UTF-8">
    <title>变量的作用域</title>
</head>
<body>
<script type="text/javascript">
```

```
    var scope="全局变量";              //声明一个全局变量
    function checkscope()
    {
        var scope="局部变量";          //声明一个同名的局部变量
        document.write(scope);         //使用的是局部变量,而不是全局变量
    }
    checkscope();                      //调用函数,输出结果
</script>
</body>
</html>
```

运行程序,结果如图 18-9 所示。从结果中可以看出输出的是"局部变量",这就说明局部变量的优先级高于同名的全局变量。

图 18-9 变量的优先级

> **注意** 虽然在全局作用域中可以不使用 var 声明变量,但在声明局部变量时,一定要使用 var。

18.3 运算符与表达式

运算符是完成一系列操作的符号,用于对一个或几个值进行计算而生成一个新的值,进行计算的值称为操作数,操作数可以是常量或变量。表达式是由运算符和操作数组合而成的式子,表达式的值就是对操作数进行运算后的结果。

18.3.1 运算符

按照运算符的功能可以将 JavaScript 的运算符分为算术运算符、逻辑运算符、位运算符、赋值运算符、条件运算符、位操作运算符和字符串运算符等。按照操作数的个数,可以将运算符分为单目运算符、双目运算符和三目运算符。使用运算符可以进行算术、赋值、比较、逻辑等各种运算。

1. 算术运算符

算术运算符用于各类数值之间的加、减、乘、除等运算。算术运算符是比较简单的运算符,也是在实际操作中经常用到的操作符。

2. 赋值运算符

赋值运算符是将一个值赋给另一个变量或表达式的符号,在 JavaScript 中,赋值运算可以分为简单赋值运算和复合赋值运算。最基本的赋值运算符为"=",主要用于将运算符右边的

操作数值赋给左边的操作数。复合赋值运算混合了其他操作和赋值操作。例如：

a+=b

这个复合赋值运算等同于"a=a+b"。

3. 字符串运算符

字符串运算符是对字符串进行操作的符号，一般用于连接字符串。在 JavaScript 中，可以使用"+"和"+="运算符对两个字符串进行连接运算。JavaScript 中常用的字符串运算符如表 18-2 所示。

表 18-2　JavaScript 中常用的字符串运算符

运算符	描　　述
+	连接两个字符串
+=	连接两个字符串并将结果赋给第一个字符串

> **注意**　字符串连接符"+="与复合赋值运算符类似，用于将两边的字符串(操作数)连接起来并将结果赋给左边的操作数。

4. 比较运算符

比较运算符在逻辑语句中使用，用于连接操作数组成比较表达式，并对操作符两边的操作数进行比较，其结果为逻辑值 true 或 false。JavaScript 中常用的比较运算符如表 18-3 所示。

表 18-3　JavaScript 中常用的比较运算符

运算符	描　　述	示　　例
>	大于	2>3 返回值为 false
<	小于	2<3 返回值为 true
>=	大于等于	2>=3 返回值为 false
<=	小于等于	2<=3 返回值为 true
==	等于。只根据表面值进行判断，不涉及数据类型	"2"==2 返回值为 true
===	绝对等于。根据表面值和数据类型进行判断	"2"===2 返回值为 false
!=	不等于。只根据表面值进行判断，不涉及数据类型	"2"!=2 返回值为 false
!==	不绝对等于。根据表面值和数据类型进行判断	"2"!==2 返回值为 true

5. 逻辑运算符

逻辑运算符用于判断变量或值之间的逻辑关系，操作数一般是逻辑型数据。在 JavaScript 中，有 3 种逻辑运算符，如表 18-4 所示。

6. 条件运算符

条件运算符是构造条件分支的三目运算符，可以看作 if...else 语句的简写形式，语法格式如下：

> 逻辑表达式?语句1:语句2；

如果"?"前的逻辑表达式结果为 true，则执行"?"与":"之间的语句 1，否则执行语句 2。由于条件运算符构成的表达式带有一个返回值，因此，可通过其他变量或表达式对其值进行引用。

表 18-4 JavaScript 中常用的逻辑运算符

运算符	描述	示例
&&	逻辑与	a&&b 当 a 和 b 都为真时，结果为真，否则为假
||	逻辑或	a||b 当 a 或 b 有一个为真时，结果为真，否则为假
!	逻辑非	!a 当 a 为假时，结果为真，否则为假

在 JavaScript 中，运算符具有明确的优先级与结合性。优先级用于控制运算符的执行顺序，具有较高优先级的运算符先于较低优先级的运算符执行。表 18-5 所示为 JavaScript 中各运算符的优先级。结合性是指具有同等优先级的运算符将按照怎样的顺序进行运算，结合性有向左结合和向右结合两种，圆括号可用来改变运算符优先级所决定的求值顺序。

表 18-5 运算符的优先级

优先级	结合性	运算符
1	从左向右	.、[]、()
2	从右向左	++、--、-、!、delete、new、typeof、void
3	从左向右	*、/、%
4	从左向右	+、-
5	从左向右	<<、>>、>>>
6	从左向右	<、<=、>、>=、in、instanceof
7	从左向右	==、!=、===、!===
8	从左向右	&
9	从左向右	^
10	从左向右	|
11	从左向右	&&
12	从左向右	||
13	从右向左	?:
14	从右向左	=、*=、/=、%=、+=、-=、<<=、>>=、>>>=、&=、^=、|=
15	从右向左	,

实例 4 计算贷款到期后的总还款数(案例文件：ch18\18.4.html)

假设贷款的利率为 5%，贷款金额为 50 万，贷款期限为 5 年，计算贷款到期后的总还款金额数。

```html
<!DOCTYPE html>
<html>
<head>
    <meta charset="UTF-8">
    <title>运算符优先级应用示例</title>
</head>
<body>
<script type="text/javaScript">
    var rate=0.05;
    var money=500000;
    var total=money*(1+rate)*(1+rate)*(1+rate)*(1+rate)*(1+rate);
    document.write("贷款利率为: "+rate +"<br>");
    document.write("贷款金额为: "+money+"元"+"<br>");
    document.write("贷款年限为: "+"5 年"+"<br>");
    document.write("还款总额为: "+total+"元");
</script>
</body>
</html>
```

运行程序，结果如图 18-10 所示。

18.3.2 表达式

表达式是运算符和操作数组合而成的式子，可以包含常量、变量、运算符等。表达式的类型由运算符及参与运算的操作数类型决定，其基本类型包括赋值表达式、算术表达式、逻辑表达式和字符串表达式等。

图 18-10 计算贷款到期后的总还款额

1. 赋值表达式

在 JavaScript 中，赋值表达式的计算过程是自右向左，其语法格式如下：

变量 赋值运算符 表达式;

在赋值表达式中，有比较简单的赋值表达式，例如 i=1；也有定义变量时，给变量赋初始值的赋值表达式，如 var str="Happy JavaScript！"；还有使用比较复杂的赋值运算符连接的赋值表达式，如 k+=18。

2. 算术表达式

算术表达式就是用算术运算符连接的 JavaScript 语句，其运行结果为数字。如 i+j+k；、20-x；、a*b；、j/k；、sum%2;等即为合法的使用算术运算符的表达式。算术运算符的两边都必须是数值，若在"+"运算中存在字符或字符串，则该表达式将是字符串表达式，因为 JavaScript 会自动将数值型数据转换成字符串型数据。例如，""好好学习"+i+"天天向上"+j;"表达式将被看作是字符串表达式。

3. 字符串表达式

字符串表达式是操作字符串的 JavaScript 语句，其运行结果为字符串。JavaScript 的字符串表达式只能使用"+"与"+="两个字符串运算符。如果在同一个表达式中既有数字又有字符串，同时还没有将字符串转换成数字的方法，则返回值一定是字符串型。

4. 逻辑表达式

逻辑表达式一般用来判断某个条件或者表达式是否成立，其结果只能为 true 或 false。

实例5 逻辑表达式的应用(案例文件：ch18\18.5.html)

按照闰年的规定，即某年的年份值是 4 的倍数并且不是 100 的倍数，或者该年份值是 400 的倍数，那么这一年就是闰年。下面应用逻辑表达式来判断输入年份是否为闰年。

```html
<!DOCTYPE html>
<html>
<head>
    <meta charset="UTF-8">
    <title>逻辑表达式应用示例</title>
</head>
<body>
<script type="text/javaScript">
    function checkYear()
    {
        var txtYearObj = document.all.txtYear;              //文本框对象
        var txtYear = txtYearObj.value;
        if((txtYear == null) || (txtYear.length < 1)||(txtYear < 0))
        {            //文本框值为空
            window.alert("请在文本框中输入正确的年份！");
            txtYearObj.focus();
            return;
        }
        if(isNaN(txtYear))
        {            //用户输入的不是数字
            window.alert("年份必须为整型数字！");
            txtYearObj.focus();
            return;
        }
        if(isLeapYear(txtYear))
            window.alert(txtYear + "年是闰年！");
        else
            window.alert(txtYear + "年不是闰年！");
    }
    function isLeapYear(yearVal)              //*判断是否为闰年
    {
        if((yearVal % 100 == 0) && (yearVal % 400 == 0))
            return true;
        if(yearVal % 4 == 0) return true;
        return false;
    }
</script>
<form action="#" name="frmYear">
    请输入当前年份：
    <input type="text" name="txtYear">
    <p>判断是否为闰年：
        <input type="button" value="确定" onclick="checkYear()">
</form>
</body>
</html>
```

运行程序，在显示的文本框中输入 2020，单击"确定"按钮后，系统先判断文本框是否为空，再判断文本框中输入的数值是否合法，最后判断其是否为闰年并弹出相应的提示框，如图 18-11 所示。

如果输入值为 2022，单击"确定"按钮，运行的结果如图 18-12 所示。

图 18-11　输入 2020 返回判断结果　　　　图 18-12　输入 2022 返回判断结果

18.4　疑 难 解 惑

疑问 1：可以加载其他 Web 服务器上的 JavaScript 文件吗？

如果外部 JavaScript 文件保存在其他服务器上，要用<script>标签的 src 属性指定绝对路径。例如这里加载域名为 www.website.com 的 Web 服务器上的 jscript.js 文件。代码如下：

```
<script                                                      type="text/javascript"
src="http://www.website.com/jscript.js"></script>
```

疑问 2：JavaScript 中，运算符"=="和"="有什么区别？

运算符"=="是比较运算符，运算符"="是赋值运算符，它们是完全不同的。运算符"="用于给操作数赋值；而运算符"=="用于比较两个操作数的值是否相等。如果在需要比较两个表达式的值是否相等的情况下，错误地使用赋值运算符"="，则会将右边操作数的值赋给左边的操作数。

18.5　跟我学上机

上机练习 1：使用 document.write()语句输出一首古诗

使用 document.write()语句输出一首古诗《相思》，运行结果如图 18-13 所示。

上机练习 2：使用变量输出个人基本信息

定义用于存储个人信息的变量，然后输出这些个人信息，运行结果如图 18-14 所示。

图 18-13　输出古诗

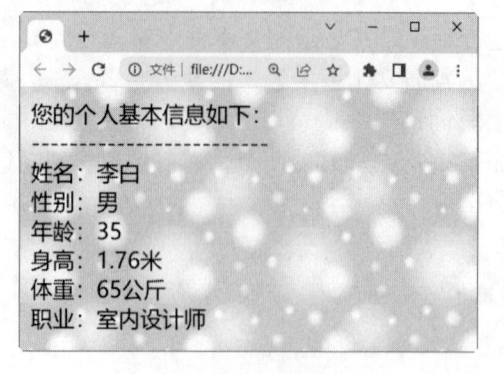

图 18-14　输出个人信息

第 19 章

JavaScript 程序控制语句

　　JavaScript 具有多种类型的程序控制语句，利用这些语句可以进行程序流程上的判断与控制，从而完成比较复杂的程序操作。本章就来介绍 JavaScript 程序控制语句的相关知识，主要内容包括条件判断语句、循环语句、跳转语句等。

重点案例效果

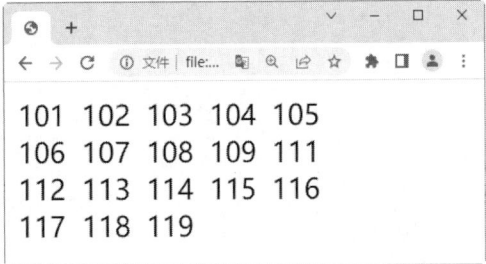

100以内自然数求和：
1+2+3+...+100=5050

101 102 103 104 105
106 107 108 109 111
112 113 114 115 116
117 118 119

19.1 条件判断语句

条件判断语句就是对语句中不同条件的值进行判断,进而根据不同的条件来执行不同的语句,从而得出不同的结果。条件判断语句是一种比较简单的选择结构语句,包括 if 语句、if…else 语句、switch 语句等,这些语句各具特点,在一定条件下可以相互转换。

19.1.1 简单 if 语句

if 语句是最常用的条件判断语句,通过判断条件表达式的值为 true 或 false 来确定程序的执行顺序。在实际应用中,if 语句有多种表现形式,最简单的 if 语句的应用格式如下:

```
if(表达式)
{
    语句;
}
```

参数说明如下。

(1) 表达式:必选项,用于指定条件表达式,可以使用逻辑运算符。

(2) 语句:用于指定要执行的语句序列,可以是一条或多条语句。当表达式为真时,执行大括号内包含的语句,否则就不执行。

> **注意** if 语句中的 if 必须是小写,如果使用大写字母(IF)会生成 JavaScript 错误!

实例 1 找出三个数值中的最大值(案例文件:ch19\19.1.html)

```
<!DOCTYPE html>
<html>
<head>
    <meta charset="UTF-8">
    <title>找出三个数值中的最大值</title>
</head>
<body>
<script type="text/javaScript">
    var maxValue;           //声明变量
    var a=10;               //声明变量并赋值
    var b=20;               //声明变量并赋值
    var c=30;               //声明变量并赋值
    maxValue=a;             //假设 a 的值最大,定义 a 为最大值
    if(maxValue<b){         //如果最大值小于 b
        maxValue=b;         //定义 b 为最大值
    }
    if(maxValue<c){         //如果最大值小于 c
        maxValue=c;         //定义 c 为最大值
    }
    document.write("a="+a+"<br>");
    document.write("b="+b+"<br>");
```

```
        document.write("c="+c+"<br>");
        document.write("这三个数的最大值为"+maxValue);      //输出结果
</script>
</body>
</html>
```

预览效果如图 19-1 所示。

19.1.2　if...else 语句

if...else 语句是 if 语句的标准形式，具体语法格式如下：

```
if (表达式){
    语句块 1
}
else{
    语句块 2
}
```

图 19-1　输出三个数中的最大值

参数说明如下。

(1) 表达式：必选项，用于指定条件表达式，可以使用逻辑运算符。

(2) 语句 1：用于指定要执行的语句序列，可以是一条或多条语句。当表达式的值为 true(真)时，执行该语句。

(3) 语句 2：用于指定要执行的语句序列，可以是一条或多条语句。当表达式的值为 false(假)时，执行该语句。

在 if...else 语句中，首先对表达式的值进行判断，如果它的值是 true，则执行语句 1 中的内容，否则执行语句 2 中的内容。

实例2 根据时间输出不同的问候语(案例文件：ch19\19.2.html)

本案例规定当时间小于 20:00 时，输出问候语"Good day！"，否则，输出问候语"Good evening！"。

```
<!DOCTYPE html>
<html>
<head>
    <meta charset="UTF-8">
    <title>if…else 语句的应用</title>
</head>
<body>
<script type="text/javaScript">
    var x="";
    var time=new Date().getHours();
    if (time<20){
        x="Good day! ";
    }
    else{
        x="Good evening! ";
    }
    document.write("当前时间为："+time+"时");
    document.write("<p>");
```

```
    document.write("输出问候语为："+x);
</script>
</body>
</html>
```

预览效果如图 19-2 所示。

19.1.3　if...else if 语句

在 JavaScript 语言中，还可以在 if..else 语句中的 else 后跟 if 语句的嵌套，从而形成 if...else if 的结构，这种结构的一般表现形式如下：

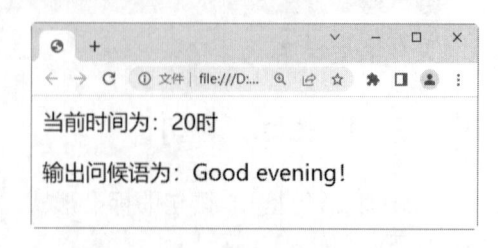

图 19-2　实例 2 的程序运行结果

```
if(表达式 1)
    语句块 1;
else if(表达式 2)
    语句块 2;
else if(表达式 3)
    语句块 3;
…
else
    语句块 n;
```

该流程控制语句的功能是首先执行表达式 1，如果返回值为 true，则执行语句块 1；再判断表达式 2，如果返回值为 true，则执行语句块 2；再判断表达式 3，如果返回值为 true，则执行语句块 3……否则执行语句块 n。

实例 3　输出不同时间的问候语(案例文件：ch19\19.3.html)

本案例规定如果时间早于 10:00，输出问候语"早上好！"；如果时间晚于 10:00 早于16:00，输出问候语"今天好！"，否则输出问候语"晚上好！"。

```
<!DOCTYPE html>
<html>
<head>
    <meta charset="UTF-8">
    <title>if...else if 语句的应用</title>
</head>
<body>
<script type="text/javaScript">
    var d = new Date();
    var time = d.getHours();
    document.write("当前时间为："+time+"时");
    document.write("<p>");
    if (time<10)
    {
        document.write("<b>输出的问候语为：早上好！</b>");
    }
    else if (time>=10 && time<16)
    {
        document.write("<b>输出的问候语为：今天好！</b>");
    }
    else
```

```
        {
            document.write("<b>输出的问候语为：晚上好! </b>");
        }
</script>
</body>
</html>
```

预览效果如图 19-3 所示。

19.1.4　if 语句的嵌套

if 语句不但可以单独使用，还可以嵌套使用，即在 if 语句的从句部分嵌套另外一个完整的 if 语句。基本语法格式如下：

图 19-3　实例 3 的程序运行结果

```
if(表达式 1){
    if(表达式 2){
        语句块 1
    }else{
        语句块 2
    }
}else{
    if(表达式 3){
        语句块 3
    }else{
        语句块 4
    }
}
```

> **注意**　在嵌套使用 if 语句时，最好使用大括号"{}"来确定其层次关系。

实例 4　判断某考生是否可以报考表演类大学(案例文件：ch19\19.4.html)

本案例设计效果如下：某考生的高考成绩为 550 分，才艺表演成绩为 120 分。假设重点戏剧类大学的录取分数为 500 分，而才艺表演成绩必须在 130 分以上才可以报考表演类大学。使用 if 嵌套语句判断这个考生是否可以报考表演类大学。

```
<!DOCTYPE html>
<html>
<head>
    <meta charset="UTF-8">
    <title>if 语句的嵌套</title>
</head>
<body>
<script type="text/javaScript">
    var totalscore=550;
    var Talentscore=120;
    document.write("高考总成绩为："+totalscore+"分");
    document.write("<p>");
    document.write("才艺表演成绩为："+Talentscore+"分");
    if(totalscore>500) {
```

```
            if (Talentscore>130) {
                document.write("该考生可以报考表演类大学");
            } else{
                document.write("<p>");
                document.write("该考生可以报考重点戏剧类大学，但不可报考表演类大学");
            }
        }else{
            if(totalscore>400){
                document.write("<p>");
                document.write("该考生可以报考普通戏剧类大学");
            }else{
                document.write("<p>");
                document.write("该考生只能报考专科学校");
            }
        }
    </script>
</body>
</html>
```

预览效果如图 19-4 所示。

19.1.5　switch 语句

switch 语句允许测试一个变量等于多个值时的情况。switch 语句相当于 if...else 嵌套语句，因此它们的相似度很高，几乎所有的 switch 语句都能用 if...else 嵌套语句表示。

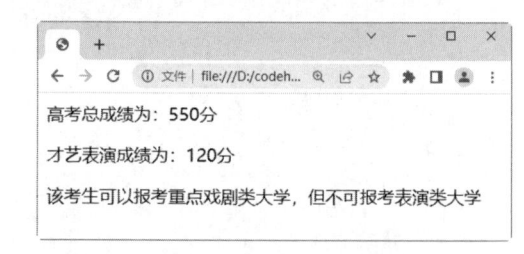

图 19-4　实例 4 的程序运行结果

switch 语句与 if...else 嵌套语句最大的区别在于：if...else 嵌套语句中的条件表达式是一个逻辑表达的值，即结果为 true 或 false，而 switch 语句后的表达式值为数值类型或字符串型并与 case 标签里的值进行比较。

switch 语句的语法格式如下：

```
switch(表达式)
{
    case 常量表达式1：
        语句块 1；
        break；
    case 常量表达式2：
        语句块 2；
        break；
    case 常量表达式3：
        语句块 3；
        break；
    …
    case 常量表达式n：
        语句块 n；
        break；
    default：
        语句块 n+1；
        break；
}
```

首先计算表达式的值，当表达式的值等于常量表达式 1 的值时，执行语句块 1；当表达式的值等于常量表达式 2 的值时,执行语句块 2……当表达式的值等于常量表达式 n 的值时,执行语句块 n,否则执行 default 后面的语句块 n+1,当执行到 break 语句时跳出 switch 结构。

switch 语句必须遵循下面的规则。

(1) switch 语句中的表达式是一个常量表达式,必须是一个数值类型或字符串类型。

(2) 一个 switch 语句中可以有任意数量的 case 语句。每个 case 后跟一个要比较的值和一个冒号。

(3) case 标记后的表达式必须与 switch 中的变量具有相同的数据类型,且必须是一个常量。

(4) 当被测试的变量等于 case 中的常量时,case 后跟的语句将被执行,直到遇到 break 语句为止。

(5) 当遇到 break 语句时,switch 终止,控制流将跳转到 switch 语句的下一行。

(6) 不是每一个 case 都需要包含 break。如果 case 语句不包含 break,控制流将会继续后续的 case,直到遇到 break 为止。

(7) 一个 switch 语句可以有一个可选的默认值,出现在 switch 的结尾。默认值可用于在上面所有 case 都不为真时执行一个任务。默认值中的 break 语句不是必需的。

实例 5 switch 语句的应用(案例文件:ch19\19.5.html)

```html
<!DOCTYPE html>
<html>
<head>
    <meta charset="UTF-8">
    <title>switch 语句的应用</title>
</head>
<body>
<script type="text/javaScript">
    var x;
    var d=new Date().getDay();
    switch(d){
        case 0:
            x="今天是星期日";
            break;
        case 1:
            x="今天是星期一";
            break;
        case 2:
            x="今天是星期二";
            break;
        case 3:
            x="今天是星期三";
            break;
        case 4:
            x="今天是星期四";
            break;
        case 5:
            x="今天是星期五";
            break;
        case 6:
            x="今天是星期六";
            break;
    }
    document.write(x);
```

```
</script>
</body>
</html>
```

预览效果如图 19-5 所示。

图 19-5 实例 5 的程序运行结果

19.2 循环语句

在实际应用中，往往会遇到一行或几行代码需要执行多次的情况，这就是代码的循环。几乎所有的程序都包含循环语句，循环语句是重复执行的指令，重复次数由条件决定，这个条件称为循环条件，反复执行的程序段称为循环体。

在 JavaScript 中，为用户提供了 4 种循环结构类型，分别为 while 循环、do…while 循环、for 循环、嵌套循环，具体介绍如表 19-1 所示。

表 19-1 循环结构类型

循环类型	描述
while 循环	当给定条件为真时，重复语句或语句组。在执行循环主体之前测试条件
do...while 循环	除了在循环主体结尾测试条件外，其他与 while 语句类似
for 循环	多次执行一个语句序列，简化管理循环变量的代码
嵌套循环	用户可以在 while、for 或 do..while 循环中使用一个或多个循环

19.2.1 while 语句

while 循环语句根据循环条件的返回值来判断执行零次或多次循环体。当逻辑条件成立时，重复执行循环体，直到条件不成立时终止。while 循环的语法格式如下：

```
while(表达式)
{
    语句块;
}
```

在这里，语句块可以是一条语句，也可以是几条语句组成的代码块。表达式的值非 0 时为 true，当条件为 true 时执行循环；当条件为 false 时，退出循环，程序流将继续执行紧接着循环的下一条语句。

while 循环的特点：先判断条件，后执行语句。

使用 while 语句时要注意以下几点。

(1) while 语句中的表达式一般是关系表达式或逻辑表达式，只要表达式的值为真(非 0)即可继续循环。

(2) 循环体包含一条以上语句时，应用"{}"括起来，以复合语句的形式出现；否则，它只认为 while 后面的第 1 条语句是循环体。

(3) 循环前，必须给循环控制变量赋初值，如实例 6 中的 sum=0;。

(4) 循环体中，必须有改变循环控制变量值的语句(使循环趋向结束的语句)，如实例 6 中的 i++;，否则循环永远不结束，形成所谓的死循环。例如下面的代码：

```
int i=1;
while(i<10)
    document.write ("while 语句注意事项");
```

因为 i 的值始终是 1，也就是说，永远满足循环条件 i<10，所以程序将不断地输出 "while 语句注意事项"，陷入死循环，因此必须要给出循环终止的条件。

while 循环之所以被称为有条件循环，是因为语句部分的执行要依赖于判断表达式中的条件，在进入循环体之前必须满足这个条件。如果在第一次进入循环体时条件就不满足，程序将永远不会进入循环体。例如如下代码：

```
int i=11;
while(i<10)
    document.write("while 语句注意事项");
```

因为 i 一开始就被赋值为 11，不符合循环条件 i<10，所以不会执行后面的输出语句。要使程序能够进入循环，必须给 i 赋比 10 小的初值。

实例 6 求数列 1/2、2/3、3/4…前 20 项的和(案例文件：ch19\19.6.html)

```html
<!DOCTYPE html>
<html>
<head>
    <meta charset="UTF-8">
    <title>while 语句的应用</title>
</head>
<body>
<script type="text/javaScript">
    var i;                          //定义变量 i 用于存放整型数据
    var sum=0;                      //定义变量 sum 用于存放累加和
    i=1;                            //循环变量赋初值
    while(i<=20)                    //循环的终止条件是 i<=20
    {
        sum=sum+i/(i+1.0);          //每次把新值加到 sum 中
        i++;                        //循环变量增值，此语句一定要有
    }
    document.write("该数列前 20 项的和为:"+sum);
</script>
</body>
</html>
```

预览效果如图 19-6 所示。本实例的数列可以写成通项式：n/(n+1)，n=1,2,…,20，n 从 1 循环到 20，每次计算得到当前项的值，然后加到 sum 中即可求出。

> **注意** while 后面不能直接加分号";",如果直接在 while 语句后面加分号,系统会认为循环体是空体,什么也不做。后面用"{}"括起来的部分将认为是 while 语句后面的下一条语句。

该数列前20项的和为:17.354641295237272

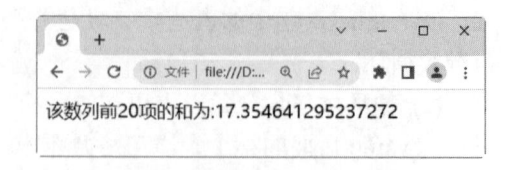

图 19-6　实例 6 的程序运行结果

19.2.2　do…while 语句

在 JavaScript 语言中,do…while 循环是在循环的尾部检查它的条件。do…while 循环与 while 循环类似,但是也有区别。do…while 循环和 while 循环最主要的区别如下。

(1) do…while 循环是先执行循环体后判断循环条件,while 循环是先判断循环条件后执行循环体。

(2) do…while 循环的最小执行次数为 1 次,while 语句的最小执行次数为 0 次。

do…while 循环的语法格式如下:

```
do
{
    语句块;
}
while(表达式);
```

这里的条件表达式出现在循环的尾部,所以循环中的语句块会在条件被测试之前至少执行一次。如果条件为真,控制流会跳转回上面的 do,然后重新执行循环中的语句块,这个过程会不断重复,直到给定条件变为假为止。

实例 7　使用 do…while 语句计算 1+2+3+…+100 的和(案例文件:ch19\19.7.html)

```
<!DOCTYPE html>
<html>
<head>
    <meta charset="UTF-8">
    <title>do…while 语句的应用</title>
</head>
<body>
<script type="text/javaScript">
    var i=1;         //定义变量并初始化
    var sum=1;       //定义变量并初始化
    document.write("100 以内自然数求和: ");
    document.write("<p>");
    do{
        sum+=i;
        i++;          //自增运算
    }
    while(i<=100);    //使用 while 语句设置表达式的条件
    document.write("1+2+3+…+100="+sum);   //输出结果
</script>
</body>
</html>
```

预览效果如图 19-7 所示。

19.2.3 for 语句

for 循环和 while 循环、do…while 循环一样，可以重复执行一个语句块，直到指定的循环条件返回值为假。for 循环的语法格式如下：

```
for(表达式1;表达式2;表达式3)
{
    语句块;
}
```

图 19-7 实例 7 的程序运行结果

主要参数介绍如下。
(1) 表达式 1 为赋值语句，如果有多个赋值语句可以用逗号隔开，形成逗号表达式。
(2) 表达式 2 返回一个布尔值，用于检测循环条件是否成立。
(3) 表达式 3 为赋值表达式，用来更新循环控制变量，以保证循环能正常终止。

for 循环的执行过程如下。
(1) 表达式 1 会首先执行，且只执行一次。这一步允许用户声明并初始化任何循环控制变量。用户也可以不在这里写任何语句，只要有一个分号出现即可。
(2) 接下来会判断表达式 2。如果为真，则执行循环主体。如果为假，则不执行循环主体，且控制流会跳转到紧接着 for 循环的下一条语句。
(3) 在执行完 for 循环主体后，控制流会跳回表达式 3 语句。该语句允许用户更新循环控制变量。该语句可以为空，只要在条件后有一个分号出现即可。
(4) 最后条件再次被判断。如果为真，则执行循环，这个过程会不断重复(循环主体，然后增加步值，再然后重新判断条件)。在条件变为假时，for 循环终止。

实例 8 使用 for 循环语句计算 1+2+3+…+100 的和(案例文件：ch19\19.8.html)

```html
<!DOCTYPE html>
<html>
<head>
    <meta charset="UTF-8">
    <title>for 循环语句的应用</title>
</head>
<body>
<script type="text/javaScript">
    for(var i=0,Sum=0;i<=100;i++)
    {
        Sum+=i;
    }
    document.write("100 以内自然数求和：");
    document.write("<p>");
    document.write("1+2+3+...+100="+Sum);
</script>
</body>
</html>
```

预览效果如图 19-8 所示。

> **注意** 通过上述实例可以发现，while 循环、do…while 循环和 for 循环有很多相似之处，这三种循环可以互换。

图 19-8 实例 8 的程序运行结果

19.2.4 循环语句的嵌套

在一个循环体内又包含另一个循环结构，称为循环嵌套。如果内嵌的循环中还包含循环语句，这种嵌套称为多层循环。while 循环、do…while 循环和 for 循环语句之间可以相互嵌套。

1. 嵌套 for 循环

在 JavaScript 语言中，嵌套 for 循环的语法结构如下：

```
for (表达式1;表达式2;表达式3)
{
    语句块;
    for(表达式1;表达式2;表达式3)
    {
        语句块;
        …
    }
    …
}
```

实例 9 输出九九乘法口诀(案例文件：ch19\19.9.html)

```html
<!DOCTYPE html>
<html>
<head>
    <meta charset="UTF-8">
    <title>嵌套 for 循环语句的应用</title>
</head>
<body>
<script type="text/javaScript">
    var i,j;
    for(i=1; i<=9;i++)              //外层循环 每循环一次输出一行
    {
        for(j=1;j<=i;j++)           //内层循环 循环次数取决于i
        {
            document.write(i+"×"+j+"="+i*j+" ");
        }
        document.write("<br>");
    }
</script>
</body>
</html>
```

预览效果如图 19-9 所示。

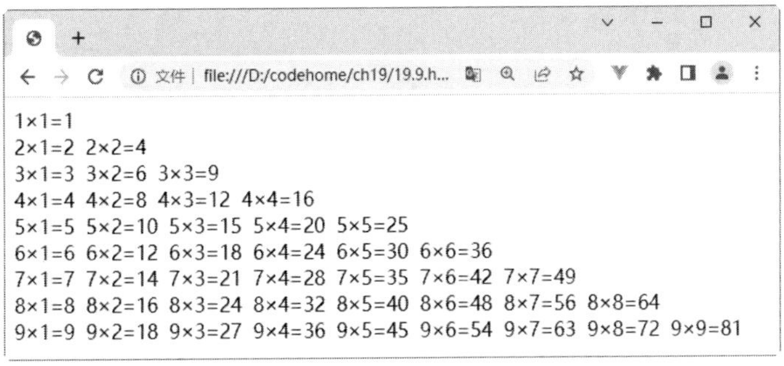

第 19 章　JavaScript 程序控制语句

```
1×1=1
2×1=2  2×2=4
3×1=3  3×2=6  3×3=9
4×1=4  4×2=8  4×3=12 4×4=16
5×1=5  5×2=10 5×3=15 5×4=20 5×5=25
6×1=6  6×2=12 6×3=18 6×4=24 6×5=30 6×6=36
7×1=7  7×2=14 7×3=21 7×4=28 7×5=35 7×6=42 7×7=49
8×1=8  8×2=16 8×3=24 8×4=32 8×5=40 8×6=48 8×7=56 8×8=64
9×1=9  9×2=18 9×3=27 9×4=36 9×5=45 9×6=54 9×7=63 9×8=72 9×9=81
```

图 19-9　实例 9 的程序运行结果

2　嵌套 while 循环

在 JavaScript 语言中，嵌套 while 循环的语法结构如下：

```
while(条件 1)
{
    语句块
    while(条件 2)
    {
        语句块；
        ...
    }
    ...
}
```

实例 10　使用 while 语句在屏幕上输出由*组成的形状(案例文件：ch19\19.10.html)

```html
<!DOCTYPE html>
<html>
<head>
    <meta charset="UTF-8">
    <title>嵌套 while 循环语句的应用</title>
</head>
<body>
<script type="text/javaScript">
    var i=1,j;
    while(i<=5)
    {
        j=1;
        while(j<=i)
        {
            document.write("*");
            j++;
        }
        document.write("<br>");
        i++;
    }
</script>
</body>
</html>
```

预览效果如图 19-10 所示。

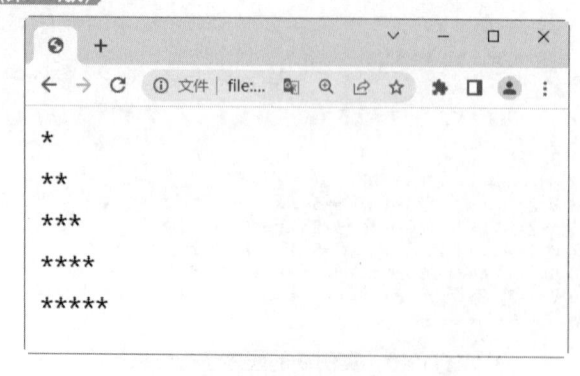

图 19-10　实例 10 的程序运行结果

3. 嵌套 do...while 循环

在 JavaScript 语言中，嵌套 do...while 循环的语法结构如下：

```
do
{
    语句块;
    do
    {
        语句块;
        ...
    }while (条件2);
    ...
}while (条件1);
```

实例 11　使用 do...while 语句在屏幕上输出由*组成的形状(案例文件：ch19\19.11.html)

```
<!DOCTYPE html>
<html>
<head>
    <meta charset="UTF-8">
    <title>嵌套 do...while 循环语句的应用</title>
</head>
<body>
<script type="text/javaScript">
    var i=1,j;
    do{
        j=1;
        do{
            document.write("*");
            j++;
        }while(j<=i);
        i++;
        document.write("<br>");
    }while(i<=6);
</script>
</body>
</html>
```

预览效果如图 19-11 所示。

图 19-11　实例 11 的程序运行结果

19.3　跳 转 语 句

循环控制语句可以改变代码的执行顺序，通过这些语句可以实现代码的跳转。JavaScript 语言提供的 break 和 continue 语句，可以实现这一目的。break 语句的作用是立即跳出循环，continue 语句的作用是停止正在进行的循环，而直接进入下一次循环。

19.3.1　break 语句

break 语句只能应用在选择结构 switch 语句和循环语句中，如果出现在其他位置会引起编译错误。break 语句有以下两种用法。

(1) 当 break 语句出现在一个循环内时，循环会立即终止，且程序流将继续执行紧接着循环的下一条语句。

(2) break 语句可用于终止 switch 语句中的一个 case。

> **注意**　如果用户使用的是嵌套循环(即一个循环内嵌套另一个循环)，break 语句会停止执行最内层的循环，然后开始执行该语句块之后的下一行代码。

break 语句的语法格式如下：

```
break;
```

break 语句在循环语句的循环体内的作用是终止当前的循环语句。例如：

无 break 语句：

```
int sum=0, number;
while (number !=0) {
    sum+=number;
}
```

有 break 语句：

```
int sum=0, number;
while (1) {
    if (number==0)
        break;
    sum+=number;
}
```

这两段程序产生的效果是一样的。需要注意的是：break 语句只是跳出当前的循环语句，对于嵌套的循环语句，break 语句的功能是从内层循环跳到外层循环。例如：

```
int i=0,j,sum=0;
while(i<10){
   for(j=0;j<10;j++){
      sum+=i+j;
      if(j==i)
      break;
   }
   i++;
}
```

本例中的 break 语句执行后，程序立即终止 for 循环语句，并转向 for 循环语句的下一条语句，即 while 循环体中的 i++语句，继续执行 while 循环语句。

实例 12　break 语句的应用(案例文件：ch19\19.12.html)

使用 while 循环输出变量 a 在 10 到 20 之间的整数，在内循环中使用 break 语句，当输出到 15 时跳出循环。

```html
<!DOCTYPE html>
<html>
<head>
    <meta charset="UTF-8">
    <title>break 语句的应用</title>
</head>
<body>
<script type="text/javaScript">
    var a =10;          //局部变量定义
    while(a<20)         // while 循环执行
    {
        document.write("a 的值："+a);
        document.write("<br>");
        a++;
        if(a>15)
        {
            break;      /*使用 break 语句终止循环*/
        }
    }
</script>
</body>
</html>
```

预览效果如图 19-12 所示。

> **注意**　在嵌套循环中，break 语句只能跳出离自己最近的那一层循环。

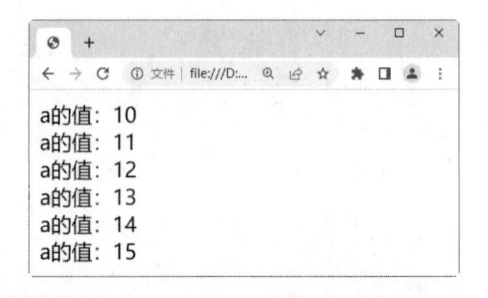

```
a 的值：10
a 的值：11
a 的值：12
a 的值：13
a 的值：14
a 的值：15
```

图 19-12　实例 12 的程序运行结果

19.3.2　continue 语句

JavaScript 中的 continue 语句有点像 break 语

句，但它不是强制终止，continue 会跳过当前循环中的代码，强迫开始下一次循环。对于 for 循环，continue 语句执行后自增语句仍然会执行。对于 while 和 do...while 循环，continue 语句重新执行条件判断语句。

continue 语句的语法格式如下：

```
continue;
```

通常情况下，continue 语句总是与 if 语句连在一起，用来加速循环。假设 continue 语句用于 while 循环语句，要求在某个条件下跳出本次循环，一般形式如下：

```
while(表达式1) {
    ...
    if(表达式2) {
        continue;
    }
    ...
}
```

这种形式和前面介绍的 break 语句用于循环的形式十分相似，区别是：continue 只终止本次循环，继续执行下一次循环，而不是终止整个循环。而 break 语句则是终止整个循环过程，不会再去判断循环条件是否还满足。在循环体中，continue 语句被执行之后，其后面的语句均不再执行。

实例 13　continue 语句的应用(案例文件：ch19\19.13.html)

输出 100~120 之间所有不能被 2 和 5 同时整除的整数。

```
<!DOCTYPE html>
<html>
<head>
    <meta charset="UTF-8">
    <title>continue 语句的应用</title>
</head>
<body>
<script type="text/javaScript">
    var i,n=0;                    //n 计数
    for(i=100;i<=120;i++)
    {
        if(i%2==0&&i%5==0)        //如果能同时整除 2 和 5，不打印
        {
            continue;             //结束本次循环未执行的语句，继续下次判断
        }
        document.write(i+" ");
        n++;
        if(n%5==0)                //5 个数输出一行
            document.write("<br>");
    }
</script>
</body>
</html>
```

预览效果如图 19-13 所示。可以看出输出的这些数值不能同时被 2 和 5 整除，并且每 5 个数输出一行。

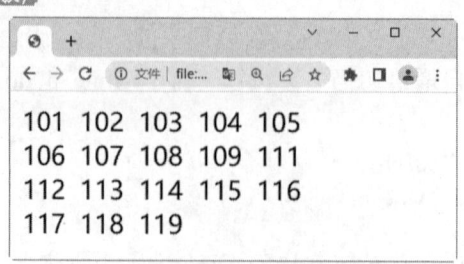

图 19-13　实例 13 的程序运行结果

在本例中，只有当 i 的值能同时被 2 和 5 整除时，才执行 continue 语句，然后判断循环条件 i<=120，再进行下一次循环。

19.4　疑 难 解 惑

疑问 1：JavaScript 语言中 while、do...while、for 几种循环语句有什么区别？

同一个问题，往往既可以用 while 语句解决，也可以用 do...while 或者 for 语句来解决，但在实际应用中，应根据具体情况选用不同的循环语句。选用的一般原则有以下几点。

（1）如果循环次数在执行循环体之前就已确定，一般用 for 语句。如果循环次数是由循环体的执行情况确定的，一般用 while 语句或者 do...while 语句。

（2）当循环体至少执行一次时，用 do...while 语句；如果循环体可能一次也不执行，则选用 while 语句。

（3）循环语句中，for 语句的使用频率最高，while 语句其次，do...while 语句很少用。

三种循环语句 for、while、do...while 可以互相嵌套自由组合。但要注意的是，各循环语句必须完整，相互之间绝不允许交叉。

疑问 2：continue 语句和 break 语句有什么区别？

continue 语句只结束本次循环，而不是终止整个循环的执行。break 语句则是结束整个循环过程，不再判断执行循环的条件是否成立。break 语句可以用在循环语句和 switch 语句中，在循环语句中用来结束内部循环，在 switch 语句中，当遇到 break 语句时，switch 终止，控制流将跳转到 switch 语句后的下一行。

19.5　跟我学上机

上机练习 1：根据员工业绩划分等级

某公司按员工的销售金额划分员工的等级，划分标准如下。
① "业绩优秀"：销售额大于或等于 100 万元。
② "业绩良好"：销售额大于或等于 80 万元。
③ "业绩完成"：销售额大于或等于 60 万元。

④ "业绩未完成"：销售额小于 60 万元。

这里假设张三的销售业绩为 78 万元，输出该销售业绩对应的等级。程序运行结果如图 19-14 所示。

图 19-14　输出销售业绩对应的等级

上机练习 2：在下拉菜单中选择年月信息

在注册页面中，一般会出现要求用户选择出生年月的内容，为方便用户的选择可以把年月信息放置在下拉列表中输出，这里可以使用循环语句来实现这一功能。图 19-15 所示为选择年份的运行结果，图 19-16 所示为选择月份的运行结果。

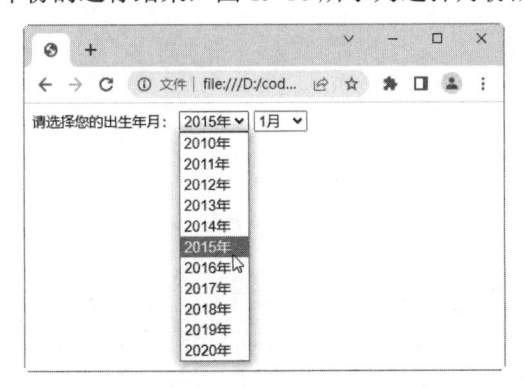

图 19-15　选择年份信息　　　　图 19-16　选择月份信息

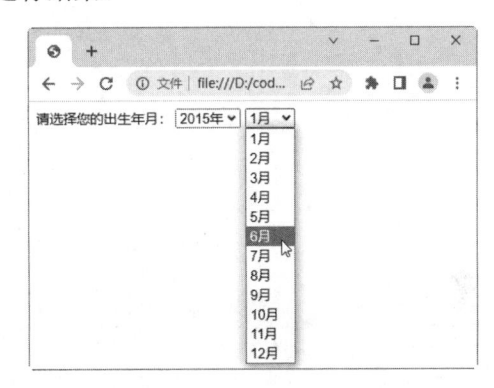

第 20 章
JavaScript 中的函数

当在 JavaScript 中需要实现较为复杂的系统功能时，就需要使用函数了。函数是进行模块化程序设计的基础，通过函数的使用可以提高程序的可读性与易维护性。本章将详细介绍 JavaScript 函数的应用，主要内容包括函数的定义、函数的调用、常用内置函数、特殊函数等。

重点案例效果

20.1 函数的定义

函数是由事件驱动的或者当它被调用时执行的可重复使用的代码块,是实现一个特殊功能和作用的程序接口,可以被当作一个整体来引用和执行。

20.1.1 声明式函数定义

使用函数前,必须先定义函数,JavaScript 使用关键字 function 定义函数。在 JavaScript 中,函数的定义通常由 4 部分组成:关键字、函数名、参数列表和函数内部实现语句,具体语法格式如下:

```
function 函数名([参数1,参数2…])
{
    执行语句;
    [return 表达式;]
}
```

主要参数介绍如下。

(1) function:定义函数的关键字。

(2) 函数名:调用函数的依据,可由编程者自行定义,函数名要符合标识符的定义。

(3) 参数 1,参数 2…:函数的参数,可以是常量,也可以是变量或表达式。参数列表中可定义一个或多个参数,各参数之间用逗号","分隔;当然,参数列表也可为空。

(4) 执行语句:函数体,该部分执行语句是对数据处理的描述,函数的功能由它们实现,本质上相当于一个脚本程序。

(5) return:指定函数的返回值,为可选参数。

函数声明后不会立即执行,会在用户需要的时候调用。当调用函数时,会执行函数内的代码。同时,可以在事件发生时直接调用函数(比如当用户单击按钮时),并且可由 JavaScript 在任何位置进行调用。

> **注意** JavaScript 对大小写敏感,关键词 function 必须是小写的,并且必须以与函数名称相同的大小写来调用函数。

实例 1 定义带有参数的函数(案例文件:ch20\20.1.html)

定义一个带有参数的函数,用于计算两个数的和。

```
<!DOCTYPE html>
<html>
<head>
    <meta charset="UTF-8">
    <title>带有参数的函数</title>
    <script type="text/javaScript">
        function sum(a,b)
        {
            var sum=a+b;
```

```
        return sum;
    }
    document.write("10+20="+sum(10,20));
</script>
</head>
<body>
</body>
</html>
```

预览效果如图 20-1 所示。

> **提示**：在编写函数时，应尽量降低代码的复杂度及难度，保持函数功能的单一性，简化程序设计，以使脚本代码结构清晰、简单易懂。

图 20-1 实例 1 的程序运行结果

20.1.2 函数表达式定义

JavaScript 函数除了可以使用声明方式定义外，还可以通过一个表达式定义，并且函数表达式可以存储在变量中。例如定义一个函数，计算两个数的乘积，具体代码如下：

```
var x=function(a,b) {return a*b};
```

实例 2 计算两个数的乘积(案例文件：ch20\20.2.html)

使用表达式方式定义一个函数，用于计算两个数的乘积。

```
<!DOCTYPE html>
<html>
<head>
    <meta charset="UTF-8">
    <title>函数表达式定义方式</title>
    <script type="text/javaScript">
        var x=function(a,b) {return a*b};
        document.write("5*6="+x(5,6));
    </script>
</head>
<body>
</body>
</html>
```

预览效果如图 20-2 所示。从运算结果可以得出函数存储为变量后，变量可作为函数使用。

图 20-2 实例 2 的程序运行结果

20.1.3 函数构造器定义

使用 JavaScript 内置函数构造器 Function()可以定义函数,例如定义一个函数,计算两个数的差值,具体代码如下:

```
var myFunction=new Function("a","b","return a-b");
```

实例3 计算两个数的差值(案例文件:ch20\20.3.html)

使用函数构造器方式定义一个函数,用于计算两个数的差值。

```
<!DOCTYPE html>
<html>
<head>
    <meta charset="UTF-8">
    <title>函数构造器定义方式</title>
    <script type="text/javaScript">
        var myFunction=new Function("a","b","return a-b");
        document.write("10-6="+myFunction(10,6));
    </script>
</head>
<body>
</body>
</html>
```

预览效果如图 20-3 所示。

图 20-3 实例 3 的程序运行结果

在 JavaScript 中,很多时候,用户不必使用构造函数,这样就可以避免使用 new 关键字。因此上面的函数定义示例可以修改为如下代码:

```
var myFunction=Function(a,b) {return a-b};
document.write("10-6="+myFunction(10,6));
```

在浏览器中的运行结果与实例 3 的运行结果一样。

20.2 函数的调用

定义函数的目的是在后续的代码中调用,在 JavaScript 中调用函数的方法有简单调用、通过链接调用、在事件响应中调用等。

20.2.1 函数的简单调用

函数的简单调用是 JavaScript 中调用函数常用的方法,语法格式如下:

函数名(传递给函数的参数1,传递给函数的参数2,…)

函数的定义语句通常被放在 HTML 文件的<head>标记中，而函数的调用语句则可以放在 HTML 文件中的任何位置。

实例4 在网页中输出图片(案例文件：ch20\20.4.html)

定义一个函数 showImage()，该函数的功能是在页面中输出一张图片，通过调用这个函数实现图片的输出。

```html
<!DOCTYPE html>
<html>
<head>
    <meta charset="UTF-8">
    <title>函数的简单调用</title>
    <script type="text/javaScript">
        function showImage(){
            document.write("<img src='01.jpg'>");
        };
    </script>
</head>
<body>
<script type="text/javaScript">
    showImage();
</script>
</body>
</html>
```

预览效果如图 20-4 所示。

20.2.2 通过超链接调用函数

通过单击网页中的超级链接，可以调用函数。具体的方法是在标记<a>中的 href 属性添加调用函数的语句，语法格式如下：

```
javascript:函数名();
```

当单击网页中的超链接时，相关函数就会被执行。

图 20-4 实例 4 的程序运行结果

实例5 通过单击超链接调用函数(案例文件：ch20\20.5.html)

定义一个函数 showTest()，该函数可以实现通过单击网页中的超链接，在弹出的对话框中显示一段文字。

```html
<!DOCTYPE html>
<html>
<head>
    <meta charset="UTF-8">
    <title>通过超链接调用函数</title>
    <script type="text/javaScript">
        function showTest(name,job){
            alert("欢迎"+name+"来本店"+job);
```

```
        }
    </script>
</head>
<body>
    <p>单击这个超链接,来调用函数。</p>
    <a href="javascript: showTest('张董事长','检查工作!');">单击链接</a>
</body>
</html>
```

预览效果如图 20-5 所示。

图 20-5 实例 5 的程序运行结果

从上述代码中可以看出,首先定义了一个名称为 showTest()的函数,函数体比较简单,然后用 alert()语句输出了一个字符串,最后在单击网页中的超链接时调用 showTest()函数,在弹出的对话框中显示内容。

20.2.3 在事件响应中调用函数

当用户在网页中单击按钮、复选框、单选框等触发事件时,可以实现相应的操作。这时,我们就可以通过编写程序对事件作出的反应进行规定,这一过程也被称为响应事件。在 JavaScript 中,将函数与事件相关联就完成了响应事件的过程。

实例 6 通过单击按钮调用函数(案例文件:ch20\20.6.html)

定义一个函数 showTest(),该函数可以实现通过单击按钮,在弹出的对话框中显示一段文字。

```
<!DOCTYPE html>
<html>
<head>
    <meta charset="UTF-8">
    <title>通过单击按钮调用函数</title>
    <script type="text/javaScript">
        function showTest(name,job){
            alert("欢迎"+name+"来本店"+job);
        }
    </script>
</head>
<body>
    <p>单击这个按钮,来调用函数。</p>
<button onclick="showTest('张董事长','检查工作!')">单击按钮</button>
</body>
</html>
```

预览效果如图 20-6 所示。

图 20-6 实例 6 的程序运行结果

20.3 函数的参数与返回值

函数的参数与返回值是函数中比较重要的两个概念，本节就来介绍函数的参数与返回值的应用。

20.3.1 函数的参数

在定义函数时，有时会指定函数的参数，这个参数被称为形参。在调用带有形参的函数时，需要指定实际传递的参数，这个参数被称为实参。

在 JavaScript 中，定义函数参数的语法格式如下：

```
function 函数名(形参,形参,…)
{
    函数体
}
```

定义函数时，可以在函数名后的小括号内指定一个或多个形参，当指定多个形参时，中间要用逗号隔开。指定形参的作用是当调用函数时，可以为被调用的函数传递一个或多个值。

如果定义的函数带有一个或多个形参，那么在调用该函数时就需要指定对应的实参。具体的语法格式如下：

```
函数名(实参,实参,…)
```

实例 7 输出学生的姓名与班级(案例文件：ch20\20.7.html)

定义一个带有两个参数的函数 studentinfo()，这两个参数用于指定学生的姓名与班级信息，然后进行输出。代码如下：

```
<!DOCTYPE html>
<html>
<head>
    <meta charset="UTF-8">
    <title>函数参数的应用</title>
```

```
    <script type="text/javaScript">
        function studentinfo(name,classinfo){
            alert("学生姓名: "+name+"\n 所在班级: "+classinfo);
        }
    </script>
</head>
<body>
    <p>单击这个按钮,来调用带有参数的函数。</p>
    <button onclick="studentinfo('张一涵','英语系4班')">单击按钮</button>
</body>
</html>
```

预览效果如图 20-7 所示。

20.3.2 函数的返回值

在调用函数时,有时希望通过参数向函数传递数据,有时希望从函数中获取数据,这个数据就是函数的返回值。在 JavaScript 的函数中,可以使用 return 语句为函数返回一个值。语法格式如下:

`return 表达式;`

图 20-7 实例 7 的程序运行结果

> **注意**　在使用 return 语句时,函数会停止执行,并返回指定的值。但是,整个 JavaScript 程序并不会停止执行,它会从调用函数的地方继续执行代码。

实例 8　计算购物清单中所有商品的总价(案例文件:ch20\20.8.html)

某公司要开展周年庆,需要购买一些鲜花来装饰会场,假设需要购买的鲜花信息如下。
(1) 玫瑰花: 单价 5 元,购买 50 支。
(2) 长寿花: 单价 35 元,购买 10 盆。
(3) 百合花: 单价 25 元,购买 25 支。

定义一个函数 price(),该函数带有两个参数,将商品单价与商品数量作为参数进行传递,然后分别计算鲜花的总价,最后再将不同鲜花的总价进行累加,最终计算出所有鲜花的总价。

```
<!DOCTYPE html>
<html>
<head>
    <meta charset="UTF-8">
    <title>购物清单及总价</title>
    <script type="text/javascript">
        function price(unitPrice,number){//定义函数,将商品单价和商品数量作为参数传递
            var totalPrice=unitPrice*number;        //计算单个商品的总价
            return totalPrice;                      //返回单个商品的总价
        }
        var Rose=price(5,50);                       //调用函数,计算玫瑰花的总价
```

```
            var Kalanchoe = price(35,10);          //调用函数，计算长寿花的总价
            var Lilies = price(25,25);             //调用函数，计算百合花的总价
            document.write("玫瑰花总价："+Rose+"元"+"<br>");
            document.write("长寿花总价："+Kalanchoe+"元"+"<br>");
            document.write("百合花总价："+Lilies+"元"+"<br>");
            var total=Rose+Kalanchoe+Lilies;       //计算所有商品的总价
            document.write("商品总价："+total+"元");  //输出所有商品的总价
        </script>
</head>
<body>
</body>
</html>
```

预览效果如图 20-8 所示。

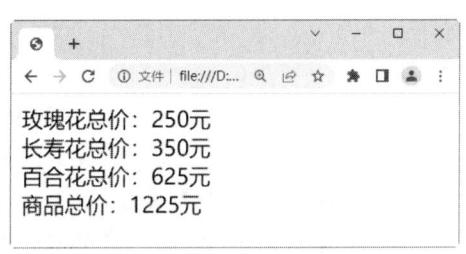

图 20-8 实例 8 的程序运行结果

20.4 常用内置函数

内置函数是语言内部事先定义好的函数，使用 JavaScript 的内置函数可提高编程效率。常用的内置函数有多种，常见的内置函数如下。

1. eval()函数

eval()函数用于计算 JavaScript 字符串，并把它作为脚本代码来执行。如果参数是一个表达式，eval()函数将执行表达式；如果参数是 JavaScript 语句，eval()将执行 JavaScript 语句。语法格式如下：

`eval(string)`

参数 string 是必选项，是要计算的字符串，其中含有要计算的 JavaScript 表达式或要执行的语句。

2. isFinite()函数

isFinite()函数用于检查其参数是否是无穷大，如果该参数为非数字、正无穷数或负无穷数，则返回 false，否则返回 true。如果是字符串类型的数字，则会自动转化为数字类型。语法格式如下：

`isFinite(value)`

参数 value 是必选项，为需要检测的数值。

3. isNaN()函数

isNaN()函数用于检查其参数是否是非数字值。如果参数值为 NaN 或字符串、对象、undefined 等非数字值，则返回 true，否则返回 false。语法格式如下：

`isNaN(value)`

参数 value 为必选项，为需要检测的数值。

4. parseInt()函数

parseInt()函数可解析一个字符串，并返回一个整数。语法格式如下：

`parseInt(string, radix)`

函数中参数的使用方法如下：
(1) string 是必选项，为要被解析的字符串。
(2) radix 是可选项，表示要解析的数字的基数，该值介于 2~36 之间。
(3) 当参数 radix 的值为 0 或没有设置该参数时，parseInt()会根据 string 来判断数字的基数。当忽略参数 radix 时，JavaScript 默认数字的基数如下。
① 如果 string 以 0x 开头，parseInt()会把 string 的其余部分解析为十六进制的整数。
② 如果 string 以 0 开头，那么 ECMAScript v3 允许 parseInt()把其后的字符解析为八进制或十六进制的数字。
③ 如果 string 以 1~9 的数字开头，parseInt()将把它解析为十进制的整数。

5. parseFloat()函数

parseFloat()函数可解析一个字符串，并返回一个浮点数。语法格式如下：

`parseFloat(string)`

参数 string 是必选项，为要被解析的字符串。

> **注意** 字符串中只返回第一个数字，开头和结尾允许有空格，如果字符串的第一个字符不能被转换为数字，那么 parseFloat()会返回 NaN。

6. escape()函数

escape()函数可对字符串进行编码，这样就可以在所有的计算机上读取该字符串。该方法不会对 ASCII 字母和数字进行编码，也不会对下面这些 ASCII 标点符号进行编码：* 、 @ 、 - 、 _ 、 + 、 . 、 /。其他所有的字符都会被转义序列替换。语法格式如下：

`escape(string)`

其中，参数 string 为必选项，是要被转义或编码的字符串。

7. unescape()函数

unescape()函数可对通过 escape()编码的字符串进行解码。语法格式如下：

`unescape(string)`

参数 string 为必选项，是要解码的字符串。

下面以 escape()函数和 unescape()函数为例进行讲解。

实例 9 使用 escape()函数和 unescape()函数对字符串进行编码和解码(案例文件：ch20\20.9.html)

```html
<!DOCTYPE html>
<html>
<head>
    <meta charset="UTF-8">
    <title>对字符串进行编码和解码</title>
</head>
<body>
<h3>escape()函数和 unescape()函数应用</h3>
<script type="text/javascript">
    document.write("空格符对应的编码是%20，感叹号对应的编码是%21，"+"<br/>") ;
    document.write("<br/>"+"执行语句 escape('hello JavaScript!')后，"+"<br/>");
document.write("<br/>"+"结果为："+escape("hello JavaScript!") +"<br/>") ;
    document.write("<br/>"+"执行语句 unescape('Hello%20JavaScript%21')后，"+"<br/>");
    document.write("<br/>"+"结果为："+unescape('Hello%20JavaScript%21')) ;
</script>
</body>
</html>
```

预览效果如图 20-9 所示。

图 20-9 实例 9 的程序运行结果

20.5 特殊函数

在了解了什么是函数以及函数的调用方法外，下面再来介绍一些特殊函数，如嵌套函数、递归函数、内嵌函数等。

20.5.1 嵌套函数

嵌套函数是指在一个函数的函数体中使用了其他函数，这样定义的优点在于可以使用内部函数轻松地获得外部函数的参数以及函数的全局变量。嵌套函数的语法格式如下：

```
function 外部函数名(参数1,参数2,…){
    function 内部函数名(参数1,参数2,…){
        函数体
    }
}
```

> **注意** 在 JavaScript 中使用嵌套函数会使程序的可读性降低，因此，应尽量避免使用这种定义嵌套函数的方式。

实例 10 使用嵌套函数计算某学生成绩的平均分(案例文件：ch20\20.10.html)

```html
<!DOCTYPE html>
<html>
<head>
    <meta charset="UTF-8">
    <title>计算某学生成绩的平均分</title>
    <script type="text/javascript">
        function getAverage(math,chinese,english){        //定义含有3个参数的函数
            var average=(math+chinese+english)/3;         //获取3个参数的平均值
            return average;                                //返回average变量的值
        }
        function getResult(math,chinese,english){         //定义含有3个参数的函数
            document.write("该学生各科成绩如下："+"<br>");    //输出传递的3个参数值
            document.write("数学："+math+"分"+"<br>");
            document.write("语文："+chinese+"分"+"<br>");
            document.write("英语："+english+"分"+"<br>");
            var result=getAverage(math,chinese,english);  //调用getAverage()函数
            document.write("该学生的平均成绩为："+result+"分"); //输出函数的返回值
        }
    </script>
</head>
<body>
<script type="text/javascript">
    getResult(93,90,87);                                   //调用getResult()函数
</script>
</body>
</html>
```

预览效果如图 20-10 所示。

该学生各科成绩如下：
数学：93分
语文：90分
英语：87分
该学生的平均成绩为：90分

图 20-10 实例 10 的程序运行结果

20.5.2 递归函数

递归是一种重要的编程技术，用于让一个函数在内部调用其自身。在定义递归函数时，需要两个必要条件：首先包括一个结束递归的条件；其次包括一个递归调用的语句。

递归函数的语法格式如下：

```
function 递归函数名(参数1){
    递归函数名(参数2);
}
```

实例 11 使用递归函数求取 30 以内偶数的和(案例文件：ch20\20.11.html)

```
<!DOCTYPE html>
<html>
<head>
    <meta charset="UTF-8">
    <title>函数的递归调用</title>
    <script type="text/javascript">
        var msg="\n 函数的递归调用 : \n\n";
        function Test()      //响应按钮的 onclick 事件处理程序
        {
            var result;
            msg+="调用语句 : \n";
            msg+="         result = sum(30);\n";
            msg+="调用步骤 : \n";
            result=sum(30);
            msg+="计算结果 : \n";
            msg+="         result = "+result+"\n";
            alert(msg);
        }
        function sum(m)
        {
            if(m==0)
                return 0;
            else
            {
                msg+="         语句 : result = " +m+ "+sum(" +(m-2)+"); \n";
                result=m+sum(m-2);
            }
            return result;
        }
    </script>
</head>
<body>
<form>
    <input type=button value="测试" onclick="Test()">
</form>
</body>
</html>
```

在上述代码中，为了求取 30 以内的偶数和定义了递归函数 sum(m)，使用函数 Test()对其进行调用，并利用 alert()方法弹出相应的提示信息。

预览效果如图 20-11 所示。单击"测试"按钮，即可在弹出的信息提示框中查看递归函数的使用，如图 20-12 所示。

图 20-11　实例 11 的程序运行结果 1 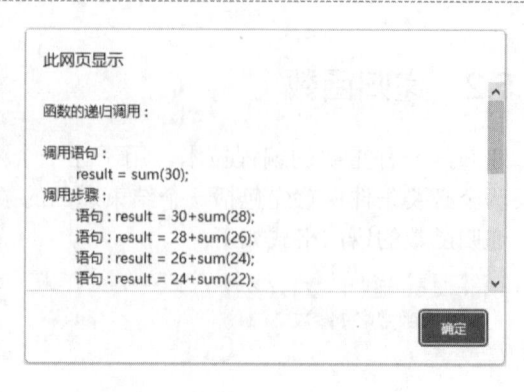　　　　图 20-12　实例 11 的程序运行结果 2

20.5.3　内嵌函数

所有函数都能访问全局变量，实际上，在 JavaScript 中，所有函数都能访问它们上一层的作用域。JavaScript 支持内嵌函数，内嵌函数可以访问上一层的函数变量。

实例 12　使用内嵌函数访问父函数(案例文件：ch20\20.12.html)

定义一个内嵌函数 plus()，使它可以访问父函数的 counter 变量，在其中添加如下代码：

```
<!DOCTYPE html>
<html>
<head>
    <meta charset="UTF-8">
    <title>内嵌函数的使用</title>
</head>
<body>
<p>内嵌函数的使用</p>
<script>
    function add(){
        var counter = 0;
        function plus() {counter += 1;}
        plus();
        return counter;
    }
    document.write(add());
</script>
</body>
</html>
```

预览效果如图 20-13 所示。

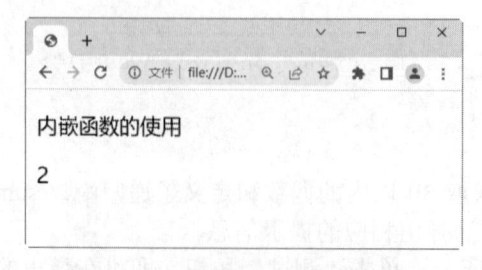

图 20-13　实例 12 的程序运行结果

20.6 疑难解惑

疑问 1：函数中的形参个数与实参个数必须相同吗？

可以不相同。一般情况下，在定义函数时定义了多少个形参，在函数调用时就会给出多少个实参。但是，JavaScript 本身不会检查实参与形参的个数是否一样。如果实参个数小于函数定义的形参个数，JavaScript 会自动将多余的参数值设置为 undefined；如果实参个数大于函数定义的形参个数，那么多余的实参就会被忽略。

疑问 2：在定义函数时，一个页面可以定义两个名称相同的函数吗？

可以定义，而且 JavaScript 不会给出错误提示。不过，在程序运行的过程中，由于两个函数的名称相同，第一个函数会被第二函数覆盖，所以第一个函数不会执行。因此，要想程序能够正确执行，最好不要在一个页面中定义两个名称相同的函数。

20.7 跟我学上机

上机练习 1：编写网购简易计算器

编写能对两个操作数进行加、减、乘、除运算的简易计算器。例如乘法运算效果如图 20-14 所示。

上机练习 2：制作一个树形导航菜单

树形导航菜单在网页制作中经常会用到。通过使用 JavaScript 中强大的函数功能，可以制作一个树形导航菜单。程序运行结果如图 20-15 所示。

图 20-14 乘法运算　　　　　　　　图 20-15 制作树形导航菜单

第 21 章

JavaScript 对象的应用

在 JavaScript 中，几乎所有的事物都是对象。对象是 JavaScript 最基本的数据类型之一，是一种复合的数据类型，它将多种数据类型集中在一个数据单元，并允许通过对象来存取这些数据的值。本章将详细介绍 JavaScript 的对象，主要内容包括创建对象的方法、对象的访问语句、数组对象和 String 对象等。

重点案例效果

21.1 了解对象

在 JavaScript 中，对象是非常重要的，当你理解了对象后，才能真正了解 JavaScript。对象包括内置对象、自定义对象等多种类型，使用这些对象可大大简化 JavaScript 程序的设计，使用直观、模块化的方式进行脚本程序开发。

21.1.1 什么是对象

对象(object)可以是一件事、一个实体、一个名词，还可以是有自己标识的任何东西。对象是类的实例化。比如，自然人就是一个典型的对象。"人"的状态包括身高、体重、肤色、性别等，如图 21-1 所示。"人"的行为包括吃饭、睡觉等，如图 21-2 所示。

图 21-1 "人"对象的状态

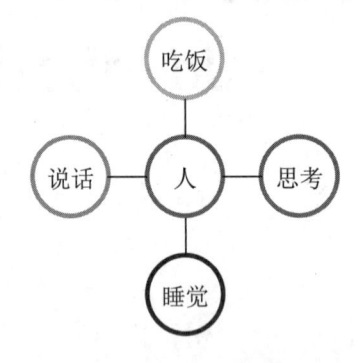

图 21-2 "人"对象的行为

在计算机的世界里，也存在对象，这些计算机对象不仅包含来自于客观世界的对象，还包含为解决问题而引入的抽象对象。例如，一个用户就可以被看作一个对象，它包含用户名、用户密码等状态，还包含注册、登录等行为，如图 21-3 所示。

21.1.2 对象的属性和方法

在 JavaScript 中，可以使用字符来定义和创建 JavaScript 对象。对象包含两个要素：属性和方法。通过访问或设置对象的属性，并且调用对象的方法，就可以对对象进行各种操作，从而实现需要的功能。

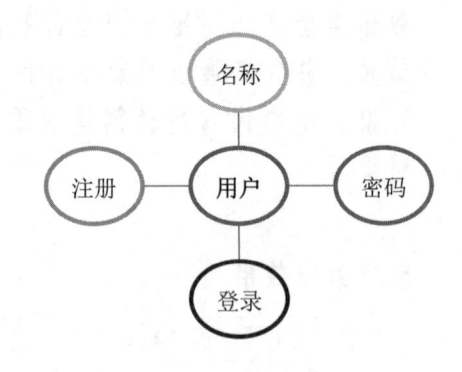

图 21-3 用户对象的状态与行为

1. 对象的属性

对象的属性可以用来描述对象状态，它是包含在对象内部的一组变量。在程序中使用对象的一个属性类似于使用一个变量。获取或设置对象的属性值的语法格式如下：

对象名.属性名

例如，这里以汽车(car)对象为例，该对象有颜色、名称等属性，以下代码可以分别获取该对象的这两个属性值。

```
var name=car.name;
var color=car.color;
var weight=car.weight;
```

也可以通过以下代码来设置 car 对象的这两个属性。

```
car.name="Fiat";
car.color="white";
car.weight="850kg";
```

2. 对象的方法

针对对象行为的复杂性，JavaScript 语言将包含在对象内部的函数称为对象的方法，利用方法可以实现某些功能，例如，可以定义函数 Open()来处理文件的打开情况，此时 Open()就称为函数。

在程序中调用对象的一个方法类似于调用一个函数，语法格式如下：

```
对象名.方法名(参数)
```

与函数一样，在对象的方法中可以使用一个或多个参数，也可以不使用参数，这里以对象 car 为例，该对象包含启动、行驶、停止、刹车等方法，以下代码可以分别调用该对象的这几种方法：

```
car.start();
car.drive();
car.brake();
car.stop();
```

总之，在 JavaScript 中，对象就是属性和方法的集合。

21.2 创建自定义对象的方法

JavaScript 对象是拥有属性和方法的数据。例如，在真实生活中，一辆汽车是一个对象。该对象具有自己的属性，如重量、颜色等，其方法有启动、停止等。

JavaScript 中创建自定义对象有以下几种方法。

(1) 直接创建自定义对象。
(2) 通过自定义构造函数创建对象。
(3) 通过系统内置的 Object 对象创建。

21.2.1 直接定义并创建自定义对象

直接定义并创建对象，易于阅读和编写，同时也易于解析和生成。直接定义并创建自定义对象采用"键/值对"的形式。在这种形式下，一个对象以"{"(左括号)开始，以"}"(右括号)结束。每个"名称"后跟一个":"(冒号)，键/值对之间使用","(逗号)分隔。

直接定义并创建自定义对象的语法格式如下：

```
var 对象名={属性名1:属性值1,属性名2:属性值2,属性名3:属性值3,…}
```

例如创建一个人对象，并设置3个属性，包括name、age、eyecolor，具体代码如下：

```
person={name:"刘天佑",age:3,eyecolor:"black"}
```

直接定义并创建自定义对象具有以下特点。

(1) 简单格式化的数据交换。
(2) 符合人们的读写习惯。
(3) 易于机器的分析和运行。

实例 1 创建对象并输出对象属性值(案例文件：ch21\21.1.html)

创建一个人物对象 person，并设置 3 个属性，包括姓名、年龄、职业，然后输出这 3 个属性的值。

```html
<!DOCTYPE html>
<html>
<head>
    <meta charset="UTF-8">
    <title>直接定义并创建自定义对象</title>
</head>
<body>
<script type="text/javascript">
    var person={                                        //创建人物person对象
        name:"刘一诺",
        age:"35 岁",
        job:"教师"
    }
    document.write("姓名: "+person.name+"<br>");        //输出name属性值
    document.write("年龄: "+person.age+"<br>");         //输出age属性值
    document.write("职业: "+person.job+"<br>");         //输出job属性值
</script>
</body>
</html>
```

预览效果如图 21-4 所示。

21.2.2 使用 Object 对象创建自定义对象

Object 对象是 JavaScript 中的内置对象，它提供了对象的最基本功能，这些功能构成了所有其他对象的基础。使用 Object 对象可以在不定义构造函数的情况下，来创建自定义对象。具体的语法格式如下：

图 21-4 直接定义并创建对象

```
obj=new Object([value])
```

(1) obj：要赋值为 Object 对象的变量名。
(2) value：对象的属性值，可以是任意一种基本数据类型，还可以是一个对象。如果 value 是一个对象，则返回不做改动的该对象。如果 value 是 null 或 undefined，或者没有定义任何数据类型，则产生没有内容的对象。

使用 Object 可以创建一个没有任何属性的空对象。在使用 Object 对象创建自定义对象时，还可以定义对象的方法。

实例 2 使用 Object 创建对象的同时创建方法(案例文件：ch21\21.2.html)

创建一个人物对象 person，并设置 3 个属性，包括姓名、年龄、职业，然后使用 show()方法输出这 3 个属性的值。

```
<!DOCTYPE html>
<html>
<head>
    <meta charset="UTF-8">
    <title>使用 Object 创建对象</title>
</head>
<body>
<script type="text/javascript">
    var person=new Object();        //创建人物 person 空对象
    person.name="刘一诺";            //设置 name 属性值
    person.age="35 岁";              //设置 age 属性值
    person.job="教师";               //设置 job 属性值
    person.show=function(){
        alert("姓名："+person.name+"\n 年龄："+person.age+"\n 职业："+person.job);
//输出属性值
    };
    person.show();   //调用方法
</script>
</body>
</html>
```

预览效果如图 21-5 所示。

图 21-5 使用 show()方法输出属性值

如果在创建 Object 对象时指定了参数，可以直接将这个参数的值转换为相应的对象。例如，通过 Object 对象创建一个字符串对象，代码如下：

```
var mystr=new Object("初始化 String");  //创建一个字符串对象
```

21.2.3 使用自定义构造函数创建对象

在 JavaScript 中可以自定义构造函数，通过调用自定义的构造函数可以创建并初始化一个新的对象。与普通函数不同，调用构造函数必须使用 new 运算符。构造函数与普通函数一样，可以使用参数，其参数通常用于初始化新对象。

1. 使用 this 关键字

在构造函数的函数体内需要通过 this 关键字初始化对象的属性与方法。例如，要创建一个教师对象 teacher，可以定义一个名称为 Teacher 的构造函数，代码如下：

```
function Teacher(name,sex,age)          //定义构造函数
{
    this.name=name;                     //初始化对象的 name 属性
    this.sex=sex;                       //初始化对象的 sex 属性
    this.age=age;                       //初始化对象的 age 属性
}
```

从代码中可知，Teacher 构造函数内部对 3 个属性进行了初始化，其中 this 关键字表示对对象自己的属性和方法的引用。

利用定义的 Teacher 构造函数，再加上 new 运算符可以创建一个新对象，代码如下：

```
var teacher01=new Teacher("陈婷婷","女","26 岁");     //创建对象实例
```

在这里 teacher01 是一个新对象，具体来讲，teacher01 是对象 teacher 的实例。使用 new 运算符创建一个对象实例后，JavaScript 会自动调用所使用的构造函数，执行构造函数中的程序。

在使用构造函数创建自定义对象的过程中，对象的实例是不唯一的。例如，这里可以创建 teacher 对象的多个实例，而且每个实例都是独立的。代码如下：

```
var teacher02=new Teacher("纪萌萌","女","28 岁");     //创建对象实例
var teacher03=new Teacher("陈尚军","男","36 岁");     //创建对象实例
```

实例 3 使用自定义构造函数创建对象(案例文件：ch21\21.3.html)

创建一个商品对象 shop，并设置 5 个属性，包括商品的名称、类别、品牌、价格与尺寸，然后为 shop 对象创建多个实例并输出实例属性。

```
<!DOCTYPE html>
<html>
<head>
    <meta charset="UTF-8">
    <title>使用自定义构造函数创建对象</title>
    <style type="text/css">
        *{
            font-size:15px;
            line-height:28px;
            font-weight:bolder;
        }
    </style>
</head>
<body>
<img src="02.jpg" align="left" hspace="10" />
<script type="text/javascript">
    function Shop(name,type,brand,price,size){
        this.name=name;                     //对象的 name 属性
        this.type=type;                     //对象的 type 属性
        this.brand=brand;                   //对象的 brand 属性
        this.price=price;                   //对象的 price 属性
```

```
        this.size=size;                         //对象的size属性
    }
    document.write("春季连衣裙"+"<br>");
    var Shop1=new Shop("春季收腰长袖连衣裙","裙装类","EICHITOO/爱居兔","351 元",
"155/80A/S 160/84A/M 165/88A/L");        //创建一个新对象Shop1
    document.write("商品名称："+Shop1.name+"<br>");      //输出name属性值
    document.write("商品类别："+Shop1.type+"<br>");      //输出type属性值
    document.write("商品品牌："+Shop1.brand+"<br>");     //输出brand属性值
    document.write("商品价格："+Shop1.price+"<br>");     //输出price属性值
    document.write("尺码类型："+Shop1.size+"<br>");      //输出size属性值
    document.write("秋季连衣裙"+"<br>");
    var Shop2=new Shop("秋季V领长袖连衣裙","裙装类","EICHITOO/爱居兔","289 元",
"155/80A/S 160/84A/M 165/88A/L");        //创建一个新对象Shop2
    document.write("商品名称："+Shop2.name+"<br>");      //输出name属性值
    document.write("商品类别："+Shop2.type+"<br>");      //输出type属性值
    document.write("商品品牌："+Shop2.brand+"<br>");     //输出brand属性值
    document.write("商品价格："+Shop2.price+"<br>");     //输出price属性值
    document.write("尺码类型："+Shop2.size+"<br>");      //输出size属性值
</script>
</body>
</html>
```

在浏览器中显示运行结果，如图21-6所示。

图21-6 实例3的程序运行结果

对象不仅有属性，还有方法。在定义构造函数的同时可以定义对象的方法，与对象的属性一样，在构造函数里需要使用this关键字来初始化对象的方法。例如，在teacher对象中可以定义3个不同的方法，分别用于显示姓名(showName)、年龄(showAge)和性别(showSex)。

```
function Teacher(name,sex,age)        //定义构造函数
{
    this.name=name;                   //初始化对象的name属性
    this.sex=sex;                     //初始化对象的sex属性
    this.age=age;                     //初始化对象的age属性
    this.showName=showName;           //初始化对象的方法
    this.showSex=showSex;             //初始化对象的方法
    this.showAge=showAge;             //初始化对象的方法
```

```
}
function showName(){                //定义showName()方法
    alert(this.name);               //输出name属性值
}
function showSex(){                 //定义showSex()方法
    alert(this.sex);                //输出sex属性值
}
function showAge(){                 //定义showAge()方法
    alert(this.age);                //输出age属性值
}
```

另外，在定义构造函数时还可以直接定义对象的方法，代码如下：

```
function Teacher(name,sex,age)      //定义构造函数
{
    this.name=name;                 //初始化对象的name属性
    this.sex=sex;                   //初始化对象的sex属性
    this.age=age;                   //初始化对象的age属性
    this.showName=function(){       //定义showName()方法
        alert(this.name);           //输出name属性值
    };
    this.showSex= function(){       //定义showSex()方法
        alert(this.sex);
    };
    this.showAge=function(){        //定义showAge()方法
        alert(this.age);
    };
}
```

实例4 输出某学生的高考考试成绩(案例文件：ch21\21.4.html)

```
<!DOCTYPE html>
<html>
<head>
    <meta charset="UTF-8">
    <title>统计高考考试分数</title>
    <script type="text/javascript">
        function Student(math,Chinese,English,lizong){
            this.math = math;                           //对象的math属性
            this.Chinese = Chinese;                     //对象的Chinese属性
            this.English = English;                     //对象的English属性
            this.lizong = lizong;                       //对象的lizong属性
            this.totalScore = function(){               //对象的totalScore方法
                document.write("数学："+this.math);
                document.write("<br>语文："+this.Chinese);
                document.write("<br>英语："+this.English);
                document.write("<br>理综："+this.lizong);
                document.write("<br>------------------");
                document.write("<br>总分："+(this.math+this.Chinese+this.English+this.lizong));
            }
        }
    </script>
</head>
<body>
<script type="text/javascript">
```

```
    var Student1=new Student(135,128,125,268);        //创建对象Student1
    Student1.totalScore();
</script>
</body>
</html>
```

预览效果如图 21-7 所示。

2. 使用 prototype 属性

在使用构造函数创建自定义对象的过程中，如果构造函数定义了多个属性和方法，那么在每次创建对象实例时都会为该实例分配相同的属性和方法，这样会增加对内存的需求，这个问题可以通过 prototype 属性来解决。

prototype 属性是 JavaScript 中所有函数都具有的属性，该属性可以向对象中添加属性或方法，语法格式如下：

图 21-7 实例 4 的程序运行结果

```
object.prototype.name=value
```

各个参数的含义如下。
(1) object：构造函数的名称。
(2) name：需要添加的属性名或方法名。
(3) value：添加属性的值或执行方法的函数。

> **注意** this 与 prototype 的区别主要在于属性访问的顺序以及占用的内存空间不同。使用 this 关键字，实例初始化时会为每个实例开辟构造方法包含的所有属性、方法所需的空间，而使用 prototype 定义，由于 prototype 实际上是指向父级元素的一种引用，仅仅是数据的副本，因此在初始化及存储上都比 this 节约资源。

实例 5 使用 prototype 属性的方式输出商品信息(案例文件：ch21\21.5.html)

创建一个商品对象 shop，并设置 5 个属性，包括商品的名称、类别、品牌、价格与尺寸，然后使用 prototype 属性向对象中添加属性和方法，并输出这些属性的值。

```
<!DOCTYPE html>
<html>
<head>
    <meta charset="UTF-8">
    <title>使用prototype属性</title>
    <style type="text/css">
        *{
            font-size:15px;
            line-height:28px;
            font-weight:bolder;
        }
    </style>
    <script type="text/javascript">
        function Shop(name,type,brand,price,number){
```

```
        this.name=name;                      //对象的name属性
        this.type=type;                      //对象的type属性
        this.brand=brand;                    //对象的brand属性
        this.price=price;                    //对象的price属性
        this.number=number;                  //对象的size属性
        Shop.prototype.show=function(){
            document.write("<br>商品名称："+this.name);
            document.write("<br>商品类别："+this.type);
            document.write("<br>商品品牌："+this.brand);
            document.write("<br>商品价格："+this.price);
            document.write("<br>商品数量："+this.number);
        }
    }
    </script>
</head>
<body>
<img src="02.jpg" align="left" hspace="10" />
<script type="text/javascript">
    var shop1 = new Shop("春季收腰长袖连衣裙","裙装类","EICHITOO/爱居兔","351元","1800件");
    shop1.show();
    document.write("<p>");
    var shop2 = new Shop("秋季V领长袖连衣裙","裙装类","EICHITOO/爱居兔","289元","2000件");
    shop2.show();
</script>
</body>
</html>
```

预览效果如图 21-8 所示。

图 21-8　实例 5 的程序运行结果

21.3　对象访问语句

在 JavaScript 中，用于对象访问的语句有两种，分别是 for...in 循环语句和 with 语句。下面详细介绍这两种语句的用法。

21.3.1 for...in 循环语句

for...in 循环语句和 for 语句十分相似，该语句用来遍历对象的每一个属性。每次遍历都会将属性名作为字符串保存在变量中。语法格式如下：

```
for(变量 in 对象{
语句
}
```

主要参数介绍如下。
(1) 变量：用于存储某个对象的所有属性名。
(2) 对象：用于指定要遍历属性的对象。
(3) 语句：用于指定循环体。

for...in 语句用于对某个对象的所有属性进行循环操作，将某个对象的所有属性名称依次赋值给同一个变量，而不需要事先知道对象属性的个数。

> **注意** 应用 for...in 语句遍历对象属性时，在输出属性值时一定要使用数组(对象名[属性名])的形式进行输出，而不能使用"对象名.属性名"的形式输出。

实例 6 使用 for...in 语句输出书籍信息(案例文件：ch21\21.6.html)

创建一个对象 mybook，以数组的形式定义对象 mybook 的属性值，然后使用 for...in 语句输出书籍信息。

```html
<!DOCTYPE html>
<html>
<head>
    <meta charset="UTF-8">
    <title>使用 for in 语句</title>
    <style type="text/css">
        *{
            font-size:15px;
            line-height:28px;
            font-weight:bolder;
        }
    </style>
</head>
<body>
<h1 style="font-size:25px;">四大名著</h1>
<script type="text/javascript">
    var mybook = new Array()
    mybook[0] = "《红楼梦》";
    mybook[1] = "《西游记》";
    mybook[2] = "《水浒传》";
    mybook[3] = "《三国演义》";
    for (var i in mybook)
    {
        document.write(mybook[i]+ "<br/>")
    }
</script>
```

```
    </body>
</html>
```

预览效果如图 21-9 所示。

图 21-9 实例 6 的程序运行结果

21.3.2 with 语句

有了 with 语句，在存取对象属性和方法时不用重复指定参考对象。语法格式如下：

```
with (对象名称){
    语句
}
```

主要参数介绍如下。

(1) 对象名称：用于指定要操作的对象。

(2) 语句：要执行的语句，可直接引用对象的属性或方法。

实例 7 使用 with 语句输出商品信息(案例文件：ch21\21.7.html)

创建一个商品对象 shop，并设置 4 个属性，包括商品的名称、品牌、价格与数量，然后使用 with 语句输出这些属性的值。

```
<!DOCTYPE html>
<html>
<head>
    <meta charset="UTF-8">
    <title>使用 with 语句输出商品信息</title>
    <style type="text/css">
        *{
            font-size:18px;
            line-height:35px;
            font-weight:bolder;
        }
    </style>
</head>
<body>
<script type="text/javascript">
    function Shop(name,brand,price,number){
        this.name=name;                            //对象的 name 属性
```

```
            this.brand=brand;                    //对象的 brand 属性
            this.price=price;                    //对象的 price 属性
            this.number=number;                  //对象的 number 属性
        }
        var shop=new Shop("秋季收腰长袖连衣裙","EICHITOO/爱居兔","351 元","2500 件");
         //创建一个新对象 Shop
        with(shop){
            alert("商品名称: "+name+"\n 商品品牌: "+brand+"\n 商品价格: "+price+"\n 库存数量: "+number);
        }
    </script>
</body>
</html>
```

预览效果如图 21-10 所示。

图 21-10 实例 7 的程序运行结果

21.4 数 组 对 象

数组是 JavaScript 中唯一用来存储和操作有序数据集的数据结构，使用数组可以快速、方便地管理一组相关数据。通过运用数组，可以对大量性质相同的数据进行存储、排序、插入及删除等操作，从而提高程序开发的效率。

21.4.1 数组对象概述

数组对象是使用不同的变量名来存储一系列的值，并且可以通过变量名访问任何一个值，数组中的每个元素都有自己的 ID，因此可以很容易地被访问。例如，如果你有一组数据（如 3 辆车的名字），存在单独变量如下：

```
var car1="Saab";
var car2="Volvo";
var car3="BMW";
```

如果你想从 3 辆车中找出某一辆车比较容易，然而，如果是从 300 辆车中找出某一辆车呢？这将不是一件容易的事！解决这问题最好的方法就是使用数组。

数组是 JavaScript 中的一种复合数据类型。变量中保存的是单个数据，而数组中保存的则是多个数据的集合。我们可以把数组看作一个单行表格，该表格的每一个单元格中都可以存储一个数据，即一个数组中可以包含多个元素，如图 21-11 所示。

| 元素1 | 元素2 | 元素3 | 元素4 | 元素5 | … | 元素n |

图 21-11 数组示意图

数组是数组元素的集合,每个单元格中所存放的就是数组元素,每个数组元素都有一个索引号(即数组的下标),通过索引号可以方便地引用数组元素。数组的下标需要从 0 开始编号,例如,第一个数组元素的下标是 0,第二个数组元素的下标是 1,以此类推。

21.4.2 定义数组

定义数组的语法格式如下:

```
arrayObject=new Array(size);
```

主要参数介绍如下。

(1) arrayObject:必选项,新创建的数组对象名。

(2) size:可选项,用于设置数组的长度。由于数组的下标是从零开始的,因此创建元素的下标将从 0 到 size-1。

如果忽略参数 size,则可以定义一个空数组。空数组中是没有数组元素的,不过,可以在定义空数组后再向数组中添加数组元素。例如:

```
var mybooks=new Array();        //定义名称为mybooks 的空数组
```

在定义数组时,可以指定数组元素的个数。此时并没有为数组元素赋值,所有数组元素的值都是 undefined。例如:

```
var books=new Array(4);         //定义名称为books 的数组,该数组有 4 个元素
```

在定义数组的同时可以直接给出数组元素的值。此时,数组的长度就是在括号中给出的数组元素的个数。语法格式如下:

```
arrayObject=new Array(element1, element2, element3,…);
```

(1) arrayObject:必选项,新创建的数组对象名。

(2) element:存入数组中的元素。使用该语法时必须有一个以上的元素。

例如,定义一个名为 myCars 的数组对象,向该对象中存入数组元素,代码如下:

```
var myCars=new Array("Saab","Volvo","BMW");   //定义一个包含 3 个数组元素的数组
```

实例 8 定义数组(案例文件:ch21\21.8.html)

创建一个数组对象 mybooks 并定义数组元素的个数为 4,然后使用 for 循环语句输出数组元素值。再次创建一个数组对象 cars,直接指定元素值,然后输出该数组的元素。

```
<!DOCTYPE html>
<html>
<head>
    <meta charset="UTF-8">
    <title>定义数组</title>
</head>
<body>
```

```html
<h3>四大名著</h3>
<script type="text/javascript">
   var mybooks=new Array(4);
   mybooks[0]="《红楼梦》";
   mybooks[1]="《水浒传》";
   mybooks[2]="《西游记》";
   mybooks[3]="《三国演义》";
   for (i = 0; i < 4; i++) {
       document.write(mybooks[i] + "<br>");
   }
   var cars=new Array("Saab","Volvo","BMW");
   document.write(cars);
</script>
</body>
</html>
```

预览效果如图 21-12 所示。

除了可以使用上述方法定义数组以外，用户还可以直接定义数组，就是将数组元素直接放在一个中括号中，元素与元素之间需要用逗号分隔，语法格式如下：

```
arrayObject=[element1, element2, element3,…];
```

(1) arrayObject：必选项，新创建的数组对象名。

(2) element：存入数组中的元素。使用该语法时必须有一个以上的元素。

图 21-12 实例 8 的程序运行结果

例如，定义一个名为 myCars 的数组对象，并向该对象中存入数组元素，代码如下：

```
var myCars=["Saab","Volvo","BMW"];      //直接定义一个包含 3 个数组元素的数组
```

21.4.3 数组的属性

数组对象的属性有 3 个，如表 21-1 所示。

表 21-1 数组对象的属性及描述

属　　性	描　　述
constructor	返回创建数组对象的原型函数
length	设置或返回数组元素的个数
prototype	允许向数组对象添加属性或方法

下面分别介绍数组对象最常用的两个属性 length 和 prototype。

1. length 属性

使用数组属性中的 length 属性可以计算数组长度，该属性的作用是指定数组中元素数量从非零开始的整数，当将新元素添加到数组时，此属性会自动更新。其语法格式如下：

```
arrayObject.length
```

其中，arrayObject 是数组对象的名称。例如定义一个数组：

```
var fruits=["Banana", "Orange", "Apple", "Mango"];
```

获取该数组的代码如下：

```
fruits.length
```

从而获取该数组的长度为 4。

2. prototype 属性

prototype 属性是所有 JavaScript 对象共有的属性，用于向数组对象添加属性和方法。当构建一个属性时，所有的数组将被设置属性。在构建一个方法时，所有的数组都可以使用该方法。其语法格式为：

```
Array.prototype.name=value
```

> 注意
> Array.prototype 不能单独引用数组，而 Array()对象可以。

实例 9 使用 prototype 属性将数组值转换为大写(案例文件：ch21\21.9.html)

创建一个数组对象 fruits，并同时指定数组元素，然后将数组元素的值转换为大写并输出。

```html
<!DOCTYPE html>
<html>
<head>
    <meta charset="UTF-8">
    <title>prototype 属性的使用</title>
</head>
<body>
<p id="demo">创建一个新的数组，将数组值转换为大写</p>
<button onclick="myFunction()">获取结果</button>
<script type="text/javascript">
    Array.prototype.myUcase=function()
    {
        for (i=0;i<this.length;i++)
        {
            this[i]=this[i].toUpperCase();
        };
    };
    function myFunction()
    {
        var fruits=["Banana","Orange","Apple","Mango"];
        fruits.myUcase();
        var x=document.getElementById("demo");
        x.innerHTML=fruits;
    };
</script>
</body>
</html>
```

预览效果如图 21-13 所示。单击"获取结果"按钮，即可在浏览器窗口中显示出符合条件的结果信息，如图 21-14 所示。

图 21-13　实例 9 的程序运行结果　　　　　图 21-14　获取符合条件的数据信息

21.4.4　操作数组元素

数组元素是数组的集合，对数组进行操作时，实际上就是对数组元素进行操作。通过数组对象的下标，可以获取指定的元素值。例如，获取数组对象中的第二个元素的值，代码如下：

```
var mybooks=new Array("《红楼梦》","《三国演义》");    //定义数组
document.write(mybooks[1]);                           //输出下标为1的数组元素值
```

数组对象的元素个数即使在定义时已经设置好了，但是它的元素个数也不是固定的，我们可以通过添加数组元素的方法增加数组元素的个数。添加数组元素的方法非常简单，只要对数组元素进行重新赋值就可以了。

例如，定义一个包含两个数组元素的数组对象 mybooks，然后为数组添加两个元素，最后输出数组中的所有元素值，代码如下：

```
var mybooks=new Array("《红楼梦》","《水浒传》");    //定义包含两个数组元素的数组
mybooks[2]="《西游记》";
mybooks[3]="《三国演义》";
document.write(mybooks);     //输出所有数组元素值
```

程序运行结果如下：

《红楼梦》,《水浒传》,《西游记》,《三国演义》

另外，还可以对已经存在的数组元素进行重新赋值。例如，定义一个包含两个元素的数组，将第二个数组元素进行重新赋值并输出数组中的所有元素值，代码如下：

```
var mybooks=new Array("《红楼梦》","《水浒传》");    //定义包含两个数组元素的数组
mybooks[1]="《西游记》";
document.write(mybooks);     //输出所有数组元素值
```

程序运行结果如下：

《红楼梦》,《西游记》

使用 delete 运算符可以删除数组元素的值，但是只能将该元素恢复为未赋值的状态，即 undefined，数组对象的元素个数是不变的。

例如，定义一个包含 4 个元素的数组，然后使用 delete 运算符删除下标为 2 的数组元素，最后输出数组对象的所有元素值。代码如下：

```
//定义数组
var mybooks=new Array("《红楼梦》","《水浒传》","《西游记》","《三国演义》");
delete mybooks[2];
document.write(mybooks);    //输出下标为 2 的数组元素值
```

运行结果如下:

《红楼梦》,《水浒传》,undefined,《三国演义》

21.4.5 数组方法

在 JavaScript 当中,数组对象的方法有 26 种,如表 21-2 所示。

表 21-2 数组对象的方法及描述

方 法	描 述
concat()	连接两个或更多个数组,并返回结果
copyWithin()	从数组的指定位置复制元素到数组的另一个指定位置
every()	检测数值元素中的每个元素是否都符合条件
fill()	使用一个固定值来填充数组
filter()	创建一个新的数组,新数组中的元素是通过检查指定数组中符合条件的所有元素
find()	返回符合传入测试(函数)条件的数组元素
findIndex()	返回符合传入测试(函数)条件的数组元素索引
forEach()	数组中的每个元素都执行一次回调函数
indexOf()	搜索数组中的元素,并返回它所在的位置
join()	把数组的所有元素放入一个字符串
lastIndexOf()	返回一个指定的字符串值最后出现的位置,在一个字符串中的指定位置从后向前搜索
map()	通过指定函数处理数组的每个元素,并返回处理后的数组
pop()	删除数组的最后一个元素并返回删除的元素
push()	向数组的末尾添加一个或更多元素,并返回新的长度
reduce()	将数组元素计算为一个值(从左到右)
reduceRight()	将数组元素计算为一个值(从右到左)
reverse()	反转数组的元素顺序
shift()	删除并返回数组的第一个元素
slice()	选取数组的一部分,并返回一个新数组
some()	检测数组元素中是否有元素符合指定条件
sort()	对数组的元素进行排序
splice()	从数组中添加或删除元素
toString()	把数组转换为字符串,并返回结果
toLocalString()	把数组转换为本地字符串,并返回结果
unshift()	向数组的开头添加一个或更多元素,并返回新的长度
valueOf()	返回数组对象的原始值

下面以最常用的 concat()方法和 sort()方法为例进行讲解。

1. concat()方法

使用 concat()方法可以连接两个或多个数组。该方法不会改变现有的数组，而只会返回被连接数组的一个副本。语法格式如下：

```
arrayObject.concat(array1,array2,...,arrayN)
```

主要参数介绍如下。

(1) arrayObject：必选项，数组对象的名称。

(2) arrayN：必选项，该参数可以是具体的值，也可以是数组对象，可以是任意多个。

> **注意** 连接多个数组后，其返回值是一个新的数组，而原有数组中的元素和数组长度是不变的。

实例 10 使用 concat()方法连接三个数组(案例文件：ch21\21.10.html)

```html
<!DOCTYPE html>
<html>
<head>
    <meta charset="UTF-8">
    <title>连接多个数组</title>
</head>
<body>
<h4>连接多个数组</h4>
<script type="text/javascript">
    var arr = new Array(3);
    arr[0] = "北京";
    arr[1] = "上海";
    arr[2] = "广州";
    var arr2 = new Array(3);
    arr2[0] = "西安";
    arr2[1] = "天津";
    arr2[2] = "杭州";
    var arr3 = new Array(2);
    arr3[0] = "长沙";
    arr3[1] = "温州";
    document.write(arr.concat(arr2,arr3))
</script>
</body>
</html>
```

预览效果如图 21-15 所示。

2. sort()方法

使用 sort()方法可以对数组的元素进行排序，可以对字母或数字按升序或降序进行排序，默认排序顺序为按字母升序。语法格式如下：

```
arrayObject.sort(sortby)
```

连接多个数组

北京,上海,广州,西安,天津,杭州,长沙,温州

图 21-15 实例 10 的程序运行结果

主要参数介绍如下。

(1) arrayObject：必选项，数组对象的名称。

(2) sortby：可选项，用来确定元素顺序的函数，如果这个参数被省略，那么元素将按照 ASCII 字符顺序进行升序排序。

实例 11 使用 sort()方法排序数组中的元素(案例文件：ch21\21.11.html)

创建一个数组对象 x 并赋值 5、8、3、6、4、9，然后使用 sort()方法排列数组中的元素，并输出排序后的数组元素。

```
<!DOCTYPE html>
<html>
<head>
    <meta charset="UTF-8">
    <title>排列数组中的元素</title>
</head>
<body>
<h4>排列数组中的元素</h4>
<script type="text/javascript">
    var x=new Array(5,8,3,6,4,9);                      //创建数组
    document.write("排序前数组:"+x.join(",")+"<p>");    //输出数组元素
    x.sort();              //按字符升序排列数组
    document.write("按照ASCII码字符顺序进行排序:"+x.join(",")+"<p>");   //输出排序后数组
    x.sort(asc);           //比较函数的升序排列
    /*升序比较函数*/
    function asc(a,b)
    {
        return a-b;
    }
    document.write("升序排序后数组:"+x.join(",")+"<p>");//输出排序后数组
    x.sort(des);           //比较函数的降序排列
    /*降序比较函数*/
    function des(a,b)
    {
        return b-a;
    }
    document.write("降序排序后数组:"+x.join(","));//输出排序后数组
</script>
</body>
</html>
```

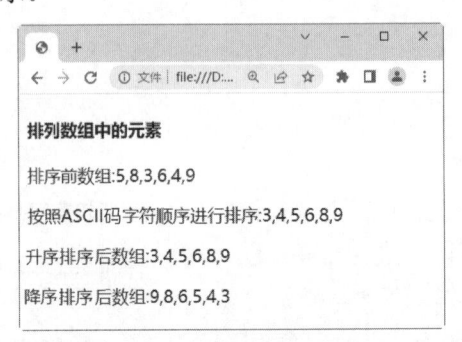

预览效果如图 21-16 所示。

图 21-16 排序数组对象

21.5 String 对象

在 JavaScript 语言中，使用 String 对象可以对字符串进行处理。本节将重点学习 String 对象的操作方法。

21.5.1 创建 String 对象

在 JavaScript 中，可以直接将字符串看成 String 对象，不需要任何转换。使用 String 对象操作字符串时，不会改变字符串中的内容。

String 对象是动态对象，使用构造函数可以显式地创建字符串对象。用户可以通过 String 对象在程序中获取字符串的长度、提取子字符串以及转换字符串的大小写样式。创建 String 对象的方法有两种，下面分别进行介绍。

1. 直接声明字符串变量

通过声明字符串变量的方法，可以把声明的变量看作 String 对象，语法格式如下：

```
var StringName=StringText
```

主要参数介绍如下。

(1) StringName：字符串变量名称。
(2) StringText：字符串文本。

例如，创建字符串对象 myString 并为其赋值，代码如下：

```
var myString="This is a sample";
```

2. 使用 new 关键字创建

使用 new 关键字创建 String 对象的方法如下：

```
var newstr=new String(StringText)
```

主要参数介绍如下：

(1) newstr：创建的 String 对象名。
(2) StringText：可选项，字符串文本。

例如，通过 new 关键字创建字符串对象 myString，并为其赋值，代码如下：

> **注意** 字符串构造函数 String() 的第一个字母必须为大写字母。

```
var myString=new String("This is a sample");// 创建字符串对象
```

> **注意** 上述两种创建 String 对象的效果是一样的，因此声明字符串时可以采用 new 关键字，也可以不采用 new 关键字。

JavaScript 会自动在字符串与 String 对象之间进行转换。因此，任何一个字符串常量都可以看作一个 String 对象，可以将其直接作为对象来使用，只要在字符串变量的后面加上"."，便可以直接调用 String 对象的属性和方法。字符串与 String 对象的不同之处在于返回的 typeof 值不同，字符串返回的是 string 类型，String 对象返回的则是 object 类型。

实例 12 创建 String 对象并输出该对象的字符串文本(案例文件：ch21\21.12.html)

创建两个 String 对象 myString01 和 myString02，然后定义字符串对象的值并输出。

```html
<!DOCTYPE html>
<html>
<head>
    <meta charset="UTF-8">
    <title>创建 String 对象</title>
</head>
<body>
<h3>四大名著</h3>
<script type="text/javascript">
    var myString01=new String("《红楼梦》,《水浒传》,《西游记》,《三国演义》");
    document.write(myString01+"<br>");
    var myString02="《红楼梦》,《水浒传》,《西游记》,《三国演义》";
    document.write(myString02+"<br>");
</script>
</body>
</html>
```

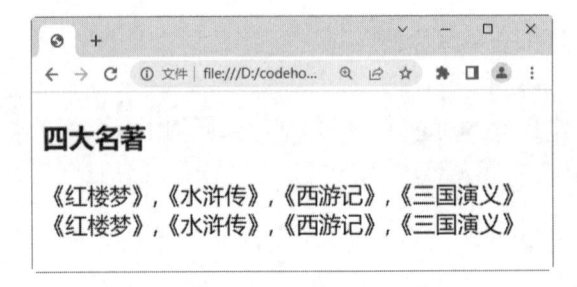

预览效果如图 21-17 所示。

图 21-17 实例 12 的程序运行结果

21.5.2 String 对象的属性

String 对象的属性如表 21-3 所示。

表 21-3 String 对象的属性

属性	说明
constructor	字符串对象的函数模型
length	字符串的长度
prototype	添加字符串对象的属性

下面以最常用的 length 属性为例进行讲解。

length 属性用于获取当前字符串的长度，该长度包含字符串中所有字符的个数，而不是字节数，一个英文字符占一个字节，一个中文字符占两个字节。空格也占一个字符数。

length 属性的语法格式如下：

```
stringObject.length
```

参数 stringObject 表示当前获取长度的 String 对象名，也可以是字符变量名。

实例 13 将商品的名称按照字数进行分类(案例文件：ch21\21.13.html)

创建一个数组对象 shop，然后根据商品名称的字数定义字符串变量，最后输出字符串变量的值。

```html
<!DOCTYPE html>
<html>
<head>
    <meta charset="UTF-8">
    <title>输出商品分类结果</title>
</head>
<body>
<script type="text/javascript">
                                                    //定义商品数组
    var shop=new Array("西红柿","茄子","西蓝花","黄瓜","油麦菜","大叶青菜","辣椒","红心萝卜","花菜");
    var two="";                             //初始化二字商品变量
    var three="";                           //初始化三字商品变量
    var four="";                            //初始化四字商品变量
    for(var i=0; i<shop.length; i++){
        if(shop[i].length==2){              //如果商品名称长度为2
            two+=shop[i]+" ";               //将商品名称连接在一起
        }
        if(shop[i].length==3){              //如果商品名称长度为3
            three+=shop[i]+" ";             //将商品名称连接在一起
        }
        if(shop[i].length==4){              //如果商品名称长度为4
            four+=shop[i]+" ";              //将商品名称连接在一起
        }
    }
    document.write("二字商品："+two+"<br>");      //输出二字商品
    document.write("三字商品："+three+"<br>");    //输出三字商品
    document.write("四字商品："+four+"<br>");     //输出四字商品
</script>
</body>
</html>
```

预览效果如图 21-18 所示。

21.5.3 String 对象的方法

String 对象中提供了很多处理字符串的方法，通过这些方法可以对字符串进行查找、截取、大小写转换、连接以及格式化处理等。表 21-4 所示为 String 对象中用于操作字符串的方法。

图 21-18 分类显示商品信息

表 21-4　String 对象中用于操作字符串的方法

方法名称	说　明
charAt()	返回指定位置的字符
charCodeAt()	返回指定位置的字符的 Unicode 编码
concat()	连接字符串
fromCharCode()	从字符编码创建一个字符串
indexOf()	检索字符串
lastIndexOf()	从后向前搜索字符串
match()	找到一个或多个正则表达式的匹配
replace()	替换与正则表达式匹配的子串
search()	检索与正则表达式相匹配的值
slice()	提取字符串的片断，并在新的字符串中返回被提取的部分
split()	把字符串分割为字符串数组
substr()	从起始索引号开始提取字符串中指定数目的字符
substring()	提取字符串中两个指定的索引号之间的字符
toLocaleLowerCase()	根据本地主机的语言环境把字符串转换为小写
toLocaleUpperCase()	根据本地主机的语言环境把字符串转换为大写
toLowerCase()	把字符串转换为小写
toUpperCase()	把字符串转换为大写
toString()	返回字符串
valueOf()	返回某个字符串对象的原始值

下面挑选几个最常用的方法进行讲解。

1．concat()方法

使用该方法可以连接两个或多个字符串。语法格式如下：

stringObject.concat(stringX,stringX,...,stringX)

主要参数介绍如下。

(1) stringObject：String 对象名，也可以是字符变量名。

(2) stringX：必选项，将被连接为一个字符串的一个或多个字符串对象。

concat()方法将把它的所有参数转换成字符串，然后按顺序连接到字符串 stringObject 的尾部，并返回连接后的字符串。

实例 14 使用 concat()方法连接字符串(案例文件：ch21\21.14.html)

```
<!DOCTYPE html>
<html>
<head>
    <meta charset="UTF-8">
    <title>使用 concat()方法</title>
</head>
```

```
<body>
<script type="text/javascript">
   var str1=new String("清明时节");
   document.write("字符串 1: "+str1+"<br>");
   var str2=new String("雨纷纷");
   document.write("字符串 2: "+str2+"<br>");
   document.write("连接后的字符串: "+str1.concat(str2));
</script>
</body>
</html>
```

预览效果如图 21-19 所示。

字符串1：清明时节
字符串2：雨纷纷
连接后的字符串：清明时节雨纷纷

图 21-19　实例 14 的程序运行结果

2. split()方法

使用该方法可以把一个字符串分割成字符串数组。语法格式如下：

`stringObject.split(separator,limit)`

主要参数介绍如下。

(1) stringObject：String 对象名，也可以是字符变量名。

(2) separator：必选项。字符串或正则表达式，从该参数指定的位置分割 stringObject。

(3) limit：可选参数。该参数可指定返回的数组的最大长度。如果设置了该参数，返回的子字符串不会多于这个参数指定的数组。如果没有设置该参数，整个字符串都会被分割，不考虑它的长度。

实例 15　使用 split()方法分割字符串(案例文件：ch21\21.15.html)

创建一个字符串对象，然后使用 split()方法分割这个字符串并输出分割后的结果。

```
<!DOCTYPE html>
<html>
<head>
   <meta charset="UTF-8">
   <title>使用 split()方法</title>
</head>
<body>
<script type="text/javascript">
   var str=new String("I Love World");
   document.write("原字符串: "+str+"<br>");
   document.write("以空格分割字符串: "+str.split(" ")+"<br>");
   document.write("以空字符串分割: "+str.split("")+"<br>");
   document.write("以空格分割字符串并返回两个元素: "+str.split(" ",2));
</script>
</body>
</html>
```

预览效果如图 21-20 所示。

图 21-20　实例 15 的程序运行结果

3. slice()方法

使用 slice()方法可提取字符串的某个部分，并以新的字符串返回被提取的部分。语法格式如下：

```
stringObject.slice(start,end)
```

主要参数介绍如下。

(1) stringObject：String 对象名，也可以是字符变量名。

(2) start：必选项，要抽取的字符串的起始下标。第一个字符的下标为 0。

(3) end：可选项。紧接着要截取的子字符串结尾的下标。若未指定此参数，则要提取的子字符串包括 start 到原字符串结尾的字符串。如果该参数是负数，则表示从字符串的尾部开始计算的位置。

实例 16　使用 slice()方法截取字符串(案例文件：ch21\21.16.html)

```
<!DOCTYPE html>
<html>
<head>
    <meta charset="UTF-8">
    <title>截取字符串</title>
</head>
<body>
<script type="text/javascript">
    var str=new String("你好 JavaScript");
    document.write("正常显示为： " + str + "</p>");
    document.write("从下标为2的字符截取到下标为5的字符： " +str.slice(2,6)+ "</p>");
    document.write("从下标为2的字符截取到字符串末尾： " +str.slice(2)+"</p>");
    document.write("从第一个字符提取到倒数第 7 个字符： " +str.slice(0,-6));
</script>
</body>
</html>
```

预览效果如图 21-21 所示。

4. lastIndexOf()

lastIndexOf()方法可返回一个指定的字符串值最后出现的位置。语法格式如下：

```
stringObject.lastIndexOf(substring,start)
```

主要参数介绍如下。

图 21-21　使用 slice()截取字符串

(1) stringObject：String 对象名，也可以是字符变量名。

(2) substring：必选项。要在字符串中查找的子字符串。

(3) start：可选参数。规定在字符串中开始检索的位置。它的合法取值是 0 到 stringObject.length-1。如果省略该参数，则从字符串的最后一个字符处开始检索。如果没有找到匹配字符串则返回-1。

实例 17 使用 lastIndexOf()方法返回某字符串最后出现的位置(案例文件：ch21\21.17.html)

```
<!DOCTYPE html>
<html>
<head>
    <meta charset="UTF-8">
    <title>查找字符串</title>
</head>
<body>
<script type="text/javascript">
    var str=new String("一片两片三四片，五片六片七八片。");
    document.write("原字符串："+str+"</p>");
    document.write("输出字符"片"在字符串中最后出现的位置："+str.lastIndexOf("片")
+"</p>");
    document.write("输出字符"十片"在字符串中最后出现的位置："+str.lastIndexOf("十片")
+"</p>");
    document.write("输出字符"片"在下标为 4 的字符前最后出现的位置："
+str.lastIndexOf("片",4));
</script>
</body>
</html>
```

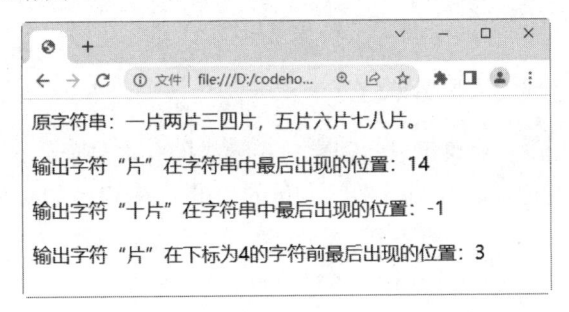

预览效果如图 21-22 所示。

图 21-22　实例 17 的程序运行结果

21.6　疑　难　解　惑

疑问 1：使用 for…in 语句遍历对象属性，为什么不能正确地输出数据？

应用 for…in 语句遍历对象属性，在输出属性值时一定要使用数组的形式(对象名[属性名])进行输出，不能使用"对象名.属性名"的形式输出。如果使用"对象名.属性名"的形式输出数据，是不能正确输出数据的。

疑问 2：在输出数组元素值时，为什么我总不能正确地输出想要的数值呢？

在输出数组元素值时，一定要注意输出数组元素值的下标是否正确，因为数组对象的元素下标是从 0 开始的。例如，如果想要输出数组中的第 3 个元素值，其下标值为 2；另外在定义数组元素的下标时，一定不能超过数组元素的个数，不然就会输出未知值 undefined。这也是很多初学者容易犯的错误。

21.7　跟我学上机

上机练习 1：使用数组对象制作背景颜色选择器

创建一个数组对象 hex 用来存放不同的颜色值，然后定义几个函数将数组中的颜色组合在一起，并在页面中显示，最后再定义一个 display 函数来显示颜色值。程序运行结果如图 21-23 所示。

图 21-23　背景颜色选择器

上机练习 2：输出各部门人员名单

通过 JavaScript 的 String 对象可以实现字符串元素的分类显示，这里使用 String 对象中的 split()方法和 for 循环语句输出某公司各部门人员的名单。程序运行结果如图 21-24 所示。

图 21-24　输出各部门人员名称

第 22 章

JavaScript 对象编程

JavaScript 是一种基于对象的语言，它包含许多对象，如 date、window 和 document 等，利用这些对象，可以很容易地快速实现 JavaScript 编程并加强 JavaScript 程序的功能。

重点案例效果

22.1 文档对象模型(DOM)

HTML DOM 是 HTML Document Object Model(文档对象模型)的缩写，HTML DOM 是专门适用于 HTML/XHTML 的文档对象模型。

可以将 HTML DOM 理解为网页的 API，它将网页中的各个元素看作一个个对象，从而使网页中的元素也可以被计算机语言获取或者编辑。例如，JavaScript 就可以利用 HTML DOM 动态地修改网页。

22.1.1 文档对象模型(DOM)介绍

DOM 是 W3C 组织推荐的处理 HTML/XML 的标准接口。DOM 实际上是以面向对象的方式描述的对象模型，它定义了表示和修改文档所需要的对象、这些对象的行为和属性，以及这些对象之间的关系。

各种语言都可以按照 DOM 规范去实现这些接口，给出解析文件的解析器。DOM 规范中所指的文件相当广泛，其中包括 XML 文件以及 HTML 文件。

DOM 可以看作是一组 API(Application Program Interface，应用编程接口)，它把 HTML 文档、XML 文档等看作文档对象，在接口里面存放着大量的方法，用于存取这些文档对象中的数据，并且利用程序对数据进行相应的处理。DOM 技术并不是首先用于 XML 文档，对于 HTML 文档来说，早已可以使用 DOM 来读取里面的数据了。

DOM 可以用 JavaScript 实现，两者之间的结合非常紧密，甚至可以说，如果没有 DOM，在使用 JavaScript 的时候是不可想象的，因为我们每解析一个节点、一个元素，都要耗费很多精力。在使用 DOM 解析 HTML 对象的时候，首先在内存中构建起一棵完整的解析树，借此实现对整个文档的全面、动态的访问。也就是说，它的解析是有层次的，即把所有的 HTML 中的元素都解析成树上层次分明的节点，然后我们可以对这些节点执行添加、删除、修改及查看等操作。

目前 W3C 提出了三个 DOM 规范，分别是 DOM Level1、DOM Level2、DOM Level3。

22.1.2 在 DOM 模型中获得对象

在使用 DOM 操作 XML 和 HTML 文档时，经常要使用 document 对象。document 对象是一棵文档树的根，该对象可为我们提供访问文档数据的最初(或最顶层)入口。

实例 1 在 DOM 模型中获得对象(案例文件：ch22\22.1.html)

```
<!DOCTYPE html>
<html>
<head>
<title>解析 HTML 对象</title>
<script type="text/javascript">
    window.onload = function(){
    //通过document.documentElement 获取根节点 ==>html
        var zhwHtml = document.documentElement;
```

```
            alert(zhwHtml.nodeName);  //打印节点名称,HTML 大写
            var zhwBody = document.body; //获取 body 标签节点
            alert(zhwBody.nodeName); //打印 body 节点的名称
            var fH = zhwBody.firstChild; //获取 body 的第一个子节点
            alert(fH+"body 的第一个子节点");
            var lH = zhwBody.lastChild; //获取 body 的最后一个子节点
            alert(lH+"body 的最后一个子节点");
            var ht = document.getElementById("zhw");  //通过 id 获取<h1>
            alert(ht.nodeName);
            var text = ht.childNodes;
            alert(text.length);
            var txt = ht.firstChild;
            alert(txt.nodeName);
            alert(txt.nodeValue);
            alert(ht.innerHTML);
            alert(ht.innerText+"Text");
        }
    </script>
</head>
<body>
<h1 id="zhw">我是一个内容节点</h1>
</body>
</html>
```

在上面的代码中,首先获取 HTML 文件的根节点,即使用 document.documentElemen 语句获取,然后分别获取 body 节点、body 的第一个子节点、body 的最后一个子节点。语句 document.getElementById("zhw")表示获得指定节点,并输出节点名称和节点内容。

浏览效果如图 22-1 所示,可以看到,当页面显示的时候,JavaScript 程序会依次将 HTML 的相关节点输出,例如输出 html、body 和 h1 等节点。

图 22-1 输出 DOM 对象中的节点

22.1.3 事件驱动的应用

JavaScript 是基于对象(Object-based)的语言,而基于对象的基本特征就是采用事件驱动 (Event-driven)。通常,鼠标或热键的动作称为事件(Event),而由鼠标或热键引发的一连串程序的动作,称为事件驱动。

实例2 事件驱动的应用(案例文件:ch22\22.2.html)

```
<!DOCTYPE html>
<html>
```

```
<head>
<title>JavaScript 事件驱动</title>
<script language="javascript">
function countTotal(){
var elements = document.getElementsByTagName("input");
window.alert("input 类型节点总数是:" + elements.length);
}
function anchorElement(){
var element = document.getElementById("ss");
window.alert("按钮的 value 是:" + element.value);
}
</script>
</head>
<body>
<table width="364" border="1" cellpadding="0" cellspacing="0">
<form action="" name="form1" method="post">
<tr>
   <td width="20%"> 用户名</td>
   <td width="80%"> <input type="text" name="input1" value=""></td>
</tr>
<tr>
   <td> 密码</td>
   <td> <input type="password" name="password1" value=""></td>
</tr>
<tr>
   <td> </td>
   <td><input id="ss" type="submit" name="Submit" value="提交"></td>
</tr>
</form>
</table>
<a href="javascript:void(0);" onClick="countTotal();">
统计 input 类型节点总数</a>
<a href="javascript:void(0);" onClick="anchorElement();">获取提交按钮内容</a>
</body>
</html>
```

在上面的 HTML 代码中，创建了两个超级链接，并给这两个超级链接添加了单击事件，即 onClick 事件，当单击超级链接时，会触发 countTotal 和 anchorElement 函数。

在 JavaScript 代码中，创建了 countTotal 和 anchorElement 函数，countTotal 函数中使用 document.getElementsByTagName("input");语句获取节点名称为 input 的所有元素，并将它存储到一个数组中，然后将这个数组的长度输出。

在 anchorElement 函数中，使用 document.getElementById("ss")获取按钮节点对象，并将此对象的值输出，这里的 ss 为提交按钮的 id。

浏览效果如图 22-2 所示，可以看到，当页面显示的时候，单击"统计 input 子节点总数"和"获取提交按钮内容"链接，会分别显示 input 的子节点数和提交按钮的 value 内容。从执行结果来看，当单击超级链接时，会触发事件处理程序，即调用 JavaScript 函数。JavaScript 函数执行时，会根据相应程序代码完成相关的操作，例如本例的统计节点数和获取按钮 value 内容等。

图 22-2　实例 2 的程序运行结果

22.2　窗口(window)对象

window 对象在客户端 JavaScript 中扮演重要的角色，一般要引用它的属性和方法时，不需要用 window.XXX 这种形式，而是直接使用 XXX。一个框架页面也是一个窗口。window 对象表示浏览器中打开的窗口。

22.2.1　创建窗口(window)

window 对象表示一个浏览器窗口或一个框架。在客户端 JavaScript 中，window 对象是全局对象，所有的表达式都在当前的环境中计算。window 对象还实现了核心 JavaScript 定义的所有全局属性和方法。window 对象的 window 属性和 self 属性引用的都是它自己。

window 对象的属性如表 22-1 所示。

表 22-1　window 对象的属性

属性名称	说　　明
closed	布尔值，当窗口被关闭时此属性为 true，默认为 false
defaultstatus、status	字符串，用于设置在浏览器状态栏显示的文本
document	对 document 对象的引用，该对象表示在窗口中显示的 HTML 文件
frames[]	window 对象的数组，代表窗口的各个框架
history	对 history 对象的引用，该对象代表用户浏览器窗口的历史
innerHeight、innerWidth、outerHeight、outerWidth	分别表示窗口的内外尺寸

续表

属性名称	说明
location	对 location 对象的引用，该对象代表在窗口中显示的文档的 URL
locationbar、menubar、scrollbar、statusbar、toolbar	对窗口中各种工具栏的引用，如地址栏、工具栏、菜单栏、滚动条等。这些对象分别用来设置浏览器窗口中各个部分的可见性
name	窗口的名称，可被 HTML 标记<a>的 target 属性使用
opener	对打开当前窗口的 window 对象的引用。如果当前窗口被用户打开，则它的值为 null
pageXOffset、pageYOffset	在窗口中滚动到右边和下边的数量
parent	如果当前的窗口是框架，它就是对窗口中包含这个框架的引用
self	自引用属性，是对当前 window 对象的引用，与 window 属性相同
top	如果当前窗口是一个框架，那么它就是对包含这个框架顶级窗口的 window 对象的引用。注意，对于嵌套在其他框架中的框架来说，top 不等同于 parent
window	自引用属性，是对当前 window 对象的引用，与 self 属性相同

window 对象的常用方法如表 22-2 所示。

表 22-2 window 对象的方法

方法名称	说明
close()	关闭窗口
find()、home()、print()、stop()	执行浏览器查找、打印和停止按钮的功能，就像用户单击了窗口中的这些按钮一样
focus()、blur()	请求或放弃窗口的键盘焦点。focus()方法还将把窗口置于最上层，使窗口可见
moveBy()、moveTo()	移动窗口
resizeBy()、resizeTo()	调整窗口大小
scrollBy()、scrollTo()	滚动窗口中显示的文档
setInterval()、clearInterval()	设置或者取消重复调用的函数，该函数在两次调用之间有指定的延迟
setTimeout()、clearTimeout()	设置或者取消在指定的若干秒后调用的函数

实例3 使用窗口的方法(案例文件：ch22\22.3.html)

```
<!DOCTYPE html>
<html>
<head><title>window属性</title></head>
<body>
<script language="JavaScript">
    function shutwin(){
    window.close();
    return;
}
</script>
```

```
<a href="javascript:shutwin();">关闭本窗口</a>
</body>
</html>
```

在上面的代码中，创建了一个超级链接，并为超级链接添加了一个事件，即单击超级链接时，会调用函数 shutwin。在 shutwin 函数中，使用了 window 对象的 close 方法，关闭当前窗口。浏览效果如图 22-3 所示。

当单击超级链接"关闭本窗口"时，会弹出一个对话框询问是否关闭当前窗口，如果单击"是"按钮则会关闭当前窗口，否则不关闭当前窗口。

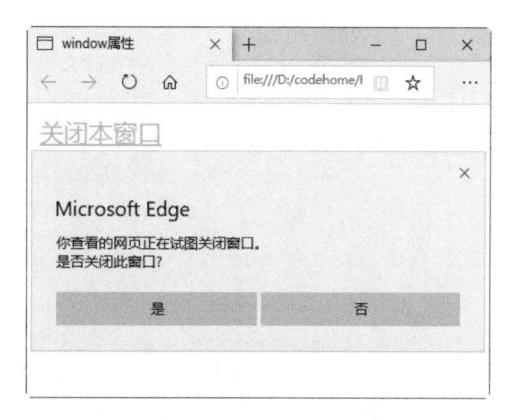

图 22-3 实例 3 的程序运行结果

22.2.2 创建对话框

对话框的作用是与浏览者进行交流，有提示、选择和获取信息的功能。JavaScript 提供了三个标准的对话框，即弹出对话框、选择对话框和输入对话框，三者都是基于 window 对象产生的，即作为 window 对象的方法使用。window 对象的对话框如表 22-3 所示。

表 22-3 window 对象的对话框

对 话 框	说　明
alert()	弹出只包含"确定"按钮的对话框
confirm()	弹出包含"确定"和"取消"按钮的对话框，要求用户做出选择。如果用户单击"确定"按钮，则返回 true 值；如果单击"取消"按钮，则返回 false 值
prompt()	弹出包含"确定"和"取消"按钮及一个文本框的对话框，要求用户在文本框中输入一些数据。如果用户单击"确定"按钮，则返回文本框里已有的内容；如果用户单击"取消"按钮，则返回 null 值。如果指定初始值，则文本框里会有默认值

实例 4 创建对话框(案例文件：ch22\22.4.html)

```
<!DOCTYPE html>
<html>
<head>
<script type="text/javascript">
function display_alert()
{
    alert("我是弹出对话框");
}
function disp_prompt()
{
    var name = prompt("请输入名称","");
    if (name!=null && name!="")
    {
        document.write("你好 " + name + "!");
    }
}
```

```
function disp_confirm()
{
    var r = confirm("你好");
    if (r==true)
    {
        document.write("单击确定按钮");
    }
    else
    {
        document.write("单击取消按钮");
    }
}
</script>
</head>
<body>
<input type="button" onclick="display_alert()" value="弹出对话框" />
<input type="button" onclick="disp_prompt()" value="输入对话框" />
<input type="button" onclick="disp_confirm()" value="选择对话框" />
</body>
</html>
```

在 HTML 代码中，创建了 3 个表单按钮，并分别为 3 个按钮添加了单击事件，即单击不同的按钮时，调用不同的 JavaScript 函数。在 JavaScript 代码中，创建了 3 个 JavaScript 函数，这 3 个函数分别调用 window 对象的 alert()方法、confirm()方法和 prompt()方法，创建不同形式的对话框。

浏览效果如图 22-4 所示，当单击 3 个按钮时，会显示不同的对话框类型，例如弹出对话框、选择对话框和输入对话框。

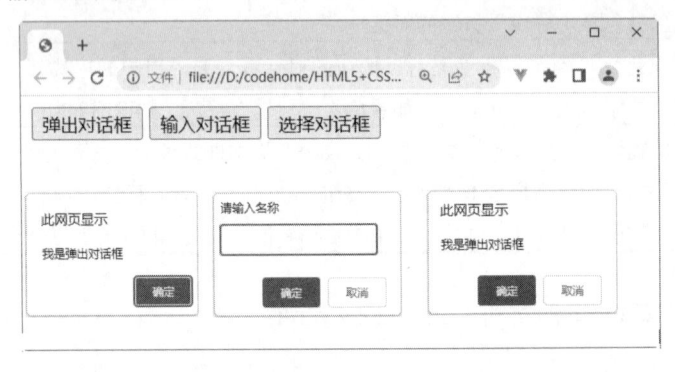

图 22-4　实例 4 的程序运行结果

22.2.3　窗口的相关操作

上网的时候会遇到这样的情况，进入首页时，或者单击一个链接或按钮时，会弹出一个窗口，通常窗口里会显示一些注意事项、版权信息、警告、欢迎光顾之类的文字，或者一些特别提示的信息。

实现弹出窗口非常简单，只须使用 window 对象的 open()方法即可。

open()方法提供了很多可供用户选择的参数，它的语法格式如下：

open(<URL 字符串>, <窗口名称字符串>, <参数字符串>);

其中各个参数的含义如下。

- <URL 字符串>：指定新窗口要打开网页的 URL 地址，如果为空('')，则不打开任何网页。
- <窗口名称字符串>：指定新打开窗口的名称(window.name)，可以使用_top、_blank 等内置名称。这里的名称跟<a href="..." target="...">里的 target 是一样的。
- <参数字符串>：指定新打开窗口的外观。如果只需要打开一个普通窗口，该字符串留空('')；否则，就在字符串里写上一到多个参数，参数之间用逗号隔开。open()方法的第 3 个参数，有如下一些可选值。
    - top=0：窗口顶部距离屏幕顶部的像素数。
    - left=0：窗口左端距离屏幕左端的像素数。
    - width=400：窗口的宽度。
    - height=100：窗口的高度。
    - menubar=yes|no：窗口是否有菜单，取值为 yes 或 no。
    - toolbar= yes|no：窗口是否有工具栏，取值为 yes 或 no。
    - location=yes|no：窗口是否有地址栏，取值为 yes 或 no。
    - directories=yes|no：窗口是否有连接区，取值为 yes 或 no。
    - scrollbars=yes|no：窗口是否有滚动条，取值为 yes 或 no。
    - status= yes|no：窗口是否有状态栏，取值为 yes 或 no。
    - resizable=yes|no：窗口是否可以调整大小，取值为 yes 或 no。

例如，打开一个宽 500、高 200 的窗口，使用语句如下：

```
open('','_blank',
'width=500,height=200,menubar=no,toolbar=no,location=no,
directories=no,status=no,scrollbars=yes,resizable=yes')
```

实例 5 窗口的相关操作(案例文件：ch22\22.5.html)

```
<!DOCTYPE html>
<html>
<head>
<title>
打开新窗口
</title>
</head>
<body>
<script language="JavaScript">
<!--
function setWindowStatus()
{
    window.status = "Window 对象的简单应用案例，这里的文本是由 status 属性设置的。";
}
function NewWindow() {
    msg = open("","DisplayWindow","toolbar=no,directories=no,menubar=no");
    msg.document.write("<HEAD><TITLE>新窗口</TITLE></HEAD>");
    msg.document.write(
        "<CENTER><h2>这是由 Window 对象的 Open 方法所打开的新窗口!</h2></CENTER>");
}
-->
```

```
</script>
<body onload="setWindowStatus()">
<input type="button" name="Button1"
value="打开新窗口"
onclick="NewWindow()">
</body>
</html>
```

在上述代码中，使用 onload 加载事件调用 JavaScript 函数 setWindowStatus，用于设置状态栏的显示信息。创建一个按钮，并为按钮添加单击事件，其事件处理程序是 NewWindow 函数，在这个函数中，使用 open 打开了一个新的窗口。

浏览效果如图 22-5 所示，当单击页面中的"打开新窗口"按钮时，会显示如图 22-6 所示的窗口。在新窗口中没有显示地址栏和菜单栏等信息。

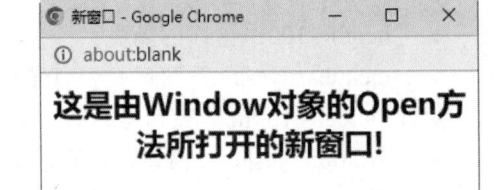

图 22-5　实例 5 的程序运行结果 1　　　　图 22-6　实例 5 的程序运行结果 2

22.3　文档(document)对象

document 对象是客户端使用最多的 JavaScript 对象，除了常用的 write()方法之外，document 对象还定义了文档整体信息属性，如文档 URL、最后修改日期、文档要链接到的 URL、显示颜色等。

22.3.1　文档属性的应用

window 对象具有 document 属性，该属性表示在窗口中显示 HTML 文件的 document 对象。document 对象有很多方法，如表 22-4 所示。

表 22-4　document 对象的方法

方法名称	说　明
close()	关闭或结束 open()方法打开的文档
open()	产生一个新文档，并清除已有文档的内容
write()	输出文本到当前打开的文档
writeln()	输出文本到当前打开的文档，并添加一个换行符
document.createElement(Tag)	创建一个 HTML 标签对象
document.getElementById(ID)	获得指定 ID 值的对象
document.getElementsByName(Name)	获得指定 Name 值的对象

表 22-5 中列出了 document 对象中定义的常用属性。

表 22-5　document 对象的属性

属性名称	说　明
alinkColor、linkColor、vlinkColor	这些属性描述了超链接的颜色。linkColor 指未访问过的链接的正常颜色，vlinkColor 指访问过的链接的颜色，alinkColor 指被激活的链接的颜色。这些属性对应于 HTML 文档中 body 标记的属性：alink、link 和 vlink
anchors[]	返回对文档中所有 Anchor 对象的引用
applets[]	返回对文档中所有 Applet 对象的引用
bgColor、fgColor	文档的背景色和前景色
cookie	一个特殊属性，允许 JavaScript 脚本读写 HTTP cookie
domain	返回当前文档的域名
forms[]	返回对文档中所有 Form 对象的引用
images[]	返回对文档中所有 Image 对象的引用
lastModified	一个字符串，包含文档的最后修改日期
links[]	返回对文档中所有 Area 和 Link 对象的引用
location	等价于属性 URL
referrer	返回载入当前文档的 URL
title	当前文档的标题，即<title>和</title>之间的文本
URL	一个字符串。声明装载文件的 URL，除非发生了服务器重定向，否则该属性的值与 window 对象的 Location.href 相同

在一个页面中，document 对象具有 form、image 和 applet 子对象。通过在对应的 HTML 标记中设置 name 属性，就可以使用名字来引用这些对象。包含 name 属性时，它的值将被用作 document 对象的属性名，用来引用相应的对象。

实例 6　文档属性的应用(案例文件：ch22\22.6.html)

```
<!DOCTYPE html>
<html>
<head>
<title>document 属性的应用</title>
</head>
<body>
<DIV>
  <H2>在文本框中输入内容，注意第二个文本框的变化：</H2>
  <form>
    内容：<input type=text onChange="document.my.elements[0].value=this.value;" />
  </form>
  <form name="my">
    结果：<input type=text onChange="document.forms[0].elements[0].value=this.value;" />
  </form>
</DIV>
</body>
</html>
```

在上面的代码中，document.forms[0]引用了当前文档中的第一个表单对象，document.my 则引用了当前文档中 name 属性为 my 的表单。完整的 document.forms[0].elements[0].value 引用了第一个表单中第一个文本框的值，而 document.my.elements[0].value 引用了名为 my 的表单中第一个文本框的值。

浏览效果如图 22-7 所示，当在第一个文本框输入内容，将鼠标放到第二个文本框时，会显示第一个文本框输入的内容。在第一个表单的文本框中输入内容时，触发了 onChange 事件(当文本框的内容改变时触发)，使第二个文本框中的内容与此相同。

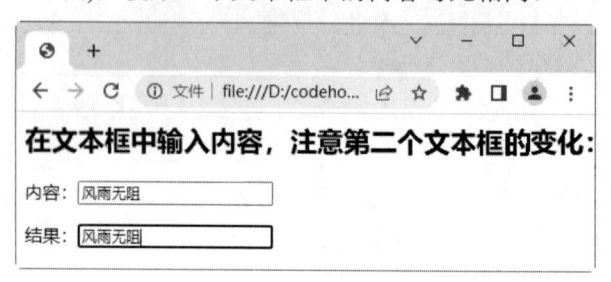

图 22-7　实例 6 的程序运行结果

22.3.2　文档中图片的使用

如果要使用 JavaScript 代码对文档中的图像标记<img>进行操作，需要用到 document 对象，该对象提供了多种访问文档中标记的方法。以图像标记为例，通常有以下三种方法。

(1) 通过集合引用：

```
document.images            //对应页面上的<img>标记
document.images.length     //对应页面上<img>标记的个数
document.images[0]         //第 1 个<img>标记
document.images[i]         //第 i-1 个<img>标记
```

(2) 通过 name 属性直接引用：

```
<img name="oImage">
<script language="javascript">
document.images.oImage     //document.images.name 属性
</script>
```

(3) 引用图片的 src 属性：

```
document.images.oImage.src   //document.images.name 属性.src
```

实例 7　文档中图片的使用(案例文件：ch22\22.7.html)

```
<html>
<head>
<title>文档中的图片</title>
</head>
<body>
<p>下面显示了一张图片</p>
<img name=image1 width=200 height=120>
<script language="javascript">
var image1;
```

```
image1 = new Image();
document.images.image1.src = "12.jpg"
</script>
</body>
</html>
```

上面的代码中，首先创建了一个 img 标记，此标记没有使用 src 属性获取显示的图片。在 JavaScript 代码中，创建了一个 image1 对象，该对象使用 new image 实例化。然后使用 document 属性设置 img 标记的 src 属性。

浏览效果如图 22-8 所示，会显示一个图片和段落信息。

图 22-8　实例 7 的程序运行结果

22.3.3　显示文档中的所有超链接

文档对象 document 中有一个 links 属性，该属性返回页面中由所有链接标记组成的数组，同样可以用于进行一些通用的链接标记处理。

实例 8　显示文档中的所有超链接(案例文件：ch22\22.8.html)

```
<!DOCTYPE html>
<html>
<head>
<title>显示页面的所有链接</title>
<script language="JavaScript1.2">
<!--
function extractlinks(){
//var links = document.all.tags("A");
var links = document.links;
var total = links.length
var win2 = window.open("","","menubar,scrollbars,toolbar")
win2.document.write("<font size='2'>一共有"+total+"个链接</font><br>")
for (i=0;i<total;i++){
win2.document.write(
"<font size='2'>"+links[i].outerHTML+"</font><br>")
}
}
//-->
</script>
</head>
<body>
<input type="button" onClick="extractlinks()" value="显示所有的链接">
<p></p>
<p><a target="_blank" href="http://www.sohu.com/">搜狐</a></p>
<p><a target="_blank" href="http://www.sina.com/">新浪</a></p>
<p><a target="_blank" href="http://www.163.com/">163</a></p>
<p>链接 1</p><p>链接 1</p><p>链接 1</p><p>链接 1</p>
</body>
</html>
```

在 HTML 代码中，创建了多个标记，例如表单标记 input、段落标记和三个超级链接标记。在 JavaScript 中，函数 extractlinks 的功能就是获取当前页面中的所有超级链接，并在新窗口中输出。其中 document.links 就是获取当前页面的所有链接，并存储到数组中，其功能与语句 document.all.tags("A")的功能相同。

浏览效果如图 22-9 所示，在页面中单击"显示所有的链接"按钮，会弹出一个新的窗口，并显示原来窗口中所有的超级链接，如图 22-10 所示。当单击按钮时，就触发了一个按钮单击事件，并调用事件处理程序，即函数。

图 22-9　实例 8 的程序运行结果 1　　　　图 22-10　实例 8 的程序运行结果 2

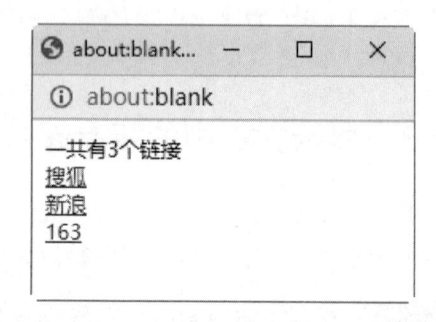

22.4　表　单　对　象

每个 form 对象都对应着 HTML 文档中的一个<form>标记。通过 form 对象，可以获得表单中的各种信息，也可以提交或重置表单。

22.4.1　创建 form 对象

form 对象代表一个 HTML 表单。在 HTML 文档中，<form>每出现一次，一个 form 对象就会被创建。在使用单独的表单 form 对象之前，首先要引用 form 对象。form 对象用网页中的<form></form>标记对创建。

实例 9　创建 form 对象(案例文件：ch22\22.9.html)

```
<!DOCTYPE html>
<html>
<head>
<title>form 表单长度</title>
</head>
<body>
<form id="myForm" method="get">
名称：<input type="text" size="20" value="" /><br />
密码：<input type="text" size="20" value="" />
<input type=submit value="登录">
</form>
<script type="text/javascript">
```

```
document.write("表单中所包含的子元素个数:");
document.write(document.getElementById('myForm').length);
</script>
</body>
</html>
```

上面的 HTML 代码中，创建了一个表单对象，其 ID 名称为"myForm"。在 JavaScript 程序代码中，使用 document.getElementById('myForm')语句获取当前的表单对象，最后使用 length 属性显示表单元素的长度。

浏览效果如图 22-11 所示，会显示一个表单信息，表单中包含两个文本输入框和一个按钮。在表单的下面有一个段落，该段落显示了表单元素中包含的子元素个数。

图 22-11 实例 9 的程序运行结果

22.4.2 form 对象属性与方法的应用

表单的创建者为了收集所需的数据，使用了各种控件设计表单，如 input 或 select。查看表单的用户只须填充数据并单击"提交"按钮，即可向服务器发送数据，服务器上的脚本会处理这些数据。表单元素的常用属性如表 22-6 所示。

表 22-6 form 对象的常用属性

属 性	说 明
action	设置或返回表单的 action 属性
id	设置或返回表单的 id
length	返回表单中的元素数目
method	设置或返回将数据发送到服务器的 HTTP 方法
name	设置或返回表单的名称
target	设置或返回表单提交结果的 frame 或 window 名

表单元素的常用方法如表 22-7 所示。

表 22-7 form 对象的常用方法

方 法	说 明
reset()	把表单的所有输入元素重置为默认值
submit()	提交表单

实例 10 form 对象属性与方法的应用(案例文件：ch22\22.10.html)

```
<!DOCTYPE html>
<html>
<head>
<script type="text/javascript">
function formSubmit()
{
document.getElementById("myForm").submit();
}
</script>
</head>

<body>
<form id="myForm" action="1.jsp" method="get">
姓名：<input type="text" name="name" size="20"><br />
住址：<input type="text" name="address" size="20"><br />
<br />
<input type="button" onclick="formSubmit()" value="提交">
</form>
</body>
</html>
```

在 HMTL 代码中创建了一个表单，其 ID 名称为"myForm"，其中包含文本域和按钮。在 JavaScript 程序中使用 document.getElementById("myForm")语句获取当前表单对象，并利用表单方法 submit 执行提交操作。

浏览效果如图 22-12 所示，在页面的表单中输入相关信息后，单击"提交"按钮，会将文本域信息提交给服务器程序。这里通过表单的按钮触发了 JavaScript 的提交事件。

图 22-12 实例 10 的程序运行结果

22.4.3 单选按钮与复选框的使用

单选按钮是常用的表单元素之一，在浏览器对象中，可以将单选按钮对象看作一个对象。radio 对象代表 HTML 表单中的单选按钮。同样，表单元素中的复选框在 JavaScript 程序中也可以作为一个对象处理，即 checkbox 对象。

实例 11 单选按钮与复选框的使用(案例文件：ch22\22.11.html)

```
<!DOCTYPE html>
<html>
<head>
<script type="text/javascript">
```

```
function check()
{
   document.getElementById("check1").checked=true;
}
function uncheck()
{
   document.getElementById("check1").checked=false;
}
function setFocus()
{
   document.getElementById('male').focus();
}
function loseFocus()
{
   document.getElementById('male').blur();
}
</script>
</head>
<body>
<form>
   男: <input id="male" type="radio" name="Sex" value="男" />
   女: <input id="female" type="radio" name="Sex" value="女" /><br>
   <input type="button" onclick="setFocus()" value="设置焦点" />
   <input type="button" onclick="loseFocus()" value="失去焦点" />

   <br><hr>
   <input type="checkbox" id="check1" />
   <input type="button" onclick="check()" value="选中复选框" />
   <input type="button" onclick="uncheck()" value="不选中复选框" />
</form>
</body>
</html>
```

在上面的 JavaScript 代码中，创建了 4 个 JavaScript 函数，用于设置单选按钮和复选框的属性。浏览效果如图 22-13 所示。

在该页面中，可以通过按钮来控制单选按钮和复选框的相关状态。例如，使用"设置焦点"和"失去焦点"按钮设置单选按钮的焦点，使用"选中复选框"和"不选中复选框"按钮设置复选框的选中状态。上述操作都是使用 JavaScript 程序完成的。

图 22-13 实例 11 的程序运行结果

22.4.4 下拉菜单的使用

下拉菜单是表单中必不可少的元素之一。在浏览器对象中，下拉菜单可以看作是一个 select 对象，每一个 select 对象代表 HTML 表单中的一个下拉列表。在 HTML 表单中，<select>标记每出现一次，一个 select 对象就会被创建。

实例 12 下拉菜单的使用(案例文件：ch22\22.12.html)

```
<!DOCTYPE html>
<html>
<head>
```

```
<script type="text/javascript">
function getIndex()
{
   var x = document.getElementById("mySelect");
   alert(x.selectedIndex);
}
</script>
</head>
<body>
<form>
    选择自己喜欢的水果:
    <select id="mySelect">
        <option>苹果</option>
        <option>香蕉</option>
        <option>橘子</option>
        <option>梨</option>
    </select>
    <br /><br />
    <input type="button" onclick="getIndex()" value="弹出选中项">
</form>
</body>
</html>
```

在上述 HTML 代码中，创建了一个下拉菜单，其 ID 名称为 mySelect。当单击按钮时，会调用 getIndex 函数。在 getIndex 函数中，使用 document.getElementById("mySelect")语句获取下拉菜单对象，然后使用 selectedIndex 属性显示当前选中项的索引。

浏览效果如图 22-14 所示，单击"弹出选中项"按钮，可以显示下拉菜单中当前被选中项的索引，例如页面中的提示对话框。

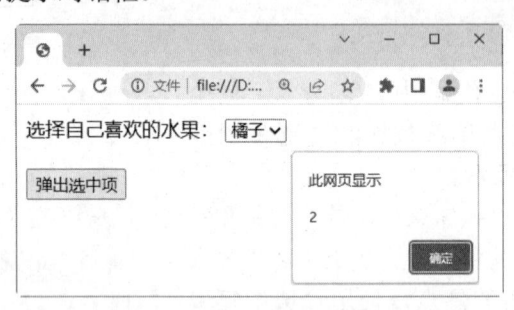

图 22-14 实例 12 的程序运行结果

22.5 疑 难 解 惑

疑问 1：使用 open()方法打开窗口时，还需要建立一个新文档吗？

在实际应用中，使用 open()方法打开窗口时，除了自动打开新窗口外，还可以通过单击图片、按钮或超链接的方法来打开窗口。不过在浏览器窗口中，总有一个文档是打开的，所以不需要为输出建立一个新文档，而且在完成对 Web 文档的写操作后，要使用或调用 close()方法来实现对输出流的关闭。

疑问 2：如何显示/隐藏一个 DOM 元素？

使用如下代码可以显示/隐藏一个 DOM 元素，代码如下：

```
el.style.display ="";
el.style.display ="none";
```

其中 el 是要操作的 DOM 元素。

22.6　跟我学上机

上机练习 1：打开一个新窗口

创建一个 HTML 文件，在该文件中通过单击页面中的"打开新窗口"按钮，打开一个在屏幕中央显示的大小为 500 像素×400 像素且大小不可变的新窗口，且当文档大小大于窗口大小时显示滚动条，窗口名称为_blank，目标 URL 为 shoping.html。这里使用 JavaScript 中的 window.open()方法来设置窗口的居中显示，程序运行结果如图 22-15 所示。单击"打开新窗口"按钮，即可打开一个新窗口，如图 22-16 所示。

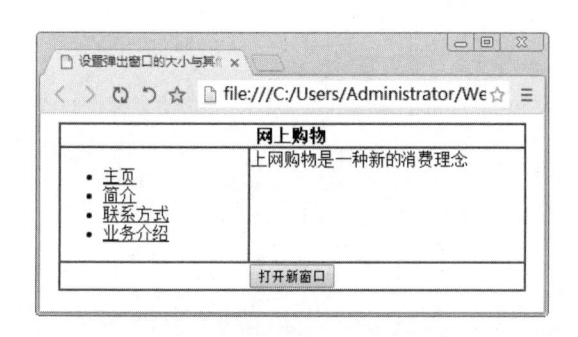

图 22-15　程序运行结果　　　　图 22-16　打开的新窗口

上机练习 2：定义鼠标经过菜单时的样式

在企业网站中，为菜单设计鼠标经过时的样式。当用户将鼠标移动到任意一个菜单上时，该菜单会突出并加黑色边框显示，鼠标移走后，又恢复为原来的状态，程序运行结果如图 22-17 所示。

图 22-17　鼠标经过菜单时的样式

第 23 章

综合项目 1——开发企业门户网站

一般小型企业门户网站的规模都不是太大,通常包含 3~5 个栏目,例如产品、客户和联系我们等栏目,并且有的栏目甚至只包含一个页面。此类网站通常都是为了展示公司形象,说明公司的业务范围和产品特色等。

重点案例效果

23.1 构思布局

本实例设计一个小型计算机公司的网站。包括首页、驱动下载、超酷内容和网络购物栏目。本网站采用灰色和白色搭配使用，灰色部分显示导航菜单，白色部分显示文本信息。在浏览器中浏览其效果，如图 23-1 所示。

图 23-1 网站首页

23.1.1 设计分析

小型计算机公司网站的首页应简单、明了，给人以清晰的感觉。页头部分主要放置导航菜单和公司 Logo 等，Logo 可以是一张图片或者文本信息等。

对于网站的其他子页面，篇幅可以比较短，重点是介绍公司业务、联系方式、产品信息等，其风格与首页风格相同即可，通常采用稳重厚实的色彩风格。

23.1.2 排版架构

从图 23-1 可以看出，页面结构并不复杂，采用的是上中下结构，页面主体部分又嵌套了一个上下版式结构，上面是网站 Banner 条，下面是公司的相关资讯信息，如图 23-2 所示。

在 HTML 页面中，通常使用 DIV 层对应不同的区域，可以是一个 DIV 层对应一个区域，也可以是多个

页面头部		
Banner 条		
资讯 1	资讯 2	资讯 3
页面页脚		

图 23-2 页面总体框架

DIV 层对应同一个区域。本实例的 DIV 代码如下：

```
<body>
<div id="top"></div>
<div id="banner"></div>
<div id="mainbody"></div>
<div id="bottom"></div>
</body>
```

23.2 主要模块设计

当页面整体架构完成后，就可以动手制作不同的模块区域了。其制作流程，采用自上而下、从左到右的顺序。完成后，再对页面样式进行整体调整。

23.2.1 Logo 与导航菜单

一般情况下，Logo 信息和导航菜单都是放在页面顶部，作为页头部分。其中，Logo 信息作为公司标志，通常放在页面的左上角或右上角；导航菜单放在页头部分和页面主体二者之间，用于链接其他的页面。在 IE 浏览器中的浏览效果如图 23-3 所示。

图 23-3 页面 Logo 和导航菜单

在 HTML 文件中，用于实现页头部分的 HTML 代码如下所示：

```
<div id="top">
<div id="header">
<div id="logo"><a href="index.html"><img src="images/logo.gif" alt="天意科技官网" border="0" /></a></div>
<div id="search">
<div class="s1 font10"></div>
<div class="s2"> </div>
<div class="s3"> </div>
<div id="menu">
<a href="index.html" onmouseout="MM_swapImgRestore()" onmouseover=
"MM_swapImage('Image30','','images/menu1-0.gif',5)"></a>
省略……
</div>
</div>
```

上面的代码中，层 top 用于显示页面 logo。层 header 用于显示页头的文本信息，例如公司名称；层 menu 用于显示页头导航菜单。

在 CSS 样式文件中，对应上面标记的 CSS 代码如下所示：

```
#top,#banner,#mainbody,#bottom,#sonmainbody{ margin:0 auto;}
#top{ width:960px; height:136px;}
#header{ height:58px; background-image:url(../images/header-bg.jpg)}
#logo{ float:left; padding-top:16px; margin-left:20px; display:inline;}
```

```
#search{ float:right; width:444px; height:26px; padding-top:19px; padding-
right:28px;}
.s1{ float:left; height:26px; line-height:26px; padding-right:10px;}
.s2{ float:left; width:204px; height:26px; padding-right:10px;}
.seaarch-text{ width:194px; height:16px; padding-left:10px; line-height:16px;
vertical-
align:middle; padding-top:5px; padding-bottom:5px; background-image:url
(../images/search-bg.jpg);
color:#343434;background-repeat: no-repeat;}
.s3{ float:left; width:20px; height:23px; padding-top:3px;}
.search-btn{ height:20px;}
#menu{ width:948px; height:73px; background-image:url(../images/menu-bg.jpg);
background-repeat:no-
repeat; padding-left:12px; padding-top:5px;}
```

上面代码中，#top 选择器定义了背景图片和层高；#header 选择器定义了背景图片和层高；#menu 选择器定义了层的定位方式和坐标位置。其他选择器分别定义了上面三个层中元素的显示样式，例如段落显示样式、标题显示样式、超级链接样式等。

23.2.2 Banner 区

在 Banner 区中显示了一张图片，用于展示公司的相关信息，如公司最新活动、新产品信息等。设计 Banner 区的重点在于调节宽度使不同浏览器的显示效果一致，并且颜色与 Logo 和上面的导航菜单匹配，使整个网站和谐、大气。IE 浏览器的浏览效果如图 23-4 所示。

图 23-4 页面 Banner

在 HTML 文件中，创建页面 Banner 区的代码如下：

```
<div id="banner"><img src="images/banner.jpg"/></div>
```

上面的代码中，层 id 是页面的 Banner，该区只包含一张图片。
在 CSS 文件中，对应 Banner 区域的 CSS 代码如下：

```
#banner{ width:960px; height:365px; padding-bottom:15px;}
```

上面的代码中，#banner 层定义了 Banner 图片的宽度、高度、对齐方式等。

23.2.3 资讯区

资讯区包括三个小部分，该区域的文本信息不是太多，但非常重要，是首页与其他页面的导航链接，例如公司最新的活动消息、新闻信息等。在 IE 浏览器中浏览页面效果如图 23-5

所示。

图 23-5　页面资讯区

从图 23-5 中可以看出，需要包含几个无序列表和标题，其中列表选项为超级链接。HTML 文件中用于创建页面资讯区版式的代码如下：

```html
<div id="mainbody">
<div id="actions">
<div class="actions-title">
<ul class="actions">
<li id="one1" onmouseover="setTab('one',1,3)"class="hover green" >活动</li>
省略…
</ul>
</div>
<div class="action-content">
<div id="con_one_1" >
<dl class="text1">
<dt><img src="images/CUDA.gif" /></dt>
<dd></dd>
</dl>
</div>
<div id="con_one_2" style="display:none">
<div id="index-news">
<ul class="list">
<li></li>
省略…
</ul>
</div>
</div>
<div id="con_one_3" style="display:none">
<dl class="text1">
<dt><img src="images/cool.gif" /></dt>
<dd></dd>
</dl>
</div>
</div>
<div class="mainbottom"> </div>
</div>
<div id="idea">
<div class="idea-title green">创造</div>
<div class="action-content">
<dl class="text1">
<dt><img src="images/chuangzao.gif" /></dt>
<dd></dd>
</dl>
</div>
<div class="mainbottom"><img src="images/action-bottom.gif" /></div>
</div>
<div id="quicklink">
<div class="btn1"><a href="#">立刻采用三剑平台的 PC</a></div>
```

```
<div class="btn1"><a href="#">computex 最佳产品奖</a></div>
</div>
<div class="clear"></div>
</div>
```

在 CSS 文件中，用于修饰上面 HTML 标记的 CSS 代码如下：

```css
#mainbody{ width:960px; margin-bottom:25px;}
#actions, #idea{ height:173px; width:355px; float:left; margin-right:15px; display:inline;}
.actions-title{ color:#FFFFFF; height:34px; width:355px; background-image:url(../images/action-titleBG.gif);}
.actions li{float:left;display:block;cursor:pointer;text-align:center;font-weight:bold;width: 66px;height: 34px
;line-height: 34px; padding-right:1px;}
.hover{padding:0px; width:66px; color:#76B900; font-weight:bold; height:34px;line-height:34px;background-image: url(../images/action-titleBGhover.gif);}
.action-content{ height:135px; width:353px; border-left:1px solid #cecece; border-right:1px solid #cecece;}
.text1{height:121px; width:345px; padding-left:8px; padding-top:14px;}
.text1 dt,.text1 dd{ float:left;}
.text1 dd{ margin-left:18px; display:inline;}
.text1 dd p{ line-height:22px; padding-top:5px; padding-bottom:5px;}
h1{ font-size:12px;}
.list{ height:121px; padding-left:8px; padding-top:14px; padding-right:8px; width:337px;}
.list li{ background: url(../images/line.gif) repeat-x bottom; /*列表底部的虚线*/ width: 100%; }
.list li a{display: block; padding: 6px 0px 4px 15px; background: url(../images/oicn-news.gif) no-repeat 0 8px; /*列表左边的箭头图片*/ overflow:hidden; }
.list li span{ float: right;/*使 span 元素浮动到右面*/ text-align: right;/*日期右对齐*/ padding-top:6px;}
/*注意:span 一定要放在前面,反之会产生换行*/
.idea-title{ font-weight:bold; color:##76B900; height:24px; width:345px; background-image:url(../images/idea-titleBG.gif); padding-left:10px; padding-top:10px;}
#quicklink{ height:173px; width:220px; float:right; background:url(../images/linkBG.gif);}
.btn1{ height:24px; line-height:24px; margin-left:10px; margin-top:62px;}
```

上面的代码中，#mainbody 定义了宽度信息，其他选择器定义了其他元素的显示样式，例如无序列表样式、列表选项样式和超级链接样式等。

23.2.4 版权信息

版权信息一般放置在页面底部，用于介绍页面的作者、地址信息等，是页脚的一部分。页脚部分和其他网页部分一样需要设计成简单、清晰的风格。在 IE 浏览器中的浏览效果如图 23-6 所示。

图 23-6 页脚部分

从图 23-6 中可以看出，此页脚部分分为两行，第一行存放底部次要导航信息，第二行存放版权所有等信息，其代码如下：

```html
<div id="bottom">
  <div id="rss">
    <div id="rss-left"><img src="images/link1.gif" /></div>
    <div class="white" id="rss-center">
<a href="#" class="white">公司信息</a> | <a href="#" class="white"> 投资者关系</a> |<a href="#" class="white"> 人才招聘 </a>| <a href="#" class="white">开发者 </a>| <a href="#" class="white">购买渠道 </a>| <a href="#" class= "white">天意科技通讯</a>
</div>
    <div id="rss-right"><img src="images/link2.gif" /></div>
  </div>
    <div id="contacts">版权&copy; 2021 天意科技公司 | <a href="#">法律事宜</a> | <a href="#">隐私声明</a> | <a href="#">天意科技 Widget</a> | <a href="#">订阅 RSS</a> | 京 ICP 备<a href="#">01234567</a>号</div>
</div>
```

在 CSS 文件中，用于修饰上面 HTML 标记的样式代码如下：

```css
#bottom{ width:960px;}
#rss{ height:30px; width:960px; line-height:30px; background-image:url(../images/link3.gif);}
#rss-left{ float:left; height:30px; width:2px;}
#rss-right{ float:right; height:30px; width:2px;}
#rss-center{ height:30px; line-height:30px; padding-left:18px; width:920px; float:left;}
#contacts{ height:36px; line-height:36px;}
```

上面代码中，#bottom 选择器定义了页脚部分的宽度。其他选择器定义了页脚部分文本信息的对齐方式、背景图片的样式等。

第 24 章

综合项目 2——设计在线购物网站

在线购物网站是当前比较流行的一类网站。随着网络购物、互联网交易的普及，越来越多的公司和企业都已经着手架设在线购物网站平台。

重点案例效果

24.1 整体布局

在线购物类网站主要用来实现网络购物、交易等功能，因此所要体现的内容相对较多，主要包括产品搜索、账户登录、广告推广、产品推荐、产品分类等内容。本例最终的网站首页效果如图 24-1 所示。

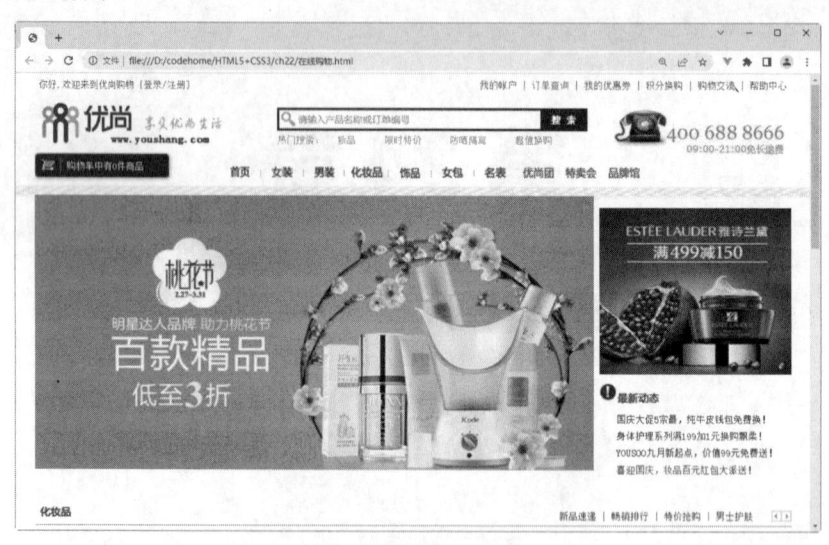

图 24-1 网页效果

24.1.1 设计分析

购物网站的一个重要特点就是要突出产品，突出购物流程、优惠活动、促销活动等信息。首先，要用逼真的产品图片来吸引用户；然后结合各种优惠活动、促销活动来增强用户的购买欲望。最后，购物流程要方便快捷，比如货款支付等，要让用户有多种选择，让各种情况的用户都能在网上顺利支付。

在线购物类网站的主要特点总结如下。

- 商品检索方便：要有商品搜索功能，有详细的商品分类。
- 有产品推广功能：增加广告活动位，帮助推广特色产品。
- 热门产品推荐：消费者的搜索很多带有盲目性，所以可以设置热门产品推荐位。对于产品要有简单、准确的展示信息。页面整体布局要清晰、有条理，让浏览者知道在网页中如何快速地找到自己需要的信息。

24.1.2 排版架构

本例的在线购物网站整体采用上下的架构。上部为网页头部、导航栏，中间为网页的主要内容，包括 Banner、产品类别区域，下部为页脚信息。

网页的整体架构如图 24-2 所示。

第 24 章 综合项目 2——设计在线购物网站

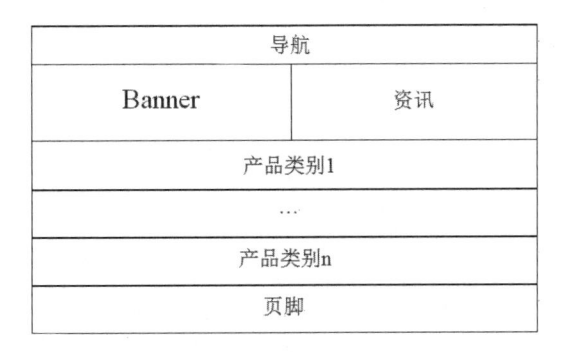

导航		
Banner		资讯
产品类别1		
…		
产品类别n		
页脚		

图 24-2 网页的架构

24.2 模块分割

当页面整体架构完成后，就可以动手制作不同的模块区域了。其制作流程采用自上而下、从左到右的顺序，主要包括 4 个部分，分别为导航区、Banner 资讯区、产品类别和页脚。

24.2.1 Logo 与导航区

导航采用水平结构，与其他类别网站相比，其前边有一个显示购物车情况的功能，把购物车功能放到这里，用户更能方便快捷地查看购物情况。本示例网页头部的效果如图 24-3 所示。

图 24-3 页面 Logo 和导航菜单

其具体的 HTML 框架代码如下：

```html
<!--------------------------------NAV-------------------------------->
<div id="nav">
   <span>
   <a href="#">我的账户</a> | <a href="#" style="color:#5CA100;">订单查询</a>
    | <a href="#">我的优惠券</a> | <a href="#">积分换购</a>
    | <a href="#">购物交流</a> | <a href="#">帮助中心</a>
   </span> 你好,欢迎来到优尚购物   [<a href="#">登录</a>/<a href="#">注册</a>]
</div>
<!--------------------------------Logo-------------------------------->
<div id="logo">
   <div class="logo_left">
      <a href="#"><img src="images/logo.gif" border="0" /></a>
   </div>
   <div class="logo_center">
      <div class="search">
         <form action="" method="get">
         <div class="search_text">
            <input type="text" value="请输入产品名称或订单编号"
```

```html
                    class="input_text"/>
            </div>
            <div class="search_btn">
                <a href="#"><img src="images/search-btn.jpg" border="0" /></a>
            </div>
        </form>
    </div>
    <div class="hottext">
        热门搜索：  <a href="#">新品</a>   
        <a href="#">限时特价</a>   
        <a href="#">防晒隔离</a>   
        <a href="#">超值换购</a>
    </div>
  </div>
  <div class="logo_right">
      <img src="images/telephone.jpg" width="228" height="70" />
  </div>
</div>
<!--------------------------------MENU-------------------------------------->
<div id="menu">
<div class="shopingcar"><a href="#">购物车中有 0 件商品</a></div>
<div class="menu_box">
    <ul>
    <li><a href="#"><img src="images/menu1.jpg" border="0" /></a></li>
    <li><a href="#"><img src="images/menu2.jpg" border="0" /></a></li>
    <li><a href="#"><img src="images/menu3.jpg" border="0" /></a></li>
    <li><a href="#"><img src="images/menu4.jpg" border="0" /></a></li>
    <li><a href="#"><img src="images/menu5.jpg" border="0" /></a></li>
    <li><a href="#"><img src="images/menu6.jpg" border="0" /></a></li>
    <li style="background:none;">
    <a href="#"><img src="images/menu7.jpg" border="0" /></a>
    </li>
    <li style="background:none;">
    <a href="#"><img src="images/menu8.jpg" border="0" /></a>
    </li>
    <li style="background:none;">
    <a href="#"><img src="images/menu9.jpg" border="0" /></a>
    </li>
    <li style="background:none;">
    <a href="#"><img src="images/menu10.jpg" border="0" /></a>
    </li>
    </ul>
</div>
</div>
```

上述代码主要包括三个部分，分别是 NAV、Logo、MENU。其中，NAV 区域主要用于定义购物网站中的账户、订单、注册、帮助中心等信息；Logo 部分主要用于定义网站的 Logo、搜索框信息、热门搜索信息以及相关的电话等；MENU 区域主要用于定义网页的导航菜单。

在 CSS 样式文件中，对应上述代码的 CSS 代码如下：

```css
#menu{margin-top:10px; margin:auto; width:980px; height:41px;
overflow:hidden;}
.shopingcar{float:left; width:140px; height:35px;
background:url(../images/shopingcar.jpg) no-repeat;
color:#fff; padding:10px 0 0 42px;}
.shopingcar a{color:#fff;}
```

```
.menu_box{float:left; margin-left:60px;}
.menu_box li{float:left; width:55px; margin-top:17px; text-align:center;
background:url(../images/menu_fgx.jpg) right center no-repeat;}
```

代码中，#menu 选择器定义了导航菜单的对齐方式、高度、宽度、背景图片等信息。

24.2.2 Banner 与资讯区

购物网站的 Banner 区域与企业型网站比较起来差别很大，企业型网站的 Banner 区多是突出企业文化，而购物网站的 Banner 区主要放置主推产品、优惠活动、促销活动等。

本例中，网页 Banner 与资讯区的效果如图 24-4 所示。

图 24-4　Banner 和资讯区

其具体的 HTML 代码如下：

```
<div id="banner">
    <div class="banner_box">
        <div class="banner_pic">
            <img src="images/banner.jpg" border="0" />
        </div>
        <div class="banner_right">
            <div class="banner_right_top">
                <a href="#">
                    <img src="images/event_banner.jpg" border="0" />
                </a>
            </div>
            <div class="banner_right_down">
                <div class="moving_title">
                    <img src="images/news_title.jpg" />
                </div>
                <ul>
                    <li>
                        <a href="#"><span>国庆大促 5 宗最，纯牛皮钱包免费换！</span>
                        </a>
                    </li>
                    <li><a href="#">身体护理系列满 199 加 1 元换购飘柔！</a></li>
                    <li>
                        <a href="#">
                            <span>YOUSOO 九月新起点，价值 99 元免费送！</span>
                        </a>
                    </li>
                    <li><a href="#">喜迎国庆，妆品百元红包大派送！</a></li>
                </ul>
```

```
            </div>
        </div>
    </div>
</div>
```

在上述代码中，Banner 分为两个部分，左侧为放大尺寸图，右侧为缩小尺寸图和文字消息。

在 CSS 样式文件中，对应上述代码的 CSS 代码如下：

```
#banner{background:url(../images/banner_top_bg.jpg) repeat-x; padding-top:12px;}
.banner_box{width:980px; height:369px; margin:auto;}
.banner_pic{float:left; width:726px; height:369px; text-align:left;}
.banner_right{float:right; width:247px;}
.banner_right_top{margin-top:15px;}
.banner_right_down{margin-top:12px;}
.banner_right_down ul{margin-top:10px; width:243px; height:89px;}
.banner_right_down li{margin-left:10px; padding-left:12px; background:url(../images/icon_green.jpg) left no-repeat center; line-height:21px;}
.banner_right_down li a{color:#444;}
.banner_right_down li a span{color:#A10288;}
```

代码中，#banner 选择器定义了背景图片、背景图片的对齐方式、链接样式等信息。

24.2.3　产品类别区域

产品类别也是图文混排的效果，购物网站中大量运用图文混排方式。图 24-5 所示为化妆品类别区域，图 24-6 所示为女包类别区域。

图 24-5　化妆品产品类别

图 24-6　女包产品类别

其具体的 HTML 代码如下：

```html
<div class="clean"></div>
<div id="content2">
    <div class="con2_title">
        <b><a href="#"><img src="images/ico_jt.jpg" border="0" /></a></b>
        <span>
            <a href="#">新品速递</a> | <a href="#">畅销排行</a>
            | <a href="#">特价抢购</a> | <a href="#">男士护肤</a>  
        </span>
        <img src="images/con2_title.jpg" />
    </div>
    <div class="line1"></div>
    <div class="con2_content">
        <a href="#">
            <img src="images/con2_content.jpg" width="981" height="405"
                border="0" />
        </a>
    </div>
    <div class="scroll_brand">
        <a href="#"><img src="images/scroll_brand.jpg" border="0" /></a>
    </div>
    <div class="gray_line"></div>
</div>
<div id="content4">
    <div class="con2_title">
        <b><a href="#"><img src="images/ico_jt.jpg" border="0" /></a></b>
        <span>
            <a href="#">新品速递</a> | <a href="#">畅销排行</a>
            | <a href="#">特价抢购</a> | <a href="#">男士护肤</a>  
        </span>
        <img src="images/con4_title.jpg" width="27" height="13" />
    </div>
    <div class="line3"></div>
    <div class="con2_content">
        <a href="#">
            <img src="images/con4_content.jpg" width="980" height="207"
                border="0" />
        </a>
    </div>
    <div class="gray_line"></div>
</div>
```

在上述代码中，content2 层用于定义化妆品产品类别；content4 层用于定义女包产品类别。

在 CSS 样式文件中，对应上述代码的 CSS 代码如下：

```css
#content2{width:980px; height:545px; margin:22px auto; overflow:hidden;}
.con2_title{width:973px; height:22px; padding-left:7px; line-height:22px;}
.con2_title span{float:right; font-size:10px;}
.con2_title a{color:#444; font-size:12px;}
.con2_title b img{margin-top:3px; float:right;}
.con2_content{margin-top:10px;}
.scroll_brand{margin-top:7px;}
#content4{width:980px; height:250px; margin:22px auto; overflow:hidden;}
#bottom{margin:auto; margin-top:15px; background:#F0F0F0; height:236px;}
.bottom_pic{margin:auto; width:980px;}
```

上述 CSS 代码定义了产品类别的背景图片、高度、宽度、对齐方式等。

24.2.4 页脚区域

本例的页脚使用一个 DIV 标签放置一个版权信息图片，比较简洁，如图 24-7 所示。

图 24-7 页脚区域

用于定义页脚部分的代码如下：

```
<div id="copyright"><img src="images/copyright.jpg" /></div>
```

在 CSS 样式文件中，对应上述代码的 CSS 代码如下：

```
#copyright{width:980px; height:150px; margin:auto; margin-top:16px;}
```

24.3 设置链接

本例中的链接 a 标记定义如下：

```
a{text-decoration:none;}
a:visited{text-decoration:none;}
a:hover{text-decoration:underline;}
```

第 25 章
综合项目 3——开发商业响应式网站

本案例介绍一个咖啡销售网站,通过网站呈现咖啡的理念和咖啡的文化,页面布局设计独特,采用两栏的布局形式;页面风格设计简洁,为浏览者提供一个简单、时尚的设计风格,让人浏览时心情舒畅。

重点案例效果

25.1 网 站 概 述

网站主要是设计首页效果。该网站的设计思路和设计风格与 bootstrap 框架风格完美融合，下面就来具体地介绍实现的步骤。

25.1.1 网站结构

本案例目录文件说明如下。
(1) bootstrap-4.2.1-dist：bootstrap 框架文件夹。
(2) font-awesome-4.7.0：图标字体库文件。下载地址：http://www.fontawesome.com.cn/。
(3) css：样式表文件夹。
(4) js：JavaScript 脚本文件夹，包含 index.js 文件和 jQuery 库文件。
(5) images：图片素材。
(6) index.html：首页。

25.1.2 设计效果

本案例是咖啡网站应用，主要设计首页效果，其他页面设计可以套用首页模板。首页在大屏设备(屏幕宽度≥992px)中显示，效果如图 25-1、图 25-2 所示。

图 25-1 大屏设备中的首页上半部分效果

图 25-2 大屏设备中的首页下半部分效果

在小屏设备(屏幕宽度<768px)上时，底边栏导航将显示，效果如图 25-3 所示。

图 25-3　小屏设备中的首页效果

25.1.3　设计准备

应用 bootstrap 框架的页面建议为 HTML5 文档类型。同时在页面头部区域导入框架的基本样式文件、脚本文件、jQuery 文件和自定义的 CSS 样式及 JavaScript 文件。本项目的配置文件如下：

```html
<!DOCTYPE html>
<html>
<head>
    <meta charset="UTF-8">
    <title>Title</title>
    <meta name="viewport" content="width=device-width,initial-scale=1, shrink-to-fit=no">
    <link rel="stylesheet" href="bootstrap-4.2.1-dist/css/bootstrap.css">
    <script src="jquery-3.3.1.slim.js"></script>
    <script src="https://cdn.staticfile.org/popper.js/1.14.6/umd/popper.js"></script>
    <script src="bootstrap-4.2.1-dist/js/bootstrap.min.js"></script>
    <!--css 文件-->
    <link rel="stylesheet" href="style.css">
    <!--js 文件-->
    <script src="js/index.js"></script>
    <!--字体图标文件-->
    <link rel="stylesheet" href="font-awesome-4.7.0/css/font-awesome.css">
</head>
<body>
</body>
</html>
```

25.2 设计首页布局

本案例首页分为 3 个部分：左侧可切换导航、右侧主体内容和底部隐藏导航栏，如图 25-4 所示。

左侧可切换导航和右侧主体内容使用 bootstrap 框架的网格系统进行设计，在大屏设备(屏幕宽度≥992px)中，左侧可切换导航占网格系统的 3 份，右侧主体内容占 9 份；在中、小屏设备(屏幕宽度<992px)中左侧可切换导航和右侧主体内容各占一行。

底部隐藏导航栏使用无序列表进行设计，添加了 "d-block d-sm-none" 类，只在小屏设备上显示。

```
<div class="row">
    <!--左侧导航-->
    <div class="col-12 col-lg-3 left "></div>
    <!--右侧主体内容-->
    <div class="col-12 col-lg-9 right"></div>
</div>
<!--隐藏导航栏-->
<div >
    <ul>
        <li><a href="index.html"></a></li>
    </ul>
</div>
```

图 25-4 首页的布局效果

还添加了一些自定义样式来调整页面布局，代码如下：

```
@media (max-width: 992px){
    /*在小屏设备中，设置外边距，上下外距为1rem，左右为0*/
    .left{
        margin:1rem 0;
    }
}
@media (min-width: 992px){
    /*在大屏设备中，左侧导航设置固定定位，右侧主体内容设置左外边距为25%*/
    .left {
        position: fixed;
        top: 0;
        left: 0;
```

```
        }
        .right{
            margin-left:25% ;
        }
}
```

25.3 设计可切换导航

本案例左侧导航设计很复杂,在不同宽度的设备上有 3 种显示效果。
设计步骤如下:

01 设计切换导航的布局。可切换导航使用网格系统进行设计,在大屏设备(屏幕宽度≥992px)上占网格系统的 3 份,如图 25-5 所示;在中、小屏设备(屏幕宽度<992px)的设备上占满整行,如图 25-6 所示。

图 25-5 大屏设备中的布局效果

图 25-6 中、小屏设备中的布局效果

```
<div class="col -12 col-lg-3"></div>
```

02 设计导航展示内容。导航展示内容包括导航条和登录注册两部分。导航条用网格系统布局,嵌套 bootstrap 导航组件进行设计,使用<ul class="nav">定义;登录注册使用了 bootstrap 的按钮组件进行设计,使用<a href="#" class="btn">定义。设计在小屏设备中隐藏登录注册,如图 25-7 所示,包裹在<div class="d-none d-sm-block">容器中。代码如下:

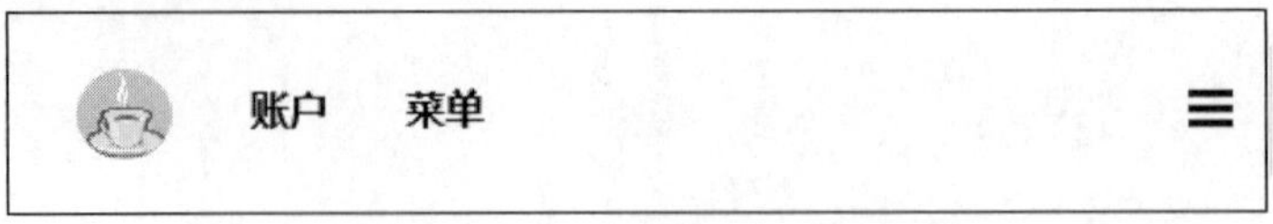

图 25-7　小屏设备中隐藏登录注册

```
<div class="col-sm-12 col-lg-3 left ">
<div id="template1">
<div class="row">
   <div class="col-10">
      <!--导航条-->
      <ul class="nav">
         <li class="nav-item">
            <a class="nav-link active" href="index.html">
               <img width="40" src="images/logo.png" alt="" class="rounded-circle">
            </a>
         </li>
         <li class="nav-item mt-1">
            <a class="nav-link" href="javascript:void(0);">账户</a>
         </li>
         <li class="nav-item mt-1">
            <a class="nav-link" href="javascript:void(0);">菜单</a>
         </li>
      </ul>
   </div>
   <div class="col-2 mt-2 font-menu text-right">
      <a id="a1" href="javascript:void(0); "><i class="fa fa-bars"></i></a>
   </div>
</div>
<div class="margin1">
   <h5 class="ml-3 my-3 d-none d-sm-block text-lg-center">
      <b>心情惬意,来杯咖啡吧</b>  <i class="fa fa-coffee"></i>
   </h5>
   <div class="ml-3 my-3 d-none d-sm-block text-lg-center">
      <a href="#" class="card-link btn  rounded-pill text-success"><i class="fa fa-user-circle"></i> 登 录</a>
      <a href="#" class="card-link btn btn-outline-success rounded-pill text-success">注 册</a>
   </div>
</div>
</div>
</div>
```

03 设计隐藏导航内容。隐藏导航内容包含在 id 为#template2 的容器中,在默认情况下是隐藏的,使用 bootstrap 隐藏样式 d-none 来设置。内容包括导航条、菜单栏和登录注册。

导航条用网格系统布局,嵌套 bootstrap 导航组件进行设计,使用<ul class="nav">定义。菜单栏使用 h6 标签和超链接进行设计,使用<h6><a href="a.html">定义。登录注册使用按钮组件进行设计,使用<a href="#" class="btn">定义。代码如下:

```
<div class="col-sm-12 col-lg-3 left ">
<div id="template2" class="d-none">
   <div class="row">
      <div class="col-10">
         <ul class="nav">
```

```html
                <li class="nav-item">
                    <a class="nav-link active" href="index.html">
                        <img width="40" src="images/logo.png" alt="" class="rounded-circle">
                    </a>
                </li>
                <li class="nav-item">
                    <a class="nav-link mt-2" href="index.html">
                        咖啡俱乐部
                    </a>
                </li>
            </ul>
        </div>
        <div class="col-2 mt-2 font-menu text-right">
            <a id="a2" href="javascript:void(0);"><i class="fa fa-times"></i></a>
        </div>
    </div>
    <div class="margin2">
        <div class="ml-5 mt-5">
            <h6><a href="a.html">门店</a></h6>
            <h6><a href="b.html">俱乐部</a></h6>
            <h6><a href="c.html">菜单</a></h6>
            <hr/>
            <h6><a href="d.html">移动应用</a></h6>
            <h6><a href="e.html">臻选精品</a></h6>
            <h6><a href="f.html">专星送</a></h6>
            <h6><a href="g.html">咖啡讲堂</a></h6>
            <h6><a href="h.html">烘焙工厂</a></h6>
            <h6><a href="i.html">帮助中心</a></h6>
            <hr/>
            <a href="#" class="card-link btn rounded-pill text-success pl-0"><i class="fa fa-user-circle"></i> 登 录</a>
            <a href="#" class="card-link btn btn-outline-success rounded-pill text-success">注 册</a>
        </div>
    </div>
</div>
</div>
```

04 设计自定义样式，使页面更加美观。代码如下：

```css
.left{
    border-right: 2px solid #eeeeee;
}
.left a{
    font-weight: bold;
    color: #000;
}
@media (min-width: 992px){
    /*使用媒体查询定义导航的高度，当屏幕宽度大于992px时，导航高度为100vh*/
    .left{
        height:100vh;
    }
}
@media (max-width: 992px){
    /*使用媒体查询定义字体大小*/
```

```css
        /*当屏幕尺寸小于992px时，页面的根字体大小为14px*/
        .left{
            margin:1rem 0;
            font-size: 14px;        /*定义字体大小*/
        }
    }
    @media (min-width: 992px){
        /*当屏幕尺寸大于992px时，页面的根字体大小为15px*/
        .left {
            position: fixed;
            top: 0;
            left: 0;
            font-size: 15px;        /*定义字体大小*/
        }
         .margin1{
            margin-top:40vh;
        }
    }
```

05 添加交互行为。在可切换导航中，为<i class="fa fa-bars">图标和<i class="fa fa-times">图标添加单击事件。在大屏设备中，为了使页面更友好，在设计切换导航时，显示右侧主体内容，当单击<i class="fa fa-bars">图标时，如图25-8所示，可切换隐藏的导航内容；在隐藏的导航内容中，单击<i class="fa fa-times">图标时，如图25-9所示，可切回导航展示内容。在中、小屏设备(屏幕宽度<992px)中，隐藏右侧主体内容，单击<i class="fa fa-bars">图标时，如图25-10、图25-12所示，可切换隐藏的导航内容；在隐藏的导航内容中，单击<i class="fa fa-times">图标时，如图25-11、图25-13所示，可切回导航展示内容。

图25-8 大屏设备切换隐藏的导航内容

实现导航展示内容和隐藏内容交互行为的脚本代码如下：

```javascript
$(function(){
    $("#a1").click(function () {
        $("#template1").addClass("d-none");
        $(".right").addClass("d-none d-lg-block");
        $("#template2").removeClass("d-none");
    })
    $("#a2").click(function () {
        $("#template2").addClass("d-none");
```

```
            $(".right").removeClass("d-none");
            $("#template1").removeClass("d-none");
        })
    })
```

> 提示：其中，d-none 和 d-lg-block 类是 Bootstrap 框架中的样式。Bootstrap 框架中的样式，在 JavaScript 脚本中可以直接调用。

图 25-9　在大屏设备中切回导航展示的内容

图 25-10　在中屏设备中切换隐藏的导航内容 　　图 25-11　在中屏设备中切回导航展示的内容

图 25-12　在小屏设备中切换隐藏的导航内容 　　　　图 25-13　在小屏设备中切回导航展示的内容

25.4　主体内容

使页面排版具有可读性、可理解性，清晰明了至关重要。好的排版可以让您的网站感觉清爽而令人眼前一亮。排版是为了内容更好地呈现，应以不会增加用户认知负荷的方式来尊重内容。

本案例主体内容包括轮播广告区、产品推荐区、Logo 展示区、特色展示区和产品生产流程区 5 个部分，排版设计如图 25-14 所示。

图 25-14　主体内容排版设计

25.4.1 设计轮播广告区

Bootstrap 轮播插件的结构比较固定，轮播包含框需要指明 ID 值和 carousel、slide 类。框内包含三部分组件：标签框(carousel-indicators)、图文内容框(carousel-inner)和左右导航按钮(carousel-control-prev、carousel-control-next)。通过 data-target="#carousel"属性启动轮播，使用 data-slide-to="0"、data-slide ="pre"、data-slide ="next"定义交互按钮的行为。完整的代码如下：

```html
<div id="carousel" class="carousel slide">
   <!--标签框-->
  <ol class="carousel-indicators">
     <li data-target="#carousel" data-slide-to="0" class="active"></li>
  </ol>
   <!--图文内容框-->
  <div class="carousel-inner">
     <div class="carousel-item active">
        <img src="images " class="d-block w-100" alt="...">
        <!--文本说明框-->
        <div class="carousel-caption d-none d-sm-block">
           <h5> </h5>
           <p> </p>
        </div>
     </div>
  </div>
   <!--左右导航按钮-->
  <a class="carousel-control-prev" href="#carousel" data-slide="prev">
     <span class="carousel-control-prev-icon"></span>
  </a>
  <a class="carousel-control-next" href="#carousel" data-slide="next">
     <span class="carousel-control-next-icon"></span>
  </a>
</div>
```

设计本案例轮播广告位结构。本案例没有添加标签框和文本说明框(<div class="carousel-caption">)。代码如下：

```html
<div class="col-sm-12 col-lg-9 right p-0 clearfix">
     <div id="carouselExampleControls" class="carousel slide" data-ride="carousel">
        <div class="carousel-inner max-h">
           <div class="carousel-item active">
              <img src="images/001.jpg" class="d-block w-100" alt="...">
           </div>
           <div class="carousel-item">
              <img src="images/002.jpg" class="d-block w-100" alt="...">
           </div>
           <div class="carousel-item">
              <img src="images/003.jpg" class="d-block w-100" alt="...">
           </div>
        </div>
        <a class="carousel-control-prev" href="#carouselExampleControls" data-slide="prev">
           <span class="carousel-control-prev-icon"></span>
        </a>
```

```
            <a    class="carousel-control-next"    href="#carouselExampleControls" 
data-slide="next">
                <span class="carousel-control-next-icon" ></span>
            </a>
        </div>
</div>
```

为了避免轮播中的图片过大而影响整体页面，这里为轮播区设置一个最大高度 max-h 类。

```
.max-h{
    max-height:300px;              /*居中对齐*/
}
```

轮播效果如图 25-15 所示。

图 25-15　轮播效果

25.4.2　设计产品推荐区

产品推荐区使用 bootstrap 中卡片组件进行设计。卡片组件中有 3 种排版方式，分别为卡片组、卡片阵列和多列卡片浮动排版。本案例使用多列卡片浮动排版。多列卡片浮动排版使用<div class="card-columns">进行定义。代码如下：

```
<div class="p-4 list">
<h5 class="text-center my-3">咖啡推荐</h5>
<h5 class="text-center mb-4 text-secondary">
<small>在购物旗舰店可以发现更多咖啡心意</small>
</h5>
<!—多列卡片浮动排版-->
<div class="card-columns">
<div class="my-4 my-sm-0">
<img class="card-img-top" src="images/006.jpg" alt="">
</div>
<div class="my-4 my-sm-0">
<img class="card-img-top" src="images/004.jpg" alt="">
</div>
<div class="my-4 my-sm-0">
<img class="card-img-top" src="images/005.jpg" alt="">
</div>
</div>
</div>
```

为推荐区添加自定义样式，包括颜色和圆角效果。代码如下：

```
.list{
    background: #eeeeee;                    /*定义背景颜色*/
}
.list-border{
    border: 2px solid #DBDBDB;              /*定义边框*/
    border-top:1px solid #DBDBDB ;          /*定义顶部边框*/
}
```

在 IE 浏览器中运行，产品推荐区如图 25-16 所示。

图 25-16　产品推荐区效果

25.4.3　设计登录注册和 Logo

登录注册和 Logo 使用网格系统布局，并添加响应式设计。在中、大屏设备(≥768px)中，左侧是登录注册，右侧是公司 Logo，如图 25-17 所示；在小屏设备(<768px)中，登录注册和 Logo 将各占一行显示，如图 25-18 所示。

图 25-17　在中、大屏设备中的显示效果

图 25-18　在小屏设备中的显示效果

对于左侧的登录注册,使用卡片组件进行设计,并且添加了响应式的对齐方式 text-center 和 text-sm-left。在小屏设备(屏幕宽度<768px)中,内容居中对齐;在中、大屏设备(屏幕宽度 ≥768px)中,内容居左对齐。代码如下:

```html
<div class="row py-5">
    <div class="col-12 col-sm-6 pt-2">
        <div class="card border-0 text-center text-sm-left">
            <div class="card-body ml-5">
                <h4 class="card-title">咖啡俱乐部</h4>
                <p class="card-text">开启您的星享之旅,星星越多、会员等级越高、好礼越丰富。</p>
                <a href="#" class="card-link btn btn-outline-success">注册</a>
                <a href="#" class="card-link btn btn-outline-success">登录</a>
            </div>
        </div>
    </div>
    <div class="col-12 col-sm-6 text-center mt-5">
        <a href=""><img src="images/007.png" alt="" class="img-fluid"></a>
    </div>
</div>
```

25.4.4 设计特色展示区

特色展示内容使用网格系统进行设计,并添加响应类。在中、大屏设备(屏幕宽度≥768px)显示为一行四列,如图 25-19 所示;在小屏设备(屏幕宽度<768px)显示为一行两列,如图 25-20 所示;在超小屏幕设备(屏幕宽度<576px)显示为一行一列,如图 25-21 所示。

特色展示区实现代码如下:

```html
<div class="p-4 list">
<h5 class="text-center my-3">咖啡精选</h5>
<h5 class="text-center mb-4 text-secondary">
<small>在购物旗舰店可以发现更多咖啡心意</small>
</h5>
<div class="row">
    <div class="col-12 col-sm-6 col-md-3 mb-3 mb-md-0">
        <div class="bg-light p-4 list-border rounded">
            <img class="img-fluid" src="images/008.jpg" alt="">
            <h6 class="text-secondary text-center mt-3">套餐一</h6>
        </div>
    </div>
    <div class="col-12 col-sm-6 col-md-3 mb-3 mb-md-0">
        <div class="bg-white p-4 list-border rounded">
            <img class="img-fluid" src="images/009.jpg" alt="">
            <h6 class="text-secondary text-center mt-3">套餐二</h6>
        </div>
    </div>
    <div class="col-12 col-sm-6 col-md-3 mb-3 mb-md-0">
        <div class="bg-light p-4 list-border rounded">
            <img class="img-fluid" src="images/010.jpg" alt="">
            <h6 class="text-secondary text-center mt-3">套餐三</h6>
        </div>
    </div>
    <div class="col-12 col-sm-6 col-md-3 mb-3 mb-md-0">
        <div class="bg-light p-4 list-border rounded">
            <img class="img-fluid" src="images/011.jpg" alt="">
```

```
            <h6 class="text-secondary text-center mt-3">套餐四</h6>
        </div>
    </div>
    </div>
</div>
```

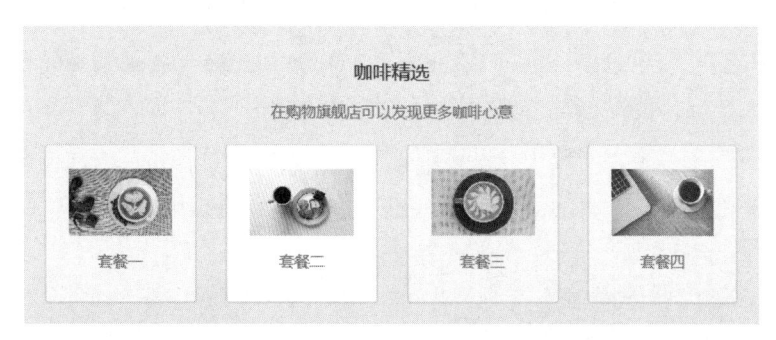

图 25-19　在中、大屏设备中的显示效果

图 25-20　在小屏设备中的显示效果　　图 25-21　在超小屏设备中的显示效果

25.4.5　设计产品生产流程区

01 设计结构。产品制作区主要由标题和图片展示组成。标题使用 h 标签设计，图片展示使用 ul 标签设计。在图片展示部分还添加了左右两个箭头，使用 font-awesome 字体图标进行设计。代码如下：

```
<div class="p-4">
    <h5 class="text-center my-3">咖啡讲堂</h5>
    <h5 class="text-center mb-4 text-secondary"><small>了解更多咖啡文化</small></h5>
        <div class="box">
            <ul id="ulList" class="clearfix">
                <li class="list-border rounded">
                    <img src="images/015.jpg" alt="" width="300"
```

```html
            <h6 class="text-center mt-3">咖啡种植</h6>
        </li>
        <li class="list-border rounded">
            <img src="images/014.jpg" alt="" width="300">
            <h6 class="text-center mt-3">咖啡调制</h6>
        </li>
        <li class="list-border rounded">
            <img src="images/014.jpg" alt="" width="300">
            <h6 class="text-center mt-3">咖啡烘焙</h6>
        </li>
        <li class="list-border rounded">
            <img src="images/012.jpg" alt="" width="300">
            <h6 class="text-center mt-3">手冲咖啡</h6>
        </li>
    </ul>
    <div id="left">
        <i class="fa fa-chevron-circle-left fa-2x text-success"></i>
    </div>
    <div id="right">
        <i class="fa fa-chevron-circle-right fa-2x text-success"></i>
    </div>
  </div>
</div>
```

02 设计自定义样式。代码如下：

```css
.box{
    width:100%;                        /*定义宽度*/
    height: 300px;                     /*定义高度*/
    overflow: hidden;                  /*超出隐藏*/
    position: relative;                /*相对定位*/
}
#ulList{
    list-style: none;                  /*去掉无序列表的项目符号*/
    width:1400px;                      /*定义宽度*/
    position: absolute;                /*定义绝对定位*/
}
#ulList li{
    float: left;                       /*定义左浮动*/
    margin-left: 15px;                 /*定义左外边距*/
    z-index: 1;                        /*定义堆叠顺序*/
}
#left{
    position:absolute;                 /*定义绝对定位*/
    left:20px;top: 30%;                /*定义左侧和顶部的距离*/
    z-index: 10;                       /*定义堆叠顺序*/
    cursor:pointer;                    /*定义鼠标指针显示形状*/
}
#right{
    position:absolute;                 /*定义绝对定位*/
    right:20px; top: 30%;              /*定义右侧和顶部的距离*/
    z-index: 10;                       /*定义堆叠顺序*/
    cursor:pointer;                    /*定义鼠标指针显示形状*/
}
.font-menu{
    font-size: 1.3rem;                 /*定义字体大小*/
}
```

03 添加用户行为。

```
<script src="jquery-1.8.3.min.js"></script>
<script>
    $(function(){
       var nowIndex=0;                              //定义变量nowIndex
       var liNumber=$("#ulList li").length;         //计算li的个数
       function change(index){
          var ulMove=index*300;                     //定义移动距离
          $("#ulList").animate({left:"-"+ulMove+"px"},500);   //定义动画时间为0.5秒
       }
       $("#left").click(function(){
          nowIndex = (nowIndex > 0) ? (--nowIndex) :0;   //使用三元运算符判断nowIndex
          change(nowIndex);                         //调用change()方法
       })
       $("#right").click(function(){
   nowIndex=(nowIndex<liNumber-1) ? (++nowIndex) :(liNumber-1);  //使用三元运
算符判断nowIndex
          change(nowIndex);                         //调用change()方法
       });
    })
</script>
```

在 IE 浏览器中运行，效果如图 25-22 所示；单击右侧箭头，#ulList 向左移动，效果如图 25-23 所示。

图 25-22　生产流程页面效果

图 25-23　滚动后效果

25.5 设计底部隐藏导航

设计步骤如下：

01 设计底部隐藏导航布局。首先定义一个容器<div id="footer">，用来包裹导航。在该容器上添加一些 bootstrap 通用样式，使用 fixed-bottom 固定在页面底部，使用 bg-light 设置高亮背景，使用 border-top 设置上边框，使用 d-block 和 d-sm-none 设置导航只在小屏幕上显示。代码如下：

```html
<!--footer——在 sm 型设备尺寸下显示-->
<div class="row fixed-bottom d-block d-sm-none bg-light border-top py-1" id="footer" >
  <ul class="text-center p-0" id="myTab">
    <li><a class="ab" href="index.html"><i class="fa fa-home fa-2x p-1"></i><br/>主页</a></li>
    <li><a href="javascript:void(0);"><i class="fa fa-calendar-minus-o fa-2x p-1"></i><br/>门店</a></li>
    <li><a href="javascript:void(0);"><i class="fa fa-user-circle-o fa-2x p-1"></i><br/>我的账户</a></li>
    <li><a href="javascript:void(0);"><i class="fa fa-bitbucket-square fa-2x p-1"></i><br/>菜单</a></li>
    <li><a href="javascript:void(0);"><i class="fa fa-table fa-2x p-1"></i><br/>更多</a></li>
  </ul>
</div>
```

02 设计字体颜色以及每个导航元素的宽度。代码如下：

```css
.ab{
    color:#00A862!important;         /*定义字体颜色*/
}
#myTab li{
    width: 20vw;                     /*定义宽度*/
    min-width: 30px;                 /*定义最小宽度*/
    font-size: 0.8rem;               /*定义字体大小*/
    color: #919191;                  /*定义字体颜色*/
}
```

03 为导航元素添加单击事件，被单击元素添加.ab 类，其他元素则删除.ab 类。代码如下：

```javascript
$(function(){
    $("#footer ul li").click(function(){
        $(this).find("a").addClass("ab");
        $(this).siblings().find("a").removeClass("ab");
    })
})
```

底部隐藏导航效果如图 25-24 所示。

图 25-24 底部隐藏导航